基于生态系统生产总值核算的海南省生态文明建设范例研究

耿 静 任丙南 著

科学出版社

北 京

内 容 简 介

　　良好的生态环境是海南省发展最具竞争力的条件和最大的资本。本书从分析新时代中国特色社会主义生态文明建设战略地位入手，剖析并梳理了海南省持续领先全国的生态环境质量状况和积极探索生态文明建设的历程。在市县层面以海南省中部山区白沙县、琼中县、五指山市和保亭县为例，对四个市县 2015 年生态系统生产总值进行核算；在乡村层面以三亚市吉阳区中廖村和三亚市天涯区文门村为例，剖析了两个村庄以美丽乡村建设为抓手，推进乡村生态文明建设的实践经验，并对其 2017 年生态系统生产总值进行核算。

　　本书适合生态环境政策制定者、执行者以及生态文明建设研究学者参考阅读。

图书在版编目（CIP）数据

基于生态系统生产总值核算的海南省生态文明建设范例研究/耿静，任丙南著. —北京：科学出版社，2021.11

ISBN 978-7-03-070145-9

Ⅰ. ①基… Ⅱ. ①耿… ②任… Ⅲ. ①生态环境建设—研究—海南
Ⅳ. ①X321.266

中国版本图书馆 CIP 数据核字（2021）第 217188 号

责任编辑：郭勇斌　彭婧煜　杨路诗 / 责任校对：杜子昂
责任印制：张　伟 / 封面设计：众轩企划

科学出版社 出版
北京东黄城根北街 16 号
邮政编码：100717
http://www.sciencep.com

北京中科印刷有限公司 印刷
科学出版社发行　各地新华书店经销

*

2021 年 11 月第 一 版　开本：720 × 1000　1/16
2021 年 11 月第一次印刷　印张：16 1/2
字数：333 000
定价：128.00 元
（如有印装质量问题，我社负责调换）

序

    生态系统可以为人类提供丰富多样的物质产品、稳定的生存环境，以及休憩娱乐等文化服务，这些生态系统服务是人类赖以生存和发展的基础。然而，随着人口的不断增长和经济社会的快速发展，生态系统发生着剧烈变化，生态系统服务受到损害和削弱。联合国千年生态系统评估表明，全球约 60%的生态系统服务正在退化，极大地威胁着人类生命健康、区域生态安全和人类福祉。导致这一问题的部分原因是，缺乏定量评估自然对社会贡献的科学方法，以及将生态系统服务核算成果纳入管理决策的有效途径。

    针对生态系统服务评估及其价值核算，近年来国内外学者开展了大量研究，既包括测度生态系统服务功能量的模型与方法，也包括核算生态系统服务价值的生态经济学方法，这些方法为量化自然对社会的贡献奠定了重要基础。2013 年，中国科学院生态环境研究中心欧阳志云研究员和世界自然保护联盟驻华代表朱春全博士率先提出生态系统生产总值（gross ecosystem product，GEP）的概念内涵和测度方法，并开展案例研究，旨在建立一套与国内生产总值（gross domestic product，GDP）相对应的、能够衡量生态系统状况和评估生态系统、为人类生存和发展提供支撑的核算体系，并在我国不同区域开展了核算试点。核算结果不但可以反映生态系统服务供给者与受益者之间的生态关联，而且可以为生态保护成效评估和生态补偿政策制定提供科学依据，为生态文明建设目标考核体系优化提供方法支撑。

    党的十八大以来，党中央把生态文明建设置于前所未有的战略高度，要求把资源消耗、环境损害、生态效益纳入经济社会发展评价体系，建立体现生态文明要求的目标体系、考核办法和奖惩机制。作为全国第一个生态示范省，海南省不但生态环境质量居于全国领先水平，而且为全国生态文明建设经验探索做出了积极贡献，2018 年，国家赋予海南省国家生态文明试验区的战略定位。《基于生态系统生产总值核算的海南省生态文明建设范例研究》的一个重要特色是，选择我国生态文明试验区海南省，聚焦生态文明建设成效，从海南省中部山区和典型美丽乡村两个尺度科学核算 GEP，增强研究成果的应用性。研究成果将为其他地区评估生态文明建设成效提供有效方法和经验借鉴，促进不同尺度生态文明建设示范区将生态效益纳入经济社会发展评价体系和生态文明考核办法中。

    该书的另一特色是，将自然科学与社会科学有机融合，推动科学评估支撑生态文明制度建设。生态文明建设任务艰巨，需要理解生态系统和社会经济系统交互作用的复杂性和整体性，推动自然科学和社会科学交叉研究，拓展研究的深度和广度，协助管理决策部门进行科学决策。作者在对生态文明建设范例进行研究时，既客观量化了生态系统对社会经济系统的贡献，又从生态文明建设原则、社会-经济-资源环境耦合、生态系统功能效用、价值范畴等诸多视角论述了"绿水青山就是金山银山"的理论，体现了作者的独到见地。该书作者具有自然科学和社会科学的双重学科背景，基于这一优势探索生态文明制度建设及应用范例，可对探索生态文明制度建设新途径起到积极的促进作用。

郑　华

中国科学院生态环境研究中心研究员

2021 年 6 月

前　言

　　生态文明建设是关系中华民族永续发展的千年大计。党的十八大以来，生态文明建设的战略地位不断提升，以此开展了一系列根本性、开创性、长远性的工作，推动我国生态环境保护发生了历史性、转折性、全局性变化。海南省是我国探索解决人与自然协调可持续发展的试验田，是展示美丽中国的重要窗口。海南省1998年在全国率先提出建设生态省，2007年明确实施"生态立省"战略，2010年，伴随海南国际旅游岛建设，海南开始创建"全国生态文明建设示范区"，为全国生态文明建设做表率。2018年，在我国改革开放40周年、海南建省办经济特区30周年之际，党中央赋予海南改革开放新的历史使命，将海南省定位为"国家生态文明试验区"，为推进全国生态文明建设探索新经验。这代表海南省生态文明建设进入了更高层次、更新阶段，寄托着党中央和全国人民对海南的厚望，也是今后海南省生态文明建设的目标。

　　海南省在发展过程中虽然也有过以破坏生态环境换取发展的教训，但在20世纪90年代末及时调整了发展战略，在我国经济发展经历高速增长、付出较重的资源环境代价之时，海南省守住了"青山绿水、碧海蓝天"。良好的生态环境成为海南省发展最具竞争力的条件。如何反映海南省绿水青山的生态价值、彰显生态文明建设的成效，以促进海南省生态文明建设长抓不懈，成为中国特色社会主义生态文明建设的生动范例，并为其他地区提供借鉴和经验，是2015年我们申请国家社会科学基金项目的初衷。当时，生态系统生产总值（GEP）核算是一个较新的概念，2013年，生态学家欧阳志云等首次全面阐述了GEP的概念、理论基础和核算方法。同年，世界自然保护联盟与亿利公益基金会等单位共同建立了中国首个GEP评估核算项目。GEP旨在建立一套与GDP相对应的、能够衡量生态系统状况的评估与核算指标，反映生态系统为人类福祉和经济社会发展提供的支撑作用。因此，本书决定采用GEP的理论与核算方法，以海南省生态文明建设示范区为例，构建适合当地的GEP核算框架，基于"格局与组分—过程与功能—服务—价值"的评价范式，通过核算区域内生态系统产品与服务的功能量、确定生态系统产品与服务的价格、最终核算生态系统产品与服务的价值量来揭示该地区生态系统对经济社会发展的贡献，反映生态文明建设的成效。在具体的实施过程中，首先以市县为研究层面，选取国家重点生态功能区也是海南省生态文明建设重要示范区和试验区——海南省中部山区的四个市县，白沙黎族自治县（简称白沙县）、琼中黎族苗族自治县（简称琼中县）、五指山市和保亭黎族苗族自治县（简称保亭县），核算地区年 GEP。同时，由于乡村生态文明建设一直是海南省生态文明建设的主战场，也是生态文明建设的"细胞工程"，因此，在村域层面，以三亚市吉阳区中廖村和天涯区文门村为例，对海南省两个五星级美丽乡村进行 GEP 核算。

以 GEP 为导向的核算，与党的十八大提出的要把资源消耗、环境损害、生态效益纳入经济社会发展评价体系，建立体现生态文明要求的目标体系、考核办法、奖惩机制的目标高度契合，因此近几年已有不少试点地区开展 GEP 核算探索。目前，还没有建立标准化的 GEP 核算方法，研究中对生态系统服务功能量的计算参考了大量国内外文献，尽可能地采集了丰富的数据，利用目前较为权威的评价模型进行计算，以期能够客观、科学地呈现地区生态效益，同时也可以提高区域间 GEP 核算结果的可比性。

《基于生态系统生产总值核算的海南省生态文明建设范例研究》共六章，在阐述新时代中国特色社会主义生态文明战略地位及其建设需遵循的原则的基础上，剖析并梳理了海南省持续领先全国的生态环境质量状况和积极探索生态文明建设的历程；运用文献计量学对全国和海南省关于生态文明研究的现状、演进规律、特点进行分析；基于 GEP 核算理论，采用"格局与组分—过程与功能—服务—价值"评价范式，对四个市县 2015 年 GEP 进行核算；在乡村层面以三亚市吉阳区中廖村和天涯区文门村为例，剖析了两个村庄以美丽乡村建设为抓手，推进乡村生态文明建设的实践经验，并对其 2017 年 GEP 进行核算。基于综合分析与研判，本书最后一章提出 GEP 核算可以在以生态文化、生态经济、生态安全、生态文明制度为主体的生态文明体系构建中穿针引线，起到重要的纽带作用，建议海南省尽快将 GEP 核算纳入到管理决策中，发挥核算的优势。

本书是国家社会科学基金项目"基于生态系统生产总值核算的海南省生态文明建设范例研究"（15BJY025）的研究成果。本书的第一、四、五、六章的主要内容由我撰写，第二章和第五章的部分内容由三亚学院耿佳撰写，第三章和第四章的部分内容由三亚学院任丙南撰写。在研究中，几位撰写人员及课题组成员先后 20 余次深入海南省白沙县、琼中县、五指山市、保亭县、海口市和三亚市等地开展调研和数据收集，赴北京、广州、上海等地进行学术交流。我要特别感谢在研究中和我结成深厚友谊的中国科学院生态环境研究中心的肖洋博士，他从方法上给予我诸多建议。衷心感谢中国科学院生态环境研究中心郑华研究员与王铁宇研究员、海南省林业科学研究院梁居智副院长、三亚学院朱沁夫教授等多位专家的鼓励、点拨、指正和提出的中肯意见。感谢尊敬的翟明国院士，能在翟院士的带领下从事研究，是我人生莫大的荣幸。特别感谢我的导师吕永龙研究员，我深刻体会到了因导师当年对我们的严格要求而养成的良好科学素养将使我受益终身。项目的开展让我有机会走入海南省的各个地方，特别是山区农村，那里朴实的村民深深打动了我，村支书耐心倾听我的研究内容，想方设法给我提供希望获得的数据资料，村民们就生态环境保护提出各自朴素的想法，体现出实践中的智慧。

科学出版社的编辑对本书的出版付出了很大的心血，在此，对科学出版社的支持表示深深的谢意。此外，对本书中引用的参考文献的所有作者表示感谢，特别感谢欧阳志云研究员，书中引用参考了他的多篇文献作为重要的方法支撑，使读者能从另一个视角更为客观地理解海南省生态文明建设的成就。由于水平有限，书中难免有不足之处，欢迎读者和我们联系（smallgeng@163.com），提出建议，给予指正。

我在而立之年踏进了三亚学院，工作近 10 年，虽勤恳努力，然学识有限，未能给学校带来多少成绩，却得到学校的诸多肯定和荣誉，有时深感不安，唯有"不驰于空想、不骛于虚声"，潜心科研、踏实做事，才能不负所期。谢谢三亚学院，谢谢陆丹校长的鼓励！

耿　静

2021 年 5 月于三亚学院

目　　录

序

前言

第一章　新时代中国特色社会主义生态文明 ………………………………… 1

　第一节　生态文明建设的战略地位 ……………………………………… 1

　第二节　新时代生态文明建设必须遵循的重要原则 ……………………… 3

　　一、坚持人与自然和谐共生 ……………………………………… 4

　　二、绿水青山就是金山银山 ……………………………………… 5

　　三、良好生态环境是最普惠的民生福祉 ……………………………… 9

　　四、山水林田湖草是生命共同体 ………………………………… 11

　　五、用最严格制度最严密法治保护生态环境 ………………………… 15

　　六、共谋全球生态文明建设 ……………………………………… 18

　参考文献 ……………………………………………………………… 21

第二章　海南省生态环境状况与生态文明建设实践 …………………………… 25

　第一节　持续领先全国的生态环境质量 ………………………………… 25

　　一、蓝天 ……………………………………………………… 25

　　二、净水 ……………………………………………………… 31

　　三、碧海 ……………………………………………………… 35

　　四、青山 ……………………………………………………… 41

　第二节　海南省积极探索生态文明建设的历程特点 ……………………… 44

　　一、布局谋划起点高 …………………………………………… 44

　　二、保护与发展协调程度高 …………………………………… 47

　　三、建设任务推进质量高 ……………………………………… 51

　第三节　社会-经济-资源环境耦合度变化特征 ………………………… 61

　　一、社会-经济-资源环境耦合度评价指标体系的构建 ……………… 62

　　二、熵值法确定权重 …………………………………………… 63

　　三、耦合协调度计算模型 ……………………………………… 64

　　四、耦合协调特征 ……………………………………………… 65

　第四节　建议 ………………………………………………………… 68

　参考文献 ……………………………………………………………… 70

第三章　基于文献计量学的海南省生态文明研究现状分析····················77

　第一节　分析方法与数据来源····························77
　　一、分析方法·································77
　　二、数据来源·································78
　第二节　结果与分析·······························79
　　一、文献数量及变化趋势··························79
　　二、关键研究机构分析····························81
　　三、关键研究机构和作者及合作分析·····················83
　　四、关键词网络分析····························86
　第三节　结论及研究启示··························90
　　一、文献计量分析结论··························90
　　二、研究启示······························92
　参考文献·································92

**第四章　基于生态系统生产总值核算的海南省中部四个市县生态文明
建设范例**·······························95

　第一节　生态系统生产总值概述及核算的意义·················95
　　一、产生背景·····························95
　　二、生态系统生产总值的概念························99
　　三、生态系统生产总值核算的探索应用示范·················100
　　四、以生态系统生产总值核算推动海南生态文明建设的重大意义·········101
　第二节　核算方法体系·························106
　　一、核算思路及指标构建·························106
　　二、调节服务功能量内涵及核算方法····················107
　　三、文化服务功能量内涵及核算方法····················117
　　四、价值量定价思路及核算方法·····················117
　第三节　核算区域的选取·························125
　第四节　研究区域自然和社会经济发展概况·················126
　　一、白沙县·······························126
　　二、琼中县·······························130
　　三、五指山市······························135
　　四、保亭县·······························141
　第五节　研究区域生态系统格局特征··················146
　　一、总体状况·····························146
　　二、区域特征·····························147

三、2015 年与 2010 年生态系统格局特征对比 …………………………………… 151

第六节　研究区域生态系统服务特征 ……………………………………………… 152

　　一、水源涵养 …………………………………………………………………… 152

　　二、土壤保持 …………………………………………………………………… 156

　　三、洪水调蓄 …………………………………………………………………… 160

　　四、固碳 ………………………………………………………………………… 164

　　五、释氧 ………………………………………………………………………… 168

　　六、空气净化 …………………………………………………………………… 172

　　七、水质净化 …………………………………………………………………… 173

　　八、气候调节 …………………………………………………………………… 174

　　九、病虫害控制 ………………………………………………………………… 175

第七节　研究区域生态系统生产总值核算结果 …………………………………… 176

　　一、生态系统产品供给价值 …………………………………………………… 176

　　二、生态系统调节服务价值 …………………………………………………… 186

　　三、生态系统文化服务价值 …………………………………………………… 189

　　四、生态系统生产总值 ………………………………………………………… 192

第八节　结论 ………………………………………………………………………… 192

参考文献 ……………………………………………………………………………… 193

第五章　海南省乡村生态文明建设范例 …………………………………………… 200

第一节　海南省乡村生态文明建设特点 …………………………………………… 200

　　一、以培育"文明生态村"拉开海南省乡村生态文明建设的帷幕 ………… 200

　　二、以打造"美丽乡村"续写海南省乡村生态文明内涵建设的新篇章 …… 201

　　三、以树立"典范"促进海南省乡村生态文明向纵深发展 ………………… 202

第二节　三亚市中廖村生态文明建设实践与创新 ………………………………… 203

　　一、中廖村概况 ………………………………………………………………… 203

　　二、美丽乡村建设前中廖村生态环境特征及开发状况 ……………………… 203

　　三、以生态文明理念推进美丽乡村建设的经验 ……………………………… 204

第三节　三亚市文门村生态文明建设实践与创新 ………………………………… 211

　　一、文门村概况 ………………………………………………………………… 211

　　二、文门村文化底蕴和黎族居民的生态理念 ………………………………… 211

　　三、文门村美丽乡村建设实践 ………………………………………………… 212

第四节　三亚市典型乡村生态系统生产总值核算 ………………………………… 215

　　一、生态系统生产总值核算方法 ……………………………………………… 215

　　二、中廖村生态系统生产总值核算结果 ……………………………………… 225

三、文门村生态系统生产总值核算结果 ·· 236

四、结论 ·· 245

参考文献 ·· 246

第六章 未来展望 ·· 248

第一章　新时代中国特色社会主义生态文明

第一节　生态文明建设的战略地位

改革开放 40 余年，伴随着经济的腾飞，我国的生态环境状况面临着严峻的考验，积累的问题日益显现，各类污染呈高发态势。我国 2006 年成为了全球 CO_2 排放第一大国，2015 年排放量占到世界排放量的 30%。[1]2015 年，74 个环保重点监测城市显示，$PM_{2.5}$ 浓度超标造成的经济损失达 5705.57 亿元，占这些城市地区生产总值的 1.53%。[2]同年，在全国 5118 个地下水水质监测点中，水质为优良级的监测点比例仅为 9.1%。全国 338 个地级及以上城市中，环境空气超标的占78.4%。[3]生态环境问题成为我国经济社会可持续发展的重大瓶颈。

党中央和国务院充分认识到解决生态环境问题的重要性和紧迫性，生态文明建设的战略地位在党的十八大以后得到了不断的提升。在十八大报告中专门辟出一个章节，论述"大力推进生态文明建设"，指出建设生态文明，是关系人民福祉、关乎民族未来的长远大计。将生态文明建设提升到与经济建设、政治建设、文化建设、社会建设并列的战略高度，构成中国特色社会主义事业"五位一体"总体布局。生态文明建设要融入经济建设、政治建设、文化建设、社会建设各方面和全过程，努力建设美丽中国，实现中华民族永续发展。同时，提出生态文明建设的四大任务，包括优化国土开发空间格局、全面促进资源节约、加大自然生态系统和环境保护力度、加强生态文明制度建设。十八大通过《中国共产党章程（修正案）》，将"中国共产党领导人民建设社会主义生态文明"写入党章。

2015 年 4 月，《中共中央　国务院关于加快推进生态文明建设的意见》的发布标志着我国生态文明建设的顶层设计已经明确。但由于生态文明建设提出时间较短，其体制改革相对于经济、社会、文化等领域的改革，总体上有些滞后。为加快生态文明体制机制改革，同年 9 月，中共中央、国务院印发了《生态文明体制改革总体方案》（简称《方案》），成为统师生态文明体制各领域改革的纲领性文件。《方案》提出建立健全"八大制度"：一是健全自然资源资产产权制度，二是建立国土空间开发保护制度，三是建立空间规划体系，四是完善资源总量管理和全面节约制度，五是健全资源有偿使用和生态补偿制度，六是建立健全环境治理体系，七是健全环境治理和生态保护市场体系，八是完善生态文明绩效评价考核和责任追究制度。这两个文件将"五位一体"生态文明建设大战略，给予从理念到思路、从目标到制度创新的系统规划与落地。[4]

在党的十九大报告中，习近平总书记明确做出中国特色社会主义进入新时代的重大政治论断。新时代，我国经济由高速增长阶段转向高质量发展阶段，社会主要矛盾已经转化为人民日益增长的美好生活需要和不平衡不充分的发展之间的矛盾。针对生态文明建设，报告在总结过去成就的基础上，提出了生态文明建设的新理念、新要求、新目标、新部署。从新理念看，将"坚持人与自然和谐共生"作为新时代坚持和发展中国特色社会基本方略的重要内容，必须树立和践行绿水青山就是金山银山的理念，坚持节约资源和保护环境的基本国策。从新要求看，将紧扣新时代我国社会主要矛盾的变化，推动高质量发展，提供更多优质生态产品以满足人民日益增长的优美生态环境需要。从新目标看，将坚决打好污染防治攻坚战作为决胜全面建成小康社会的三大攻坚战之一，将建设美丽中国作为全面建设社会主义现代化强国的奋斗目标。从新部署看，要求加快生态文明体制改革，提出推进绿色发展、着力解决突出环境问题、加大生态系统保护力度、改革生态环境监管体制四项重点部署。

在党的十九大通过的《中国共产党章程（修正案）》中，将实行最严格的生态环境保护制度，增强绿水青山就是金山银山的意识，建设富强、民主、文明、和谐、美丽的社会主义现代化强国，等等内容写进党章，使得生态文明成为全党的政治追求、政治任务和政治纪律。

2018 年 3 月，第十三届全国人民代表大会第一次会议通过《中华人民共和国宪法修正案》，将生态文明正式写入宪法，从根本大法角度把生态文明纳入中国特色社会主义总体布局和第二个百年奋斗目标体系，为中国特色社会主义生态文明建设提供了根本的法律保障。

2018 年 5 月 18 日至 19 日，全国生态环境保护大会召开，这次大会被誉为我国生态文明建设和生态环境保护发展历程中规格最高、规模最大、影响最广、意义最深的历史性盛会。[5]与前七次全国环保大会相比，这次大会具有四个"第一"，即党中央决定召开，是第一次；总书记出席大会并发表重要讲话，是第一次；以中共中央、国务院名义印发生态环境保护的重大政策文件——《关于全面加强生态环境保护　坚决打好污染防治攻坚战的意见》，是第一次；将会议冠以"全国生态环境保护大会"名称，是第一次。

在全国生态环境保护大会上，习近平总书记发表了题为《推动我国生态文明建设迈上新台阶》的重要讲话。总书记一是深刻阐述了生态文明建设的重大意义，指出生态文明建设是关系中华民族永续发展的根本大计，生态兴则文明兴，生态衰则文明衰。二是全面总结了党的十八大以来我国生态文明建设和生态环境保护发生的历史性、转折性、全局性变化与成就。同时，对当前我国生态环境状况进行了研判，指出我国生态环境质量出现了稳中向好趋势，但成效不稳固，生态文明建设处于压力叠加、负重前行的关键期，已进入提供更多优质生态产品以满足人民日益增长的优美生态环境需要的攻坚期，也到了有条件有能力解决生态环境突出问题的窗口期。因此要以壮士断腕的决心、背水一战的勇气，以我国社会主义制度能够集中力量办大事的政治优势和改革开放积累的物质基础，大力推进生态文明建设。三是强调加强生态文明建设必须坚持的六项原则。四是对加强生态环境保护、打好污染防治攻坚战做出了全面部署。[6]

全国生态环境保护大会召开的一个重大标志性成果和最大创新就是习近平生态文明思想被正式确立，成为习近平新时代中国特色社会主义思想的重要组成部分，是我们党在生态环境保护领域重大理论与实践问题的有机结合和集体智慧结晶，是新时代生态文明建设的根本遵循和最高准则。

党的十八大以来，生态文明理念日益深入人心，污染防治力度之大、制度出台频率之密、监管执法尺度之严、环境质量改善速度之快前所未有。这一时期，我国共制修订包括《中华人民共和国环境保护法》在内的法律 8 部，行政法规 9 部，国务院规范性文件 53 件，环保部分规章 28 件，有关部门规章 4 件，执法解释 13 件，政策法规解读 71 件。[7]大气、水、土壤污染防治三大行动计划相继出台，大气、水、土壤污染治理的立体作战图全面绘就。我国成为全球第一个大规模开展 $PM_{2.5}$ 治理的发展中国家。在 2013～2017 年"大气十条"成效初显的基础上，进一步重磅出台《打赢蓝天保卫战三年行动计划》，以增强大气污染防治任务措施的广度、深度和力度。2016～2017 年，新成立的中央环境保护督察组对全国存在的环境问题进行了全覆盖的督察，直接推动解决环境问题 8 万余个。2018 年中央环境保护督察组分两批对全国实施督察"回头看"，第一批"回头看"督察组受理接办 37 640 件群众举报的生态环境问题；第二批"回头看"督察组受理群众举报 38 133 件。《2017 中国生态环境状况公报》显示，2017 年全国 338 个地级及以上城市 PM_{10} 平均浓度比 2013 年下降 22.7%；京津冀、长三角、珠三角等重点区域 $PM_{2.5}$ 平均浓度分别下降 39.6%、34.3%、27.7%。[8]

国际社会对我国的生态文明建设给予了充分的肯定。联合国环境规划署指出，中国的生态文明建设是对可持续发展理念的有益探索和具体实践，为其他国家应对类似的经济、环境和社会挑战提供了经验借鉴。同时，积极评价我国近年来在环境保护方面所做的努力是史无前例的，在全球环境治理中做出了突出贡献。

第二节　新时代生态文明建设必须遵循的重要原则

党的十八大以来，习近平总书记就生态文明建设提出一系列新理念、新思想、新战略，集中体现在推进生态文明建设必须坚持六项重要原则，即坚持人与自然和谐共生、绿水青山就是金山银山、良好生态环境是最普惠的民生福祉、山水林田湖草是生命共同体、用最严格制度最严密法治保护生态环境、共谋全球生态文明建设。[6]六项重要原则构成了习近平生态文明思想的重要组成部分，推动我国生态环境保护发生历史性、转折性、全局性变化，为新时代生态文明建设指明了方向。生态文明建设是一项长期性、系统性的任务，任重而道远，只有深刻剖析习近平生态文明思想的内涵和理论逻辑，才能充分认识这一思想的政治意义、理论意义和现实意义，达到凝心聚力，实现生态环境质量的根本好转和建成"美丽中国"的目标。

一、坚持人与自然和谐共生

生态文明的本质就是人与自然相和谐。和谐讲的是人与自然的关系，是一种相互影响、对立统一、不断发展变化的矛盾关系，是在一定条件下达到的适合人类生存的稳定平衡状态。[9]

人类活动对自然的干预虽然是不可避免的，但工业文明所体现的"征服自然"和"人类中心主义"价值理念已经导致生态系统结构失衡和功能严重下降。恩格斯的著名论断"我们不要过分陶醉于我们对自然界的胜利，对于每一次这样的胜利，自然界都报复了我们"，就是对人类过度利用自然所提出的警告。20 世纪 70 年代，西方发达国家发起了"生态中心主义"，赋予了自然界和人同等的价值意义[10]，为我们反思人类与自然的关系提供了一种新的理论视域。但其过分强调客体的优先性和规律性，忽视了人的主体性和能动性。[11]

生态文明不同于"生态中心主义"，其出发点是"人本位"，无论是保护自然还是利用自然，都是为人类社会服务[12]，是一种积极、良性发展的文明形态。生态文明坚决摒弃以人类意志来决定自然、主宰自然的行为，也不认同消极地畏惧自然、拒绝发展的"妥协式"态度，而是在尊重自然、顺应自然、保护自然的理念下，通过生产和生活方式的根本转变，努力把握人与自然关系的平衡，实现人与自然和谐共处、持续生存、稳定发展，体现了人与自然协同进化的实质。从历史纵向角度来看，有很多学者认为生态文明是人类文明发展的新阶段，是人类文明经历了原始文明、农业文明和工业文明后达到的一种新的文明形态，也是人类迄今为止最高的文明形态。[13-15]牛文元[16]曾对原始文明、农业文明、工业文明到生态文明的发展特征做出了概要的总结，从 14 个方面列出不同历史阶段的基本特征，有助于更深刻地理解生态文明的发展形态与特点，见表1.1。

表 1.1　不同历史阶段的人类文明形态和特点

	原始文明	农业文明	工业文明	生态文明
时间尺度	1 万年以前	1 万年至今	1800 年至今	最近 30 年
空间尺度	个体或部落	流域或国家	国家或洲际	全球
哲学认知	全自我存在（求生与繁衍）	追求"是什么"	追求"为什么"	追求"将发生什么"
人文特质	淳朴	勤勉	进取	协调
推进动力	主要靠本能	主要靠体能	主要靠技能	主要靠智能
对自然态度	自然拜物主义	物质获取为主，自然优势主义	能量获取为主，人文优势主义	信息获取为主，天人协同进化
经济水平	融于天然食物链	自给水平（衣食）	富裕水平（效率）	优化水平（平衡）
经济特征	采食渔猎	简单再生产	复杂再生产	平衡再生产（理性、和谐、循环、再生、简约、废物资源化）
系统识别	点状结构	线状结构	面状结构	网络结构
消费标志	满足个体延续需要	维持低水平的生存需要	维持高水平的透支需求	全面发展的可循环可再生需求
生产模式	从手到口	简单技术和工具	复杂技术与体系	绿色技术与体系
能源输入	人的肌肉	人、畜及简单自然能力	化石能源	绿色能源
环境响应	无污染	缓慢退化	全球性环境压力	资源节约、环境资源、生态平衡
社会形态	组织度低	等级明显	分工明显	公平正义、共建共享

党的十九大把"坚持人与自然和谐共生"作为新时代坚持和发展中国特色社会主义的基本方略之一，提出以社会主义生态文明观，推动形成人与自然和谐发展的现代化建设新格局。社会主义现代化新格局既要创造更多物质财富和精神财富以满足人民日益增长的美好生活需要，也要提供更多优质生态产品以满足人民日益增长的优美生态环境需要，建设天蓝、地绿、水清的美丽中国，让人民在宜居的环境中享受生活，切实感受到经济发展带来的生态效益。

二、绿水青山就是金山银山

绿水青山就是金山银山的理念深刻阐述了经济发展与生态环境保护的关系，是习近平新时代生态文明思想绿色发展观的体现。2005 年 8 月 15 日，时任浙江省委书记的习近平同志在安吉县余村考察时，听到村干部介绍该地通过关停污染环境的矿山，依靠发展生态旅游借景生财，实现了"景美、户富、人和"后，高兴地说："我们过去讲，既要绿水青山，又要金山银山。实际上，绿水青山就是金山银山。"9 天后，习近平在《浙江日报》发表《绿水青山也是金山银山》的评论，鲜明指出，如果能够把生态环境优势转化为生态农业、生态工业、生态旅游等生态经济的优势，那么绿水青山也就变成了金山银山。时隔 8 年，2013 年 9 月 7 日，习近平总书记在哈萨克斯坦纳扎尔巴耶夫大学发表演讲，对绿水青山与金山银山之间的辩证关系进行了系统阐述，指出："我们既要绿水青山，也要金山银山。宁要绿水青山，不要金山银山，而且绿水青山就是金山银山。"[17, 18]2015 年 3 月，中共中央政治局把"坚持绿水青山就是金山银山"的理念写进《中共中央　国务院关于加快推进生态文明建设的意见》，使其成为指导我国生态文明建设的重要思想。2017 年，十九大通过了关于《中国共产党章程（修正案）》的决议，在总纲中增加了"增强绿水青山就是金山银山的意识"这一表述，使得"绿水青山就是金山银山"成为党的重要执政理念之一。

　　"绿水青山就是金山银山"的重要论断，其内涵体现了三个方面。其中"我们既要绿水青山，也要金山银山"首先强调了经济发展与生态保护之间不可分割的关系，是可持续发展观的体现，目标是既要达到发展经济的目的，又要保护好我们赖以生存的自然资源和环境，要坚持在发展中保护，在保护中发展，经济发展与生态保护不是矛盾对立的，而是辩证统一的关系。

　　其次，"宁要绿水青山，不要金山银山"明确指出当经济发展与生态保护发生冲突时，要把生态保护放到首位，不能走绿水青山换金山银山的老路。习近平总书记深刻指出："如果仍是粗放发展，即使实现了国内生产总值翻一番的目标，那污染又会是一种什么情况？届时资源环境恐怕完全承载不了。"我们在发展中出现的众多污染事件，以及为污染治理所付出的沉重代价都值得深刻反思。以太湖治理为例，从 1990 年初，太湖边蓝藻就成片堆积。1991 年，政府投资逾百亿元启动了第一期太湖治理工程，这一时期太湖的污染面积只有 1%，而到 2005 年第二轮太湖治理开始，太湖的污染面积已经超过 80%，环境治理的速度远远赶不上经济发展的速度。2007 年 5 月爆发的太湖蓝藻污染事件使太湖水污染达到峰值，贡湖水源地氨氮超标 25 倍，无锡市 200 多万居民出现饮水危机，超市、商店的桶装水被抢购一空，造成直接损失达 28.77 亿元，太湖治理攻坚战由此拉开大幕。[19]近 10 年的治理，关闭重污染企业 5300 余家，关停和整治畜禽养殖场 6200 多家，流域共建 50 座自来水厂，完成生态清淤土方 3700 万 m³，建成氮磷生态拦截系统 1200 多万 m²。10 年间，江苏各级财政投入太湖治理的专项资金，以及带动投入的社会资金，累计超过 1 000 亿元。如此巨大的投入以及综合治理方案的实施，才使得苏锡常地区在 GDP 增长 166.3%、人口增长 7.49%的情况下，水质由 V 类改善为 IV 类。然而，水质恶化的隐患还没有从根本上消除，污染物排放总量依然大于环境容量，2017 年江苏省打捞水藻 250 万 t，这个数量仅是整个太湖蓝藻量的 5%。[20, 21]随着治理的深度进行，面临的技术、管理和制度上的挑

战在增加，治理成效将存在显著的边际递减效应，环境污染正以前所未有的速度
蚕食改革开放以来经济发展的成果。因此，"先污染后治理"的发展模式必须改变，
否则人与自然的紧张关系将更为严重，长期污染对人体健康造成的损害也将难以
估量。此外，环境污染、生态恶化等问题均有滞后性和累积性等特点，其后果往
往要经过几代人才能反映出来，因此污染问题很多时候是在已酿成较严重的不可
逆转后果时，才能引起人们的重视。同样，环境保护和生态建设的效应也有滞后
性，当前采取的防治措施，未必马上产生效果，有时难以调动保护的积极性。习
近平总书记"宁要绿水青山，不要金山银山"的论断就是告诫我们，在生态环境
保护上一定要算大账、算长远账、算整体账、算综合账，不能因小失大、顾此失
彼、寅吃卯粮、急功近利。要在思想高度上充分认识到，生态环境保护是功在当
代、利在千秋的事业，需要以对人民群众、对子孙后代高度负责的态度和责任，
严守生态红线、环境质量底线、资源利用上限，不能越雷池一步。

　　"绿水青山就是金山银山"有两个基本要义。首先，绿水青山本身就是金山
银山。绿水青山泛指自然环境中的自然资源，包括水、土地、森林、大气、化石
能源以及由基本生态要素组成的各种自然系统。自然资源本身既有生态属性，也
有经济属性。生态属性表现为自然资源生态系统所提供的不同类型的生态服务功
能。千年生态系统评估（millennium ecosystem assessment，MEA）将生态系统服
务定位为人类从生态系统中获得的各种惠益，包括供给服务、调节服务、支持服
务和文化服务。[22]人们虽然从各项服务中获得惠益，但是绝大多数生态系统服务
功能是在被人类免费使用，被看成充裕的取之不尽的免费公共服务。近几十年来，
全球工业化、城市化使自然环境日趋恶化，生态系统不断受到侵占，生态服务被
过度消费，生态系统服务的稀缺性不断增强，为避免损害生态系统服务的短期经
济行为加剧，促进自然资本的合理开发，对生态系统服务功能进行货币化价值评
估有了强烈需求。1997 年，Costanza 等[23]首次提出全球生态系统每年的服务价值
为 $16 \times 10^{12} \sim 54 \times 10^{12}$ 美元。受 Costanza 等研究成果的启发，国内生态学者欧阳
志云等[24]、辛琨[25]、李文华等[26]、赵同谦等[27]、谢高地等[28]、马国霞等[29]开始
对生态系统服务价值评估进行不断深入的探索与实践。欧阳志云等[24]曾估算 1998
年我国陆地生态系统服务功能生态经济价值为 30.49 万亿元；谢高地等[28]研究指
出，2010 年我国各种生态系统的总服务价值量为 38.10 万亿元，其中森林贡献达
到 46.00%，人均生态服务价值与人均 GDP 接近 1∶1。马国霞等[29]对我国 31 个
省（自治区、直辖市）陆地生态系统生产总值（GEP）进行核算显示，2015 年我
国 GEP 为 72.81 亿元，是当年 GDP 的 1.01 倍，其中生态系统呈现的气候调节、
固碳释氧、水流动调节等生态系统调节服务价值占比达到 73.0%。生态系统服务
价值的核算和 GEP 核算均科学地论证了"绿水青山就是金山银山"。当前，在我
国一些生态文明试验区，已经尝试将 GEP 核算应用到领导干部自然资产离任审

计、自然资源资产负债表、绿色发展绩效考核中。同时在生态补偿方面，政府部门可以根据生态产品和服务的价值，加大财政转移支付力度，购买公共生态产品，激励各地保护和建设绿水青山的积极性。随着生态文明建设日趋深入，绿水青山已逐渐成为社会最大的财富和最重要的资本。

其次，"绿水青山就是金山银山"体现在绿水青山的生态资源优势可以转变为生态经济优势，生态经济的重要依托载体是产业，结合当地生态资源禀赋，通过发展生态农业、生态工业、生态旅游等"生态+"产业，达到生态和经济的良性互动，使生态经济化、经济绿色化。

浙江省安吉县作为"两山"重要思想的发源地，依托竹林资源，大力发展特色产业。全县竹林面积 100 万亩[①]，不到 2%的立竹量创造了全国 20%的竹林业总产值，30 万竹农经营 1500 余家加工企业，竹产业总产值达到 155 亿元。[30]此外，还与国际竹藤组织、中国绿色碳汇基金会、浙江农林大学合作探索竹林碳汇交易，成立全球首个"竹林碳汇试验示范区"，为绿水青山点"绿"成金提供了新路径。

位于河北省的塞罕坝机械林场，被誉为"华北绿肺"，其半个多世纪的建设成就，深刻诠释了"绿水青山就是金山银山"的理念。1962 年，369 名来自祖国各地的青年一起投身塞罕坝机械林场建设，经过几代人的努力，成功地将这片荒原变成林海，沙地变成绿洲，建成 112 万亩人工林，共 4.8 亿棵树，每年为京津地区输送净水 1.37 亿 m^3，成为守卫京津的重要生态屏障，创造出中国"生态文明建设范例"。[31]在第三届联合国环境大会上，塞罕坝机械林场建设者荣获了 2017 年联合国环保最高荣誉——"地球卫士奖"。如今，塞罕坝的青山绿水声名远扬，丰富的生态资源成为塞罕坝发展生态旅游产业的优势，而塞罕坝建设者们牢记使命、无畏艰险、驰而不息、久久为功的塞罕坝精神，更构成了其发展生态旅游的灵魂。目前，塞罕坝每年吸引游客 50 多万人次，实现门票收入 4400 多万元，林场苗木、森林旅游等相关产业带动当地实现年社会总收入 6 亿多元，森林旅游等绿色产业收入已占林场总收入的 50%以上。塞罕坝的发展充分印证了习近平总书记关于"保护生态环境就是保护生产力，改善生态环境就是发展生产力"的精辟论断。

位于海南省海口市的美舍河，纵贯海口市南北，流经海口市美兰、琼山和龙华三个区，是海口市的母亲河。20 世纪 90 年代以前，美舍河也曾清澈见底，鸟飞鱼跃，承载着许多海口人的美好回忆。但是，随着经济发展、人口增加，两岸污水截流并网不彻底，大量生活污水、餐饮污水直排入河，同时也受上游农业污染、养殖面源污染等影响，河面飘满垃圾，河水乌黑、臭气熏天，河水水质常年为劣 V 类，直排入河污水量约每日 5 万 m^3。2016 年 11 月起，海口市以美舍河为

---

① 1 亩≈666.67m²。

试点，启动全市 34 个水体系统综合的生态治水工程，以"源头减排、过程控制、系统治理"为原则，依照"控源截污、内源治理、生态修复、功能统筹"的理念，系统制定标本兼治、近远结合的水系综合治理方案，解决城市水环境问题，统筹提升河道的水安全、水生态、水景观等复合生态功能。[32]为了封堵污染源，沿河共排查管网长度 216.8km，发现排放口 339 个，排查出管网混接、错接的点位 395 处，调查住户 11 万户。经过 1 年多的治理，美舍河实现了"蝶变"，重现了水清岸绿、白鹭归巢的景象。美舍河水环境得到改善、水生态得到修复、水景观得到提升后，水文化得以再现，作为海口市的文脉之河，沿岸汇集了海南文化体育公园、府城、五公祠、仙人峒、南溟古刹——大悲阁、海口老城等重要人文历史场所，修复之后的美舍河让这些海口文化的"根"得以延续，带动了全市人文历史和旅游的发展，催生城市发展新动能，重塑城市发展观和价值观。

　　以上三个案例均是变绿水青山为金山银山的生动实践。但同时，从全国范围来看，我国大部分绿水青山的地区还是经济基础较为落后的欠发达地区，变生态财富为物质财富，实现"绿水青山就是金山银山"的重要转变，需要通过多种价值转换途径实现。此外，生态产业的培育需要遵循产业发展规律，因地制宜地探索多样化的发展模式，同时必须提升本地居民的参与性。目前，很多山区将生态旅游发展作为发展生态产业的万能良药，但实际旅游发展由于离不开对土地资源的使用，且往往涉及土地用途的转变和土地所有权的转移，这种转移可能会使当地居民长期赖以生存的生计资源被剥夺，当他们的生计资源被征收而又无法获得可替代的生计途径时，其生存状况可能恶化，从而产生新的福祉问题。[33]因此，实现生态资源优势向生态经济优势的转换需着重解决好政府、市场（资本）、居民（社区）三者之间的关系，良好的政策和制度是促进产业可持续健康发展的重要保障。

三、良好生态环境是最普惠的民生福祉

　　2013 年 4 月，习近平总书记在海南省考察时指出，"良好生态环境是最公平的公共产品，是最普惠的民生福祉"[18]。他强调，生态环境不仅是关系党的使命宗旨的重大政治问题，也是关系民生的重大社会问题。这充分诠释了当前我国以人民为中心的发展思想。随着社会发展和人民生活水平的不断提高，2019 年我国人均 GDP 已经突破 1 万美元，跻身中等偏上收入国家行列，其中有 15 个城市人均 GDP 达到发达经济体标准，社会生产能力在很多方面进入世界前列。老百姓对美好生活的需求已经从"求生存"和"盼温饱"，过渡到"求生态"和"盼环保"，安全优质的生态产品在人民生活中的地位不断提高。因此，环境问题成为最迫切的民生问题之一，成为全面建成小康社会的突出短板。补齐短板，让天更蓝、山

更绿、水更清、生态环境更优美，满足人民日益增长的优美环境需求，成为新时代党和国家的奋斗目标。

民生福祉指的是健康、幸福并且物质上富足的生活状态。[34]环境污染给人体健康带来的损失，已经使居民的福祉受到严重负面影响。经陈仁杰等[35]粗略估算，2016 年大气 PM_{10} 污染对我国 113 个城市居民造成的健康损失，可引起 29.97 万例过早死亡，9.26 万例慢性支气管炎，762.51 万例内科门诊等，健康经济损失为 3414.03 亿元。2014 年，我国雾霾灾害风险热点区涵盖 96 个城市，波及人群达 5.9 亿[36]，北京由于 $PM_{2.5}$ 污染造成的额外医疗费用约为 11.13 亿元，负面健康效应导致的损失约 239.96 亿元。[37]从全球范围来看，$PM_{2.5}$ 污染已经造成了 420 万人口死亡和 1.03 亿失能调整生命年（disability-adjusted life-years）的损失。而生态环境改善所获得的效益是非常显著的，美国环境保护署评估，在其颁布《清洁空气法》后，1990～2010 年美国由于居民健康状况和生态环境改善而获得的经济收益可达 6 万亿～50 万亿美元。Huang 等[38]对我国《大气污染防治行动计划》实施 5 年来的健康效益进行了全面评估，结果显示，2017 年和 2013 年相比，我国第一阶段实施《环境空气质量标准》（GB 3095—2012）的 74 个重点城市大气污染相关的死亡人数减少了 4.7 万，寿命损失年减少了 71.0 万年。据估计，京津冀地区居民采暖实施"煤改电"治理工程后，空气质量的改善在 2020 年带来 410 亿元的健康效益，而政策的直接费用是 220 亿元。[39]虽然污染治理短期增加了社会支出，但带来的健康效益远高于治理所需成本投入。

2005 年，MEA 创造性地提出生态系统服务（供给服务、调节服务、文化服务、支持服务）与人类福祉各个要素（安全、维持高质量生活的基本物质需求、健康、良好的社会关系）之间的相互关系[40]，在人类福祉研究发展中具有里程碑意义。此后，"生态系统与人类福祉"研究成为引领 21 世纪生态学发展的新方向。[41]基于此框架，代光烁等[42]评价了锡林郭勒草原生态系统与人类福祉的关系。研究表明，在草原生态系统中，供给服务对当地牧民的福祉水平作用最大、最明显，直接影响牧民收入、消费和基本物质需求；调节服务和文化服务对牧民的健康和安全作用最明显；支持服务间接影响人们健康和安全。在评价福祉水平时，由联合国开发计划署基于收入、教育和预期寿命三个指标构建的人类发展指数（human development index，HDI）被广泛应用于评估国家和地区不同尺度的福祉状态。[43]HDI 与生态系统服务指数一起能够解释生活满意度 72%的变化。[44]此外，基于可持续发展的理论框架，可持续发展的目标是在生态环境的承载能力以内实现较高的福利水平，依据这一目标，研究者提出了生态福利绩效这一概念，用以衡量一个国家或地区将自然资源转化为福利水平的能力。我国研究者诸大建[45]提出，用 HDI 指数除以生态足迹计算生态福利绩效，那么提高生态福利绩效就是以最小的资源消耗获得最大的福祉水平。

福祉具有多维性，在研究中人们常常将福祉分为主观福祉和客观福祉。其中，主观福祉关注人们内心的感受，主要指人类的快乐和幸福；客观福祉关注社会为人们获得更好生活提供的各种条件和设施。[46]对主观福祉的测量主要利用问卷调查个人的幸福度、快乐程度；而对客观福祉常利用可以计量的社会或经济指标去反映。[34]在国家尺度上，生态系统服务水平与人类主观福祉具有显著正相关关系。[47]虽然高度发达的经济可以在一定程度上减缓生态系统服务价值的减少对人类客观福祉的负面影响，使得生态系统服务降低，HDI 却上升了，但这是由于生态系统服务对人类福祉的影响具有一定的滞后性，随着生态系统服务价值不断减少，人类福祉最终还是会受到负面影响。[48, 49]在较为贫困的地区，生态系统的退化和破坏就会直接严重威胁人类福祉。[50]反之，良好的、健康的生态系统服务在很大程度上为人类带来了福祉。因此，保护生态系统服务对提高人类福祉具有决定性意义。

大多数的环境资源在属性上属于公共物品，而这类公共物品的消费属于非竞争性且非排他性消费，如清新的空气、清洁的水源，因为人们在消费时往往不需要花费自身成本，所以会造成对生态环境资源的过度消费，导致公共服务功能的退化。因此，习近平总书记指出："每个人都是生态环境的保护者、建设者、受益者，没有哪个人是旁观者、局外人、批评家。"把保护良好的生态环境转化为每个人的自觉行动，人人贡献一份力、尽一份责任、负一份担当，才能提高自身福祉，共享美丽中国。[17, 18]

四、山水林田湖草是生命共同体

2013 年 11 月 9 日，习近平总书记在《关于〈中共中央关于全面深化改革若干重大问题的决定〉的说明》中指出："我们要认识到，山水林田湖是一个生命共同体，人的命脉在田，田的命脉在水，水的命脉在山，山的命脉在土，土的命脉在树。用途管制和生态修复必须遵循自然规律，如果种树的只管种树、治水的只管治水、护田的单纯护田，很容易顾此失彼，最终造成生态的系统性破坏。"[18]这是习近平总书记在讲话中首次提出了"山水林田湖是一个生命共同体"的理念。由于我国国土面积40%以上是草地，而草地是生态退化的重要区域，2017 年 7 月 19 日，习近平总书记主持召开中央全面深化改革领导小组第三十七次会议，在《建立国家公园体制总体方案》中将"草"纳入山水林田湖同一个生命共同体中，使"生命共同体"的内涵更加广泛、完整。

习近平总书记提出的"山水林田湖草是一个生命共同体"理念，为解决我国自然资源用途管制不统一、环境污染治理职责不明确和生态修复缺乏整体性和系统性等突出问题提供了方法论。我国在自然资源管理方面长期按要素分别由国土、水利、农业、林业等部门管理，没有形成统一的自然资源分类及认定标准。多头管理导致有的自然资源在国土资源部门被认定为耕地，在林业部门是林地，在农业部门是草地，从而不仅难以了解自然资源基本国情，更不便于科学管理。[51]有一些自然价值较高的自然保护地也被分而治之，一座山、一个动物保护区，南坡可能是一个部门管理的国家森林公园，北坡可能是另一个部门命名并管理的自然保护区。这种切割自然生态系统空间的管理体制，使监管分割、规则不一、资金分散、效率低下，该保护的没有保护好。[52]环保管理职能方面也同样面临类似的问题，在 2018 年中央机构改革前，中央政府 53 项生态环保职能中，环保部门承担 40%，其他 9 个部门承担 60%；在环保部门承担的 21 项职能中，环保部门独立承担的占 52%，与其他部门交叉的占 48%。这种职能管理模式导致以往的污染防治工作，地表水环境由环境保护部负责，监督防止地下水污染职责在国土资源部，编制水功能区划、排污口设置管理、流域水环境保护职责在水利部；监督指导农业面源污染治理职责在农业部；海洋环境保护职责在国家海洋局；南水北调工程项目环境保护职责在国务院南水北调工程建设委员会；应对气候变化和减排职在国家发展和改革委员会。污染防治的分散治理形成了"一龙主管、多龙参与"的管理体制，使得环保部门在行使职权时，会面临"有责无权"的问题。此外，部门间的职能重叠容易造成部门间规划、政策、法规间的分歧，削弱法律法规的实施效率，使得污染治理效率降低，导致不可避免地存在污染治理灰色空间。虽然在过去的几十年中，国务院不断进行机构调整和完善重组职责，解决管理体制存在的问题，但事实上问题依然突出。

2018 年 3 月 17 日，十三届全国人大一次会议表决通过了《国务院机构改革方案》，是自然资源和生态环境管理体制改革的重大突破。设立自然资源部和生态环境部，突出了自然资源部的自然资源所有者职能和生态环境部对生态环境的监督职能，减少职责交叉，提高了决策的科学性和效能，体现了中国特色社会主义治理能力现代化的要求。[53]

自然资源部的定位是统筹山水林田湖草系统治理，统一行使全民所有自然资源资产所有者职责，统一行使所有国土空间用途管制和生态保护修复职责，着力解决自然资源所有者不到位、空间规划重叠等问题。自然资源部将国土资源部的职责，国家发展和改革委员会的组织编制主体功能区规划职责，住房和城乡建设部的城乡规划管理职责，水利部的水资源调查和确权登记管理职责，农业部的草原资源调查和确权登记管理职责，国家林业局的森林、湿地等资源调查和确权登记管理职责，国家海洋局的职责，国家测绘地理信息局的职责进行整合，以此解决自然资源所有者不到位、空间规划重叠等问题，实现对山水林田湖草的整体保护、系统修复和综合治理。

生态环境部的职责定位为生态环境监管，重点体现在生态环境制度制定、监测评估、监督执法和督察问责四大职能。组建后的生态环境部，把分散在环境保护部和其他六部委的污染防治和生态保护职责统一起来，解决了生态环保领域职责交叉重复、多头治理的问题，实现了地上和地下、岸上和水里、陆地和海洋、城市和农村、一氧化碳和二氧化碳，即大气污染防治和气候变化应对的"五个打通"。

当前生态环境部与自然资源部职责定位见图1.1。

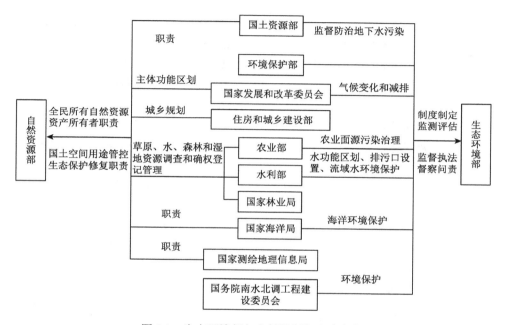

图1.1　生态环境部与自然资源部职责定位

"山水林田湖草是一个生命共同体"的理念是在深刻认识生态系统性质、特点和规律，准确把握我国生态保护实践的基础上提出的生态哲学思想。生态系统具有整体性、自组织性、层级结构和反馈机制等系统性特征，同时也具有开放性、不确定性以及动态性和突变性等非线性特征，并在不同的时空尺度下达到动态平衡。[54]一个区域生态系统包括山水林田湖草各要素，它们之间通过物质运动及能量转移，形成相互依存、相互作用的复杂关系，构成一个生命共同体。对于某一要素的破坏常常引起其他要素的连锁式不良反应。因此，在环境治理和生态修复过程中要对山水林田湖草进行整体保护、系统修复和综合治理。

首先，整体保护体现在需要将山水林田湖草作为一个整体进行保护与控制，打破行政边界的影响，因为没有足够空间尺度的生态系统管理行为和策略，就达不到对生态过程实施有效控制的目的。我国生态红线划定和国家公园试点建设均体现了对生态系统整体保护的原则，强调了生态空间的完整性和连通性。生态红线的划定原则之一就是结合山脉、河流、地貌单元、植被等自然边界以及生态廊道的连通性，合理划定生态保护红线，避免生境破碎化，确保生态保护红线空间连续，实现跨区域生态系统整体保护。国务院印发的《建立国家公园体制总体方案》在确定国家公园空间布局中，也强调设立的空间要确保面积可以维持生态系统结构、过程、功能的完整性，加强生态系统原真性、完整性保护。

其次，在环境治理和生态修复中要注重系统性。山水林田湖草作为自然生态系统具有多种功能，针对具体问题或单一措施的治理修复工程往往难以取得综合生态效益，甚至会带来新的生态问题。例如，我国森林覆盖率从 21 世纪初的 16.6%上升到 2015 年的 21.66%，但生态系统质量低下，优等级森林面积仅占总面积的5.8%。有些地区为防治沙漠化进行了大面积造林，森林覆盖率得到提高，沙漠化也得到了遏制，但由于大面积的森林对于水分的消耗导致境内的河流出现了断流，降低了其水源涵养功能。[55]河流湖泊在治理时也面临类似的问题。河流湖泊作为水资源的主要载体，承担着防洪、排涝、供水、航运、净化水体、提供生物栖息地、休闲游憩等多种功能，为人类生存、社会发展、生态维系等发挥着重要作用，因此治理不能仅考虑单一功能的恢复。河流湖泊生态修复是一个多目标、多层次、多措施、多约束条件的系统工程，需要协调统筹水资源、水环境和水生态三方面需求，需要坚持上游和下游，地表和地下，陆域和水域，流域和海域，点源和非点源，工程措施和非工程措施统筹的系统思维，多措并举，协调推进。[56, 57]生态修复如果仅仅是重建了生态系统结构和组成而没有恢复整体生态系统功能，则不能认为其是成功的恢复。[58]鉴于此，以"山水林田湖草是一个生命共同体"重要理念开展的生态修复，提出以格局优化、系统稳定、功能提升为修复目标。当前，生态修复工程正从解决问题为导向逐渐转向以提升生态功能为导向，以恢复生态功能区划所确定的主导生态功能为核心任务，达到局地生态恢复与区域整体生态功能的提升。

最后，在环境治理和生态修复中要开展综合性治理。人类社会是一个以人的行为为主导、自然环境为依托、资源流动为命脉、社会文化为经络的复合体，马世骏和王如松[59]将其定义为社会-经济-自然复合生态系统。我国将生态文明建设提到前所未有的高度，"五位一体"正是体现了生态的内涵从生态环境保护上升到生产关系、消费行为、体制机制、上层建筑和思想意识高度，上升到为经济、政治、文化、社会穿针引线、合纵连横的高度。[60]因此，以环境治理和生态修复为途径的生态文明建设需要从治理过程、治理手段、治理主体及治理地域等多个方面体现其综合治理方略。治理过程的综合体现了要将源头严防、过程控制和末端治理相结合。末端治理属于浅绿色生态环境观念，通过治标抑制不良事态的扩大，是救火式和事后补救式的工作。而问题的解决需要标本兼治，深绿色的生态环境观念侧重探究洞察环境问题产生的经济社会原因，要求对发展理念和生活方式进行改变，以达到防止堵截生态环境问题的发生。[61]治理手段的综合，体现了要综合运用技术、经济、行政、法律、宣传教育等手段，多措并举、多管齐下提升生态环境治理能力和水平。治理主体的综合，体现了要发挥政府、企业、公众、非政府组织的协同联动作用，在生态环境治理中将政府主导作用、企业主体作用、公众参与、非政府组织咨询监督作用有机耦合，实现共同目标下的多元化行动，形成共建共治共享的生态环境治理格局。治理地域的综合，体现了要城乡环境治理并重。工业和城市污染防治是过去环境治理的重点，城乡公共基础设施建设长期严重失衡。当前环境治理设施和服务已经开始向农村延伸，2018 年，生态环境部会同农业农村部印发实施《农业农村污染治理攻坚战行动计划》，明确要优先解决农民群众最关心、最直接、最现实的突出环境问题，重点开展农村饮用水水源保护、生活垃圾污水治理、养殖业和种植业污染防治，统筹实施污染治理、循环利用和脱贫攻坚，推进农业生产清洁化和产业模式生态化，使农业污染治理与农业生产水平提升有机结合起来。通过 3 年集中力量攻坚，达到与全面小康相适应的生态环境质量状况。

五、用最严格制度最严密法治保护生态环境

保护生态环境必须依靠制度和法制。党的十八大以来，我国致力于加快生态文明制度建设，确立了建立最严格的环境保护制度在生态文明建设中的地位，提出了制度建设的内容。

生态文明制度既是约束行为的规则，也是衡量文明水平的标尺，制度是否系统和完整，是否具有先进性，在一定程度上代表了生态文明水平的高低，因此先进的制度体系是生态文明的软实力。[62]十八大报告中提出了生态文明制度建设的主要内容："要把资源消耗、环境损害、生态效益纳入经济社会发展评价体系，建立体现生态文明要求的目标体系、考核办法、奖惩机制。建立国土空间开发保护制度，完善最严格的耕地保护制度、水资源管理制度、环境保护制度。深化资源性产品价格和税费改革，建立反映市场供求和资源稀缺程度、体现生态价值和代际补偿的资源有偿使用制度和生态补偿制度。积极开展节能量、碳排放权、排污权、水权交易试点。加强环境监管，健全生态环境保护责任追究制度和环境损害赔偿制度。加强生态文明宣传教育，增强全民节约意识、环保意识、生态意识，形成合理消费的社会风尚，营造爱护生态环境的良好风气。"十八届三中全会又进一步丰富完善了生态文明制度建设的内容，提出："要健全自然资源资产产权制度和用途管制制度，划定生态保护红线，实行资源有偿使用制度和生态补偿制度，改革生态环境保护管理体制。"十八届四中全会提出："建立有效约束开发行为和

促进绿色发展、循环发展、低碳发展的生态文明法律制度，强化生产者环境保护的法律责任，大幅度提高违法成本"；"制定完善生态补偿和土壤、水、大气污染防治及海洋生态环境保护等法律法规"。

从 20 世纪 70 年代开始，我国的环境保护制度逐渐建立，制度的建设对控制环境污染起到了重要作用，但在一些重要的生态环保领域，环境立法仍然存在缺位的情况，现行法律处罚力度偏轻，违法成本低的问题没有得到解决；部分制度的实施和执行不到位，制度执行效率不高且效果不佳；环境经济制度未充分发挥在环保领域资源配置中的决定性作用等问题颇为严重。[63]面对制度和法律中存在的问题，按照十八大和十八届三中、四中全会部署，我国加快了生态文明顶层设计和制度体系建设，相继出台《中共中央　国务院　关于加快推进生态文明建设的意见》《生态文明体系改革总体方案》《中共中央　国务院　关于全面加强生态环境保护　坚决打好污染防治攻坚战的意见》等生态文明建设顶层设计文件。从党的十八大到党的十九大，共制定了 40 多项涉及生态文明建设的改革方案，生态文明建设目标评价考核办法、党政领导干部生态环境损害责任追究、中央环境保护督察、生态保护红线、控制污染物排放许可制、省以下环保机构监测监察执法垂直管理、生态环境监测网络建设、禁止洋垃圾入境、绿色金融体系等一批标志性、支柱性的改革举措陆续推出，"四梁八柱"性质的生态文明制度体系初步建立。生态环境法制体系在此期间也不断完善，《中华人民共和国环境保护法》《中华人民共和国大气污染防治法》《中华人民共和国水污染防治法》《中华人民共和国固体废物污染环境防治法》《中华人民共和国海洋环境保护法》《中华人民共和国环境影响评价法》《中华人民共和国环境保护税法》《中华人民共和国土壤污染防治法》等环境保护相关法律相继得到制（修）订。

这一时期我国生态环境保护改革力度之大、监管执法之严前所未有，在通过行政性管制政策落实党委政府推进环境职责方面开展了许多创新型探索。习近平总书记特别指出："保护生态环境必须依靠制度、依靠法治"，"只有实行最严格的制度、最严密的法治，才能为生态文明建设提供可靠保障。"[18]最重要的是完善经济社会发展考核评价体系，把资源消耗、环境损害、生态效益等体现生态文明建设状况的指标纳入经济社会发展评价体系。中共中央办公厅、国务院办公厅于 2016 年 12 月印发出台的《生态文明建设目标评价考核办法》（简称《办法》）及其配套的《绿色发展指标体系》和《生态文明建设考核目标体系》就是将习近平总书记强调的"不再简单以国内生产总值增长率来论英雄"要求落到了实处。目标考核采用年度评价和五年考核相结合，年度主要评价各地区资源利用、环境治理、环境质量、生态保护、增长质量、绿色生活、公众满意度等绿色发展指标。《办法》的出台为推进绿色发展、树立正确的政绩观起到了重要的促进作用。根据《办法》的要求，2016 年全国各省（自治区、直辖市）生态文明建设年度评价结果于 2017 年底向社会公布。评价结果显示，基于 55 项评价指标，绿色发展指数排名前六位的是北京、福建、浙江、上海、重庆和海南。生态环境公众满意度作为单独评价方面得分前六位的是西藏、贵州、海南、福建、重庆和青海。生态环境保护能否落实到实处，评价结果能否起到强化地区生态文明建设主体责任，督促各地区推进生态文明建设，关键在领导干部能否正确履行职责。当前，绿色发展并非单纯是一种发展方式，更是一种政治态度和政治任务。习近平总书记曾在多个场合强调，对那些不顾生态环境盲目决策、造成严重后果的人，必须追究责任，而且终身追究。[17, 18]2015 年 8 月 17 日，中共中央办公厅、国务院办公厅印发的《党政领导干部生态环境损害责任追究办法（试行）》，明确提出对官员损害生态环境的责任"终身追究"，并规定了 25 种追责情形，标志着我国生态文明建设进入实质问责阶段。追责中突出了党政同责，以解决以往环境损害责任中"权责不对等"的现象；突出了不同领导类型需承担的不同责任，明确列出了党政主要领导、党政分管领导、政府有关工作部门领导和其他具有职务影响力的四类领导干部分别应承担的生态环境损害追究责任；突出了终生追究，不论是否已经调离、提拔或退休，都必须严格追责。此外，为掌握地区党委和政府对环境保护重大决策部署和责任的落实情况，解决突出环境问题的处理情况，制定了《环境保护督察方案（试行）》，明确建立环保督察机制。同时，从 2015 年开始开展领导干部自然资源资产离任审计试点工作。在试点探索的基础上，2017 年中共中央办公厅、国务院办公厅印发了《领导干部自然资源资产离任审计规定（试行）》，使得这一工作由审计试点进入到全面推广阶段，逐渐形成了职责明确、追责严格的责任制度链条。2016 年 11 月 30 日至 12 月 30 日，中央第七环境保护督察组对甘肃省开展环境保护督察时发现明确祁连山国家自然保护区界址后，仍违规审批和延续采探矿权 14 宗，存在违法违规项目整改落实不力、生态恢复和环境整治不力等问题，按照当前制定的生态环境损害责任追究制度，经中央纪委决定和甘肃省委、省政府批准，就祁连山国家自然保护区生态环境问题问责 100 人，其中包括 3 名副省级官员。

　　较大力度的法律制度修订使我国环境法治建设取得了新的发展，法律体系不断完善。《中华人民共和国环境保护法》（2014 年 4 月 24 日修订）体现了基于国情和发展阶段特点，从健全保护环境的体制机制、完善污染防治的法律规范入手，来解决当前环境领域的共性问题和突出问题。修订后的法律从原来的 6 章 47 条增加到 7 章 70 条，更新了环境保护理念，完善了环境保护基本制度，明确了政府对环境保护的监督管理职责，单独增加一章规定环境信息公开与公众参与，加强了农村污染防治工作，加大了对企业违法排污的处罚力度。新修订的《中华人民共和国大气污染防治法》（2015 年 8 月 29 日修订）以改善大气环境质量为目标，在加强重点领域大气污染综合防治、重点区域大气联合防控、重污染天气应对等方面做了制度创新。新修订的《中华人民共和国水污染防治法》（2017 年 6 月 27 日修正）在落实"河长制"，强化地方领导对水污染防治、水环境治理的责任，明确违法界限，规范水环境监测，保障饮用水安全，构建流域水环境保护联合协调机制等方面做了制度创新。2018 年 1 月 1 日起实施的《中华人民共和国环境保护税法》（简称环保税法），作为我国第一部推进生态文明建设的单行税法，实现了环境保护费改税。为促进企业开展减排活动，环保税法提出了纳税人减排税收减免档次，纳税人排放应税大气污染物或者水污染物的浓度值低于国家或地方规定排放标准 30% 的，减按 75% 征收环境保护税；低于排放标准 50% 的，减按 50% 征收环境保护税。此外，环保税法将苯、甲苯、二甲苯、甲醛、酚类等 19 种挥发性有机污染物列为应税污染物，并且根据危害因子设置差别化的污染当量值来决定税收的高低。

习近平总书记在全国生态环境保护大会上强调："制度的生命力在于执行，关键在真抓，靠的是严管。"[6]因此，如果制度执行不重视，监管不到位，惩处不得力，那么制度的刚性和权威就不能树立。长期以来，我国环境立法的主要内容是强调政府环境行政监督管理和环境行政执法，近年来特别加强和改进了有关环境司法的内容，建立了环境资源专门审判机构，将环境行政执法和环境司法紧密结合、相互衔接，使司法保障的作用充分发挥，才能落实好源头保护、损害赔偿和责任追究制度，依法保护人民群众环境权益，保障国家自然资源和生态环境安全。

六、共谋全球生态文明建设

习近平总书记指出："保护生态环境、应对气候变化需要世界各国同舟共济、共同努力，任何一国都无法置身事外、独善其身。"[64]当前，我国在应对全球气候变化、履行国际环境公约、推进绿色"一带一路"建设方面采取了积极措施，对全球环境治理、实现可持续发展起到巨大的推动作用。

全球气候治理是以《联合国气候变化框架公约》（简称《公约》）为指导，各缔约方广泛参与、协商一致的机制。公平原则、"共同而有区别的责任"原则和各自能力原则是《公约》中国际合作应对气候变化确立的基本原则，《公约》明确发达国家应承担率先减排和向发展中国家提供资金技术支持的义务。但如何全面、均衡和有效地落实和体现《公约》中确立的原则，在责任、义务分担上，发展中国家和发达国家存在较大的分歧，是气候变化领域谈判的关键。从《京都协定书》到《巴黎协定》，伴随着联合国框架下的国际气候机制的形成，我国在气候变化领域所处的地位和影响力已处于世界的中心。气候变化领域的引领作用表现在对各缔约方立场和利益诉求的协调能力，在寻求全球目标与各方立场的契合点以及各方利益诉求的平衡点上展现出影响力、感召力和塑造力，从而促成各方均可接受的共识和行动方案，引导全球气候治理的规则制定以及合作进程的走向和节奏。[65]为推动《巴黎协定》的达成与生效，我国通过"基础四国"和"立场相近发展中国家"等谈判集团，加强与发展中国家内部的团结和合作，在发展中国家中发挥领导作用；在气候谈判中，担任了"七十七国集团加中国"的协调员，为在技术、能力建设方面达成对发展中国家有利的成果做出重要贡献；宣布设立 200 亿元人民币的中国气候变化南南合作基金，在发展中国家开展 10 个低碳示范区、100 个减缓和适应气候变化项目及 1000 个应对气候变化培训名额的南南合作"十百千"项目；与欧盟等保持密切协商，就减排、资金、透明度等关键问题及时对标，寻找可能被各方接收的方案；习近平主席更是与美国前总统奥巴马先后三次就气候变化合作和行动发表联合声明，作为世界上最大的发展中国家和发达国家，中国和美国为《巴黎协定》的达成凝聚了共识，提供了榜样。时任联合国秘书长潘基文曾高度评价，在《巴黎协定》达成到生效的整个过程中，中国做出了历史性的、基础性的、重要的、突出的贡献。即使当美国宣布退出《巴黎协定》之后，习近平总书记也多次讲到要坚定落实《巴黎协定》，要百分之百兑现我们的承诺，应对气候变化不是别人要我们做，而是我们自己要做，是我国可持续发展的内在要求，是推动构建人类命运共同体的责任担当。

我国在气候治理方面的立场和态度是一贯的，行动更是坚定的，取得了显著的成效。通过调整产业结构、优化能源结构、采取高效节能技术、植树造林增加碳汇等一系列强有力的政策措施，2017 年我国单位 GDP 二氧化碳排放比 2005 年下降约 46%，已超过 2009 年哥本哈根气候大会上提出的 2020 年碳强度下降 40%～45%的目标，非化石能源占一次能源消费比重达到 13.8%，距离 15% 的目标虽然还有一定距离，但森林蓄积量增加了 21 亿 m^3，超额完成 2020 年增加 13 亿 m^3 的目标。[66]这些目标的实现，为我国达到 2030 年单位 GDP 二氧化碳排放比 2005 年下降 60%～65%，2030 年非化石能源占一次能源消费比重达到 20%，2030 年森林蓄积量比 2005 年增加 45 亿 m^3，以及 2030 年左右实现碳排放达峰并努力尽早达峰的"国家自主贡献目标"奠定了较好的基础。当前，我国正处于高速增长向高质量发展的转型关键时期，习近平生态文明思想指导我们要站在战略的高度认识到应对气候变化给我们发展带来的机遇，实施积极应对气候变化的国家战略，不但不会阻碍我国的经济增长，而且可以起到加快调整产业结构、优化能源结构、培育壮大节能环保产业的作用，起到对高质量发展的引领作用、对生态文明建设的促进作用、对环境污染治理的协同作用。

我国高度重视并认真履行国际环境公约，采取积极措施主动参与全球环境治理，取得了突出的成就，国际社会对中国的履约工作给予了高度评价。按照《关于消耗臭氧层物质的蒙特利尔议定书》，"十二五"期间，我国共淘汰 5.9 万 t 含氢氯氟烃的生产量和 4.5 万 t 的消费量,分别占基线水平(2009～2010 年平均值)的 16%和 18%;削减含氢氯氟烃产能 8.8 万 t,占应削减的总产能的 16%,超额完成了第一阶段含氢氯氟烃淘汰 10%履约目标。到 2018 年已经累计淘汰消耗臭氧层物质约 28 万 t,占发展中国家淘汰量一半以上。[66]

为落实《关于持久性有机污染物的斯德哥尔摩公约》,我国全面禁止了滴滴涕等 17 种持久性有机污染物的生产、使用、进出口,清理处置了历史遗留的上百个点位近 5 万 t 含持久性有机污染物的废物。[67]同时针对非有意产生的二噁英类物质,2010 年九部委发布《关于加强二噁英污染防治的指导意见》,为二噁英污染防治工作指明了方向。2015 年,环境保护部发布《重点行业二噁英污染防治技术政策》,提出到 2020 年要显著降低铁矿石烧结、废物焚烧等重点行业单位产量(处理量)的二噁英排放强度,有效遏制重点行业二噁英排放总量增长的趋势。从效果来看,水泥、钢铁、焦炭、金属冶炼、电力等重点行业通过淘汰落后产能对二噁英类的减排起到了显著的促进作用[68];重点行业二噁英类的排放强度降低超过 15%[69];建成二噁英监测实验室 70 余个,使我国在持久性有机污染物监测技术装备方面跃居世界领先行列。[70]

关于《生物多样性公约》方面,截至 2017 年底,我国各类陆域保护地面积达 170 多万 km^2,约占陆地国土面积的 18%,提前达到《生物多样性公约》要求到 2020 年达到 17%的目标。全国超过 90%的陆地自然生态系统类型、89%的国家重点保护野生动植物种类以及大多数重要自然遗迹均在自然保护区内得到保护。

《关于汞的水俣公约》是近十年来环境领域内订立的一项新的全球公约,该公约于 2013 年 10 月在联合国环境规划署组织下通过,我国作为首批签约方签署了公约,2017 年 8 月 16 日起对我国正式生效。我国在达成公约的 5 次政府间谈判中,积极主动,在重点议题谈判上发挥了积极建设性引导作用。为了履行公约,我国已修订了多项涉汞排放标准,评估了主要的涉汞行业的状况,启动了战略行动计划编制工作,稳步推进重点行业汞减排。

此外,我国倡导的"一带一路"倡议能赢得世界的响应,根基在于习近平总书记提出的"构建人类命运共同体"思想。其中,坚持绿色发展、构建绿色之路是打造人类命运共同体的重要举措。"一带一路"沿线大多为发展中国家和新兴经济体,普遍面临着工业化、城市化带来的发展与保护的矛盾,推动绿色发展的呼声不断增强。因此,2017 年 5 月 14 日,习近平主席在"一带一路"国际合作高峰论坛发表主旨演讲,提出要"践行绿色发展的新理念,倡导绿色、低碳、循环、可持续的生产生活方式,加强生态环保合作,建设生态文明,共同实现 2030 年可持续发展目标"。为推动绿色"一带一路"建设,国家层面发布了《关于推进绿色"一带一路"建设的指导意见》和《"一带一路"生态环境保护合作规划》,强调将生态文明和绿色发展理念融入"政策沟通、设施联通、贸易畅通、资金融通、民心相通"中，全面提升生态环保合作，促进区域经济绿色转型，共同实现《2030年可持续发展议程》环境目标。

随着我国走进世界舞台中央，全球环境治理中的中国方案正在得到越来越多的关注，通过理念加行动、措施加成效，我国在生态文明建设中所表现出的知行合一赢得了国际社会的广泛尊重，国际社会对我国的环境责任担当也有着更多的期待。我国正成为全球生态文明建设的重要参与者、贡献者和引领者。以生态文明的执政理念来凝聚国际共识，以主动务实的行动为全球环境治理做贡献，充分体现了我国负责任的大国担当和构建人类命运共同体的决心和意志，牢固坚持"共谋全球生态文明建设"，才能在全球气候治理不确定性增加的当下，发挥引领作用，与国际社会共同解决全球环境治理面临的挑战，推动全球环境治理朝着更加公平合理、合作共赢的方向发展。

参 考 文 献

[1] Shan，Y. Guan D，Zheng H，et al. China CO$_2$ emission accounts 1997—2015[J]. Scientific Data，2018，5：170-201.

[2] 李惠娟，周德群，魏永杰. 我国城市 PM$_{2.5}$ 污染的健康风险及经济损失评价[J]. 环境科学，2018，39（8）：3467-3475.

[3] 环境保护部. 2015 中国环境状况公报[EB/OL]. （2016-06-10）[2019-05-01]. http://www.mee.gov.cn/hjzl/zghjzkgb/lnzghjzkgb/.

[4] 张孝德，丁立江. 这五年，生态文明建设从理念到实践取得四大成就[EB/OL]. （2017-10-14）[2019-05-01]. http://www.china.com.cn/19da/2017-10/14/content_41731248_2.htm.

[5] 李干杰. 部长通道实录[EB/OL]. （2019-03-04）[2019-05-01]. http://www.mee.gov.cn/xxgk2018/xxgk/xxgk15/201903/t20190304_694212.html.

[6] 习近平. 推动我国生态文明建设迈上新台阶[J]. 求是，2019，3.

[7] 张云飞. 改革开放以来我国生态文明建设的成就和经验[J]. 国家治理，2018，（48）：24-33.

[8] 生态环境部. 2017 中国生态环境状况公报[EB/OL]. （2018-05-22）[2019-05-03]. http://www. mee.gov.cn/hjzl/zghjzkgb/lnzghjzkgb/.

[9] 王玉庆. 生态文明：人与自然和谐之道[J]. 北京大学学报（哲学社会科学版），2010，47（1）：58-59.

[10] 罗尔斯顿. 环境伦理学[M]. 杨通进，译. 北京：中国社会科学出版社，2000.

[11] 张敏，门忠民. 马克思主义实践基础上的"人化自然观"的现代意义：兼论人类中心主义和生态中心主义的局限性[J]. 社会科学家，2009，（11）：7-10.

[12] 方精云，朱江玲，吉成均，等. 从生态学观点看生态文明建设[J]. 中国科学院院刊，2013，28（2）：182-188.

[13] 申曙光. 生态文明：现代社会发展的新文明[J]. 学术月刊，1994，3（9）：4-37.

[14] 李红卫. 生态文明：人类文明发展的必由之路[J]. 社会主义研究，2004，（6）：114-116.

[15] 俞可平. 科学发展观与生态文明[J]. 马克思主义与现实，2005，（4）：4-5.

[16] 牛文元. 生态文明的理论内涵与计量模型[J]. 中国科学院院刊，2013，28（2）：163-172.

[17] 习近平. 习近平谈治国理政（第二卷）[M]. 北京：外文出版社，2017.

[18] 习近平. 习近平谈治国理政（第一卷）[M]. 北京：外文出版社，2018.

[19] 刘聚涛，杨永生，高俊峰，等. 太湖蓝藻水华灾害灾情评估方法初探[J]. 湖泊科学，2011，23（3）：334-338.

[20] 朱乐先. 太湖治理十年路[J]. 群众，2017，（15）：63-64.

[21] 俞琴. 太湖治理 28 年：蓝藻像癌症，无锡猛吃药[EB/OL].（2018-10-8）[2019-05-20]. https://baijiahao.
baidu.com/s?id=1613717337661991382&wfr=spider&for=pc.

[22] Millennium Ecosystem Assessment. Ecosystems and human being: a framework for assessment[M]. Washington D
C：Island Press，2003.

[23] Costanza R，d'Arge R，de Groot R，et al. The value of the world's ecosystem services and nature capital[J].
Nature，1997，387：253-260.

[24] 欧阳志云，王效科，苗鸿. 中国陆地生态系统服务功能及其生态经济价值的初步研究[J]. 生态学报，1999，
19（5）：607-613.

[25] 辛琨. 生态系统服务功能价值估算：以辽宁省盘锦地区为例[D]. 沈阳：中国科学院研究生院（沈阳应用生
态研究所），2001.

[26] 李文华，等. 生态系统服务功能价值评估的理论、方法与应用[M]. 北京：中国人民大学出版社，2008.

[27] 赵同谦，欧阳志云，郑华，等. 中国森林生态系统服务功能及其价值评价[J]. 自然资源学报，2004，19（4）：
480-491.

[28] 谢高地，张彩霞，张昌顺，等. 中国生态系统服务的价值[J]. 资源科学，2015，37（9）：1740-1746.

[29] 马国霞，於方，王金南，等. 中国 2015 年陆地生态系统生产总值核算研究[J]. 中国环境科学，2017，37（4）：
1474-1482.

[30] 林静，王振儒，吴文锋. 照这条路走下去：浙江省安吉县生态文明建设调查[J]. 共产党员，2017，（19）：52-53.

[31] 付丽，汪泽方. 塞罕坝：为全球环保树标杆[N]. 人民日报海外版，2017-12-26（7）.

[32] 王晨，李婧，赖文蔚，等. 海口市美舍河水环境综合治理系统方案[J]. 中国给水排水，2018，34（12）：24-30.

[33] 罗鲜荣，王玉强，保继刚. 旅游减贫与旅游再贫困：旅游发展中不同土地利用方式对贫困人口的影响[J]. 人
文地理，2017，32（4）：121-128，114.

[34] 黄甘霖，姜亚琼，刘志锋，等. 人类福祉研究进展：基于可持续科学视角[J]. 生态学报，2016，36（23）：
7519-7527.

[35] 陈仁杰，陈秉衡，阚海东. 我国 113 个城市大气颗粒物污染的健康经济学评价[J]. 中国环境科学，2010，30
（3）：410-415.

[36] 谢志祥，秦耀辰，李亚男，等. 基于 $PM_{2.5}$ 的中国雾霾灾害风险评价[J]. 环境科学学报，2017，37（12）：
4503-4510.

[37] 王桂芝，武灵艳，陈纪波，等. 北京市 $PM_{2.5}$ 污染健康经济效应的 CGE 分析[J]. 中国环境科学，2017，37（7）：
2779-2785.

[38] Huang J，Pan X，Guo X，et al. Health impacts of China's air pollution prevention and control action plan：an
analysis of national air quality monitoring and mortality data[J]. The Lancet Planetary Health，2018，2（7）：
e313-e323.

[39] 张翔，戴瀚程，靳雅娜，等. 京津冀居民生活用煤"煤改电"政策的健康与经济效益评估[J]. 北京大学学报
（自然科学版），2019，55（2）：367-376.

[40] Millennium Ecosystem Assessment. Ecosystem and human well-being: synthesis[M]. Washington D C：Island
Press，2005.

[41] 赵士洞，张永民. 生态系统与人类福祉：千年生态系统评估的成就、贡献和展望[J]. 地球科学进展，2006，
21（9）：895-902.

[42] 代光烁，娜日苏，董孝斌，等. 内蒙古草原人类福祉与生态系统服务及其动态变化：以锡林郭勒草原为例[J].

生态学报，2014，34（9）：2422-2430.

[43] United Nations Development Programme（UNDP）. Human development report 2015：work for human development[R]. New York：UNEP，2015.

[44] Vemuri A W，Costanza R. The role of human，social，built，and natural capital in explaining life satisfaction at the country level：toward a national well-being index（NWI）[J]. Ecological Economics，2006，58（1）：119-133.

[45] 诸大建. 超越增长：可持续发展经济学如何不同于新古典经济学[J]. 学术月刊，2013，（10）：79-89.

[46] 王大尚，郑华，欧阳志云. 生态系统服务供给、消费与人类福祉的关系[J]. 应用生态学报，2013，6（6）：1747-1753.

[47] Engelbrecht H. Natural capital，subjective well-being，and the new welfare economics of sustainability：some evidence from cross-country regressions[J]. Ecological Economics，2009，69（2）：380-388.

[48] Raudsepp-Hearne C，Peterson G D，Tengo M，et al. Untangling the environmentalist's paradox：why is human well-being increasing as ecosystem services degrade？[J]. BioScience，2010，60（8）：576-589.

[49] 刘家根，黄璐，严力蛟. 生态系统服务对人类福祉的影响：以浙江省桐庐县为例[J]. 生态学报，2018，38（5）：1687-1697.

[50] 李惠梅，张安录. 生态环境保护与福祉[J]. 生态学报，2013，33（3）：0825-0833.

[51] 黄贤金，杨达源. 山水林田湖生命共同体与自然资源用途管制路径创新[J]. 上海国土资源，2016，37（3）：1-4.

[52] 张惠远，郝海广，舒昶，等. 科学实施生态系统保护修复 切实维护生命共同体[J]. 环境保护，2017，45（6）：31-34.

[53] 周宏春. 国务院机构改革为生态文明建设提供体制保证 自然资源产权更加明晰 生态环境明确谁来监管[J]. 中国生态文明，2018，（2）：25-30.

[54] 蔡晓明. 生态系统生态学[M]. 北京：科学出版社，2002.

[55] 高吉喜，杨兆平. 生态功能恢复：中国生态恢复的目标与方向[J]. 生态与农村环境学报，2015，31（1）：1-6.

[56] 袁勇，赵钟楠，张海滨，等. 系统治理视角下河湖生态修复的总体框架与措施初探[J]. 中国水利，2018，（8）：1-3.

[57] 王波，何军，王夏晖. 拟自然，为什么更亲近自然？——山水林田湖草生态保护修复的技术选择[J]. 中国生态文明，2019，（1）：70-73.

[58] Hobbs R J，Norton D A. Towards a conceptual framework for restoration ecology[J]. Restoration Ecology，1996，4（2）：93-110.

[59] 马世骏，王如松. 社会-经济-自然复合生态系统[J]. 生态学报，1984，4（1）：3-11.

[60] 王如松. "美丽中国"新转折[J]. 人民论坛，2012，1（22）：58-59.

[61] 诸大建. 可持续性科学：基于对象—过程—主体的分析模型[J]. 中国人口·资源与环境，2016，26（7）：1-9.

[62] 夏光. 建立系统完整的生态文明制度体系：关于中国共产党十八届三中全会加强生态文明建设的思考[J]. 环境与可持续发展，2014，39（2）：9-11.

[63] 张永亮，俞海，夏光，等. 最严格环境保护制度：现状、经验与政策建议[J]. 中国人口·资源与环境，2015，25（2）：90-95.

[64] 习近平. 习近平谈治国理政（第三卷）[M]. 北京：外文出版社，2020.

[65] 何建坤. 全球气候治理形势与我国低碳对策[J]. 中国地质大学学报：哲学社会科学版，2017，17（5）：1-9.

[66] 生态环境部. 中国应对气候变化的政策与行动2018年度报告[R]. 北京：生态环境部，2018.

[67] 李宏涛，杜譞，程天金，等. 我国环境国际公约履约成效以及"十三五"履约重点研究[J]. 环境保护，2016，44（10）：46-50.

[68]　耿静,吕永龙,任丙南,等. 淘汰落后产能政策对我国重点工业行业二噁英类减排的影响[J]. 环境科学,2016,
　　　　37（3）：1171-1178.

[69]　环境保护部. 环保部举行环境保护国际合作情况新闻发布会[EB/OL].（2017-07-20）[2019-05-20]. http://www.
　　　　scio.gov.cn/xwfbh/gbwxwfbh/xwfbh/hjbhb/Document/1559676/1559676.htm.

[70]　郑明辉,谭丽,高丽荣,等. 履行《关于持久性有机污染物的斯德哥尔摩公约》成效评估监测进展[J]. 中国
　　　　环境监测，2019，35（1）：1-7.

第二章　海南省生态环境状况与生态文明建设实践

海南省是我国探索解决人与自然协调可持续发展的试验田，是展示美丽中国的重要窗口。本章首先从蓝天、净水、碧海和青山四个方面呈现海南省领先全国的生态环境质量状况；其次分析海南省积极探索生态文明建设的历程及取得成效的关键因素；再次从定量分析的角度评价发展中社会-经济-资源环境耦合协调变化情况，进一步以数据为依据洞察海南省人与自然协调可持续发展的经验；2018 年，党中央赋予海南省改革开放新的历史使命，将海南省定位为"国家生态文明试验区"，站在新的起点与高度，最后提出当前海南省生态文明建设需要加强的四个方面。

第一节　持续领先全国的生态环境质量

一、蓝天

1. 空气质量

海南省空气质量总体优良，2013～2019 年海南省优良天数比例分别为 99.1%、98.9%、97.9%、99.4%、98.3%、98.4%和 97.5%（图 2.1），其中优级天数占到约80%，远高于全国平均水平（2018 年，全国 338 个城市平均优级天数占比为 25.7%）。新版《环境空气质量标准》（GB 3095—2012）出台后，无论是在 74 个新标准第一阶段实施城市，还是 338 个地级及以上城市中，纳入评价的海口市空气质量综合评价每年均名列前茅。

从省际空气范围来看，海南省 2014 年有 7 个市县按照《环境空气质量标准》（GB 3095—2012）对 SO_2、NO_2、PM_{10}、$PM_{2.5}$、O_3、CO 六项指标进行监测，2015 年起，全省 18 个市县（不含三沙市）均按照新标准对六项指标进行监测。2019 年的数据显示，儋州市、五指山市和琼中县三个市县优良天数达到 100%，其余市县优良天数介于 98.0%～99.7%。五指山市综合空气质量排名第一，六项污染物年均浓度均达到国家一级标准。2019 年各市县空气质量综合指数情况见图 2.2。按空气质量对 18 个市县进行类型分析，由于样本数偏少，难以严格按照聚类分析方法划分，因此参照聚类分析方法，依据它们得分的平均值加减一个标准差，

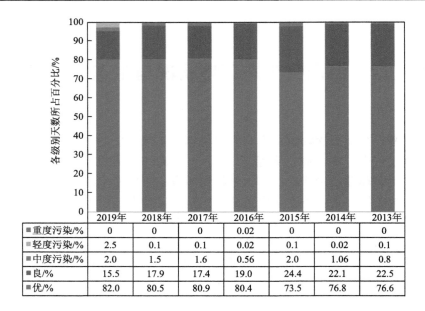

	2019年	2018年	2017年	2016年	2015年	2014年	2013年
■ 重度污染/%	0	0	0	0.02	0	0	0
■ 轻度污染/%	2.5	0.1	0.1	0.02	0.1	0.02	0.1
■ 中度污染/%	2.0	1.5	1.6	0.56	2.0	1.06	0.8
■ 良/%	15.5	17.9	17.4	19.0	24.4	22.1	22.5
■ 优/%	82.0	80.5	80.9	80.4	73.5	76.8	76.6

图 2.1　海南省 2013～2019 年空气质量各级别天数分布情况

注：根据 2013～2017 年《海南省环境状况公报》和 2018～2019 年《海南省生态环境状况公报》数据所绘[1, 2]

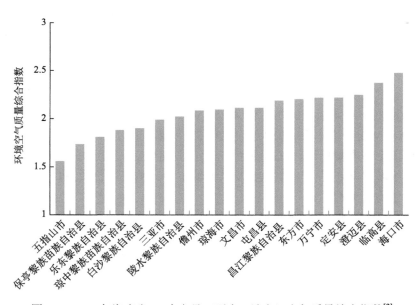

图 2.2　2019 年海南省 18 个市县（不含三沙市）空气质量综合指数[2]

注：数值越小，空气质量越好

将市县划分为 4 个等级。其中，五指山市、保亭县、乐东黎族自治县（简称乐东县）为空气质量第一等级的市县，琼中县、白沙县、三亚市和陵水黎族自治县（简称陵水县）属于第二等级，儋州市、琼海市、文昌市、屯昌县、昌江黎族自治县（简称昌江县）、东方市、万宁市、定安县和澄迈县属于第三等级，临高县和海口市为第四等级。

从季节变化来看，季节性空气质量有明显差异。第二季度和第三季度达"优"的天数最多，其中第二季度空气质量最好，2014～2019 年第二、三季度的优良天数基本达到 100%。第一季度和第四季度空气质量相对欠佳，第四季度的良级天数明显增多，同时偶有轻度污染天气出现。2019 年的第四季度，优级天数下降到58.1%，而良级天数增加到 36.5%，特别是 11 月份优级天数全年最低，由最高的7 月份 99.8%下降为 44.0%。图 2.3 是 2014～2019 年四个季度空气质量级别天数分布情况。

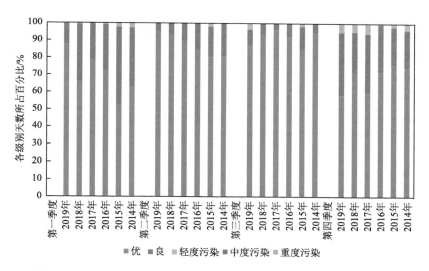

图 2.3 2014～2019 年海南省不同季度空气质量各级别天数分布情况

注：根据 2014～2017 年各季度《海南省环境状况公报》和 2018～2019 年《海南省生态环境状况公报》整理数据所绘[1, 2]

2. 主要大气污染物排放及承载力

与国内其他省份相比，海南省主要大气污染物排放呈现浓度低、总量低、承载空间大的特征。2014～2019 年海南省主要大气污染物年排放浓度及国家排放标准限值见表 2.1。与国家排放标准比较，海南省各年的 SO_2、NO_2、PM_{10}、CO 年均排放浓度均符合国家一级标准，O_3 和 $PM_{2.5}$ 略高于国家一级标准。O_3 是海南省良级及轻度污染天气的首要污染物。2019 年，在全国主要城市空气质量排名中，海口市仅次于拉萨市，排名第二。与全国其他省份相比，海南省不仅空气质量现状较好，而且是大气污染物环境承载形势最好的地区。卢亚灵等[3]的研究表明，全国 74 个重点城市中，海口市 SO_2、NO_2、PM_{10}、CO 的承载形势排名第一，承载力指数最低，$PM_{2.5}$ 承载形势排名第二，仅次于拉萨市。

表 2.1　2014～2019 年海南省主要大气污染物年排放浓度及国家排放标准限值

	$SO_2/(\mu g \cdot m^{-3})$	$NO_2/(\mu g \cdot m^{-3})$	$PM_{10}/(\mu g \cdot m^{-3})$	$PM_{2.5}/(\mu g \cdot m^{-3})$	$O_3/(\mu g \cdot m^{-3})$	$CO/(mg \cdot m^{-3})$
一级标准	20	40	40	15	100	4
二级标准	60	40	70	35	160	4
2019 年 337 个城市平均值	11	27	63	36	148	1.4
2019 年海南省	5	8	28	16	118	0.8
2018 年海南省	5	8	30	17	107	0.9
2017 年海南省	5	9	29	18	107	1.0
2016 年海南省	5	9	31	18	105	1.1
2015 年海南省	5	9	35	20	118	1.1
2014 年海南省	5	10	38	—	—	—

注：海南省 SO_2、NO_2、PM_{10}、$PM_{2.5}$ 的 2014～2019 年值均为年平均浓度，O_3 和 CO 年平均浓度为特定百分位平均浓度。根据 2014～2017 年《海南省环境状况公报》和 2018～2019 年《海南省生态环境状况公报》整理[1, 2]

1）SO_2 排放

海南省 2010～2017 年 SO_2 排放情况见图 2.4。海南省 2012 年 SO_2 排放量达到了最高值，排放量为 34 000t，其后三年排放量保持 32 000t 左右，2016 年排放量下降迅速，2017 年排放量仅为 14 000t。多年来，海南省是除西藏自治区外 SO_2 年排放总量最少的省份。2017 年，海南省 SO_2 排放强度（万元 GDP SO_2 排放量）为 0.3198kg·万元$^{-1}$，排放强度仅高于北京市、上海市、西藏自治区，和广东省接近，在全国 31 个省（自治区、直辖市）中位列第五位，约为全国平均水平的 30%。

2）NO_x 排放

海南省 2013～2015 年 NO_x 排放情况见图 2.5。海南省是除西藏自治区外 NO_x 年排放总量最少的省份，排放量逐年下降，由 2013 年 100 249t 下降为 2015 年 89 518t，下降幅度达 10.7%。生活 NO_x 排放量最低，仅占 0.49%，但下降幅度最快，达 58.0%。工业 NO_x 排放量最大，平均占比达 67.14%，机动车 NO_x 平均占比为 32.37%，两者下降幅度均在 10%左右。2013～2015 年海南省 NO_x 排放强度（万元 GDP NO_x 排放量）分别为 2.832 1kg·万元$^{-1}$、2.489 1kg·万元$^{-1}$ 和 2.040 5kg·万元$^{-1}$。相比 SO_2 排放强度，海南省 NO_x 排放强度较高，为全国平均值的 80%，排名全国第 11 位。

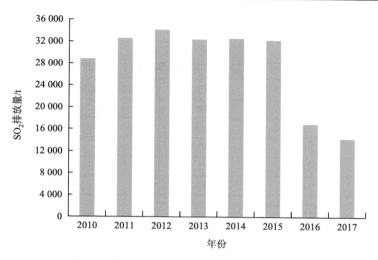

图 2.4　海南省 2010～2017 年 SO_2 排放情况[4]

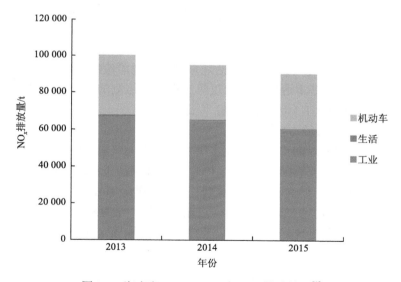

图 2.5　海南省 2013～2015 年 NO_x 排放情况[1]

注：由于 2015 年后 NO_x 排放统计中没有区分工业、生活和机动车三类的构成，因此仅整理了 2013～2015 年的数据

3）烟（粉）尘

海南省 2011～2015 年烟（粉）尘排放情况见表 2.2。海南省依然是除西藏自治区外烟（粉）尘排放总量最少的省份，但排放量变化较大，2011～2015 年排放量分别为 16 000t、16 606t、18 003t、23 171t 和 20 400t。2011 年与 2012 年变化幅度较小。2014 年排放量较 2013 年上升 28.7%，2015 年较 2014 年下降 12.0%。工业烟（粉）

尘排放量最大，占比达 79.0%，机动车排放占 17.4%，生活排放占比为 3.6%。

表 2.2　海南省 2011～2015 年烟（粉）尘排放情况

年份	工业排放量/t	生活排放量/t	机动车排放量/t	总计/t
2011	11 000	1 000	4 000	16 000
2012	10 660	1 675	4 265	16 606
2013	14 029	407	3 565	18 003
2014	18 854	767	3 547	23 171
2015	16 105	741	3 551	20 400

数据来源：2011～2015 年《海南省环境状况公报》[1]

3. 大气污染物主要来源

1) 国家重点监控工业企业排放

海南省国家重点监控工业企业相对较少。目前，国家重点监控废气排放企业共 9 家，涉及行业包括燃煤发电（3 家）、水泥制造（2 家）、原油加工及石油制品制造（2 家）、纸浆制造（1 家）、玻璃制造（1 家）；国家重点监控危险废物污染源企业 2 家（均监测废气），涉及生活垃圾焚烧和危险废物焚烧。2017 年，国控废气排放监测达标率基本达到 100%，仅第三季度所监测的危险废物焚烧企业出现汞超标 1.6 倍，和过去几年相比，达标率显著提高。

2) 机动车尾气和城市扬尘

2015 年，海南省对海口市、三亚市等重点城市大气颗粒物进行了污染物来源解析。其中，海口市空气中细颗粒物（$PM_{2.5}$）主要来源于机动车尾气、城市扬尘、工业生产、海盐粒子、燃煤和其他（油烟、生物质燃烧等），分担率分别为 27.0%、25.5%、13.7%、7.3%、0.8% 和 25.7%。三亚市空气中细颗粒物（$PM_{2.5}$）主要来源于城市扬尘、机动车尾气、生物质源、工艺过程源和固定燃烧源，分担率分别为 74.1%、14.2%、5.4%、5.2% 和 1.1%。在全省大气污染源排放中，机动车尾气和城市扬尘占比超过 50%，是省内大气颗粒物主要来源。

机动车同时是氮氧化物（NO_x）排放的主要来源。2015 年，海南省 NO_x 排放量为 8.9 万 t，其中机动车 NO_x 排放量为 2.9 万 t。机动车尾气含有的 NO_x 和挥发性有机物又促进 O_3 生成，在海南省空气质量超标天数中，O_3 为首要污染物的天数占比有快速上升趋势，加大了防控难度。因此，控制机动车尾气排放已成为海南省大气污染防控的重要任务之一。

3) 污染物远距离传输及气候条件叠加

大陆污染物远距离传输和本地静稳无风等气象条件是导致海南省空气轻度污染的主要原因。特别是在每年春节前后的三个月（12 月、1 月、2 月），受北方冷空气南下影响，空气污染物此时会伴随冷空气传输进入海南岛。薛文博等[5]基于 CMAx 空气质量模型的颗粒物来源追踪技术定量模拟全国 $PM_{2.5}$ 及其化学组成的跨区域输送规律，研究显示海南省是 $PM_{2.5}$ 年均浓度受省外源贡献最大的省份，达到 71%。符传博等[6]对 2013 年海口市一次气溶胶粒子污染事件进行分析，证实污染物与珠三角地区的输送作用有密切关系。而此时，恰恰也是海南岛静稳无风、大气扩散条件较差、空气相对湿度较大的月份，远距离传输和本地气候叠加会导致空气质量明显下降，有时空气污染程度会达到中度污染[7]。因此，即使是无任何污染源、位于海拔 1000m 的五指山阿陀岭监测站，也曾监测到 $PM_{2.5}$ 指数超过 100。而每年 3~9 月，受西南风影响，且无外来污染物输入，海南岛空气质量基本都是优良水平。

4）烟花爆竹是造成局部空气质量呈现重度污染的主要原因

春节大量燃放烟花爆竹会产生大量 SO_2、CO 和 NO_x 气体。2016 年，对比海南省海口市和三亚市两个城市，全年 SO_2 日均浓度最高的日期就是 2 月 8 日。当日海口市的 SO_2 日均浓度达到 $22\mu g \cdot m^{-3}$，三亚市的 SO_2 日均浓度达到 $12\mu g \cdot m^{-3}$。$PM_{2.5}$ 在当天也是达到全年日均最高值，海口市是 $122\mu g \cdot m^{-3}$，三亚市是 $45\mu g \cdot m^{-3}$。海口市的 AQI 指数在 2016 年 2 月 7~9 日分别达到 59、160 和 67。但烟花爆竹产生的负面影响持续时间较短，随后空气质量会明显恢复到较优的水平。在海口市 2018 年开始禁放烟花爆竹，三亚市 2019 年开始禁放烟花爆竹后，春节期间污染物浓度显著降低，2019 年 2 月 4~6 日海口市和三亚市的空气质量等级均为优。2 月 5 日春节当天，海口市 $PM_{2.5}$、PM_{10}、SO_2、O_3、NO_2 和 CO 浓度分别为 $25\mu g \cdot m^{-3}$、$38\mu g \cdot m^{-3}$、$7\mu g \cdot m^{-3}$、$6\mu g \cdot m^{-3}$、$44\mu g \cdot m^{-3}$ 和 $0.4mg \cdot m^{-3}$，三亚市分别为 $26\mu g \cdot m^{-3}$、$38\mu g \cdot m^{-3}$、$6\mu g \cdot m^{-3}$、$6\mu g \cdot m^{-3}$、$53\mu g \cdot m^{-3}$ 和 $0.4mg \cdot m^{-3}$，除 $PM_{2.5}$ 浓度小于国家二级标准外，其余物质浓度均小于相应国家一级标准。

二、净水

1. 河流和湖库水质

1）河流水质

海南岛地势中部高、四周低，较大河流均发源于中部山区，向四周辐射流出，汇入海洋。全岛独流入海的河流共 154 条，集雨面积超过 $100km^2$ 的各级干流、支流共有 93 条，其中独流入海的有 39 条。南渡江、昌化江、万泉河为海南岛流域面积最大的三条河流，分别为 $7033km^2$、$5150km^2$ 和 $3693km^2$，三条大河的流域面积占全岛面积的 47%。[8]

根据《中国环境状况公报》和《海南省环境状况公报》，2010~2018 年全国和海南省所监测河流符合或优于国家Ⅲ类水质标准的占比情况见图 2.6。2010 年Ⅰ～Ⅲ类水质的河流占比无论海南还是全国均处于最低水平，2018 年和 2010 年比，Ⅰ～Ⅲ类水质占比均上升约 10 个百分点，海南省达到 94.6%，全国达到 71.0%。海南省Ⅰ～Ⅲ类水质占比 2017 年和 2018 年相同，均为近年最高值 94.6%。[1, 9]

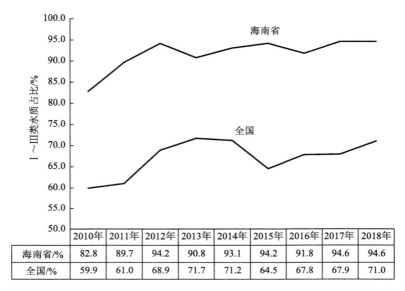

	2010年	2011年	2012年	2013年	2014年	2015年	2016年	2017年	2018年
海南省/%	82.8	89.7	94.2	90.8	93.1	94.2	91.8	94.6	94.6
全国/%	59.9	61.0	68.9	71.7	71.2	64.5	67.8	67.9	71.0

图 2.6　2010～2018 年全国和海南省所监测河流符合或优于国家Ⅲ类水质标准的河流占比情况

注：根据 2010～2017 年《海南省环境状况公报》，2018 年《海南省生态环境状况公报》，2010～2016 年《中国环境状况公报》，2017～2018 年《中国生态环境状况公报》所绘[1, 2, 9, 10]

2018 年，根据海南省开展监测的 52 条主要河流的 110 个监测断面结果统计，Ⅰ类水质断面占全部监测断面的 2.7%，Ⅱ类水质断面占全部监测断面的 62.8%，Ⅲ类、Ⅳ类、Ⅴ类、劣Ⅴ类分别占 29.1%、3.6%、0.9%、0.9%[2]。110 个监测断面中劣于Ⅲ类的水质断面主要分布在海南省东部和西部的中小河流，三大流域南渡江、昌化江和万泉河总体水质和干流水质均为优，且监测断面 100%符合或优于Ⅲ类水质标准，见图 2.7。

2）湖库水质

根据《海南省环境状况公报》，2010～2018 年海南省重点监测的湖库各类别水质占比情况见图 2.8。从图中可以看出，2017～2018 年监测的湖库水质达到或优于Ⅲ类水质标准的湖泊所占比例达到了 90%以上，其中Ⅱ类水质的湖库占比在提高。多年数据显示，出现Ⅳ类水质的湖库主要为湖山水库、石门水库、高坡岭水库。湖山水库和高坡岭水库的主要问题在于水库范围内违建池塘和畜禽养殖，养殖污水未经处理直接排入水库，导致水体污染程度严重。石门水库的主要问题是上游大量非法采砂对水库水质造成污染。目前，这几处问题均在整改整治中。

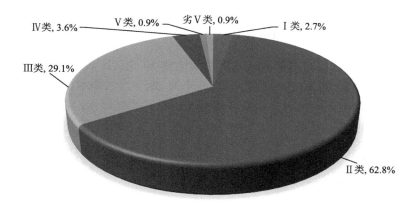

图 2.7　2018 年海南省河流各类水质比例

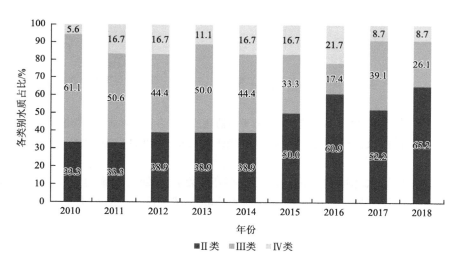

图 2.8　2010～2018 年海南省重点监测的湖库各类别水质占比情况

注：根据 2010～2017 年《海南省环境状况公报》和 2018 年《海南省生态环境状况公报》数据所绘[1, 2]

图 2.9 比较了 2018 年全国所监测的 111 个湖库和海南省监测的 23 个湖库各类别水质分布情况。全国数据显示，111 个湖库中，Ⅴ类及劣Ⅴ类占到 16.2%，海南省 23 个监测湖库中，21 座湖库水质达到或优于Ⅲ类水质标准，Ⅱ类水质占比也明显高于全国水平。

围绕地表水中重金属元素含量，2016 年傅杨荣等[11]在海南省水环境压力最大的省会海口市进行了河流样品采集及分析，63 个断面调查结果显示，地表水体中 Cu、Pb、Zn、Cd、Cr 和 As 元素的平均含量符合《地表水环境质量标准》（GB 3838—2002）Ⅰ类水质标准。

2. 城市（镇）集中式饮用水源地水质

海南省城市（镇）在用集中式饮用水源地共 30 个（不含三沙市），其中地表水水源地 29 个（河流型 12 个，湖库型 17 个），地下水水源地仅有一个（海口秀英水厂水源）。《2018 年海南省生态环境状况公报》数据显示，在 30 个水源地监测断面中，13.3% 为Ⅰ类水质，73.4% 为Ⅱ类水质，13.3% 为Ⅲ类水质，水质优良率为 100%。

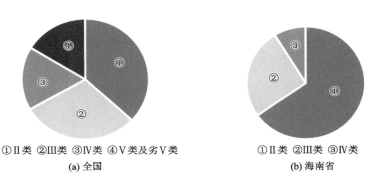

①Ⅱ类　②Ⅲ类　③Ⅳ类　④Ⅴ类及劣Ⅴ类　　　　①Ⅱ类　②Ⅲ类　③Ⅳ类
(a) 全国　　　　　　　　　　　　　　　　　(b) 海南省

图 2.9　2018 年全国及海南省重点监测的湖库各类别水质分布情况
数据来源：《2018 年海南省生态环境状况公报》和《2018 中国生态环境状况公报》[2, 10]

海南省总体水环境质量优良，但也存在生活污水处理设施建设相对滞后带来的生活面源污染问题，特别是城镇河内水质状况超标严重，劣Ⅴ类水质占比突出。消除黑臭水体，达到海南省水污染防治目标是当前较为棘手的任务。饮用水源地的规范化建设也亟待加强，需要加大农业种植管理，严控化肥、农药等污染，并建立逐步退出机制保证水源地水质。农村污水综合整治目前还处于起步阶段，以此产生的面源污染对水源地水质有突出的影响。此外，新型药品及个人护理品污染物在水环境中的存在状况也需要引起关注。

3. 废水及主要污染物排放

2010～2018 年海南省废水排放量、化学需氧量（chemical oxygen demand，COD）、氨氮排放量见图 2.10。废水排放量近几年上升较快，但 COD 和氨氮排放量保持平稳下降趋势。2018 年，废水中 COD 和氨氮排放量较 2015 年分别下降2.16% 和 5.23%，超前完成国家下达的"十三五" COD 和氨氮控制到 18.56 万 t 和

2.05万t的目标。COD和氨氮排放主要来源是农业源和生活源，占比90%以上，工业排放占比较少。

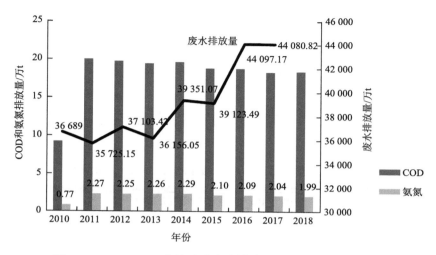

图2.10　2010～2018年海南省废水排放量、COD、氨氮排放量

注：根据2010～2017年《海南省环境状况公报》和《2018年海南省生态环境状况公报》数据所绘[1, 2]

三、碧海

海南省管辖海域面积约为$200×10^4km^2$，是陆地面积的60倍，占我国主张管辖海域面积的2/3。全省岛、礁、沙、滩700多个，海岸线总长2200km[12]。沿岸分布着珊瑚礁、红树林、海草床等典型海洋生态系统，形成了热带海域特有的生态景观，生态价值巨大。

1. 近岸海域水环境质量

海南省近岸海域水质总体为优。2017年近岸海域90个环境质量监测点显示，一类海水点位占比为84.1%，二类为12.5%，三类为1.1%，四类为2.3%，无劣四类水。其中，一类、二类所占比例明显高于同期全国水平（全国同期一类、二类、三类、四类和劣四类点位分别占34.5%、33.3%、10.1%、6.5%和15.6%）。根据《2017中国近岸海域生态环境质量公报》，我国11个沿海省（自治区、直辖市）中，仅有海南省和广西壮族自治区近岸海域水质为优[13]。图2.11为海南省2010～2017年近岸海域监测点海水优良率变化情况。从图中可以看出，近岸海域水质整体优良，并有还在持续改善的趋势。曾经受港口废水排放和城市生活污染排放影响而导致水质为四类水的海口秀英港和三亚河入海口水质均转为优良。

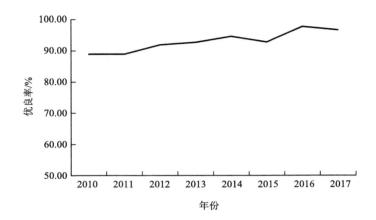

图 2.11　2010～2017 年海南省近岸海域监测点海水优良率

数据来源：2010～2016 年《中国近岸海域环境质量公报》[14]，《2017 年中国海洋生态环境状况公报》[15]，
《2018 年中国海洋生态环境状况公报》[16]

海南省近岸海域按功能划分为海上自然保护区、滨海度假旅游区、海水养殖区、港口区、工业用水区和倾废区，2012～2017 年的监测数据显示，92.5%～98.6% 的近岸海域功能区水质达到环境管理目标要求。其中，洋浦经济开发区、东方工业园区和老城经济开发区所监测的重点工业园区每年近岸海域水质监测指标均符合一类海水标准。假日海滩、亚龙湾、大东海等 20 个主要滨海旅游区一类海水占比由前些年的 85.0% 提高到 2017 年的 95.0%，均达到或优于海水浴场、人体直接接触海水的海上运动区或娱乐区的海水水质要求。

2. 主要河流入海河口水质状况及环境容量

海南省主要河流入海河口水质总体良好。《2017 年海南省环境状况公报》显示，监测的 24 条河流断面中，水质优良率为 83.3%，其中Ⅱ类水质断面占 50.0%。同期全国范围内，195 个监测断面中Ⅱ类占 13.8%，见图 2.12。

黄春等[17]通过对海南岛"十二五"期间近岸海域主要污染物 COD 和氨氮入海量及环境容量进行比较发现，COD 入海量占环境容量的 2.6%，氨氮入海量占环境容量的 26.6%，总体可利用的环境容量较为充裕。

3. 典型海洋生态系统

三大典型海洋生态系统红树林、珊瑚礁和海草床，是在海岸带分布的重要生态资源，对海岸带生物多样性维持、海岸环境的净化和美化、水产和旅游资源可持续利用、防浪促淤起到十分重要的作用，但又易受自然环境和人类开发的干扰而导致衰退甚至消亡。三大生态系统之间存在密切的、物理的、生物的和生物化学的相互作用，它们在不同的生态位上为彼此提供有力的生存空间。[18, 19]海南省分布有类型多样的红树林、珊瑚礁和海草床生态系统，它们拥有丰富的生物资源量，生态价值巨大。

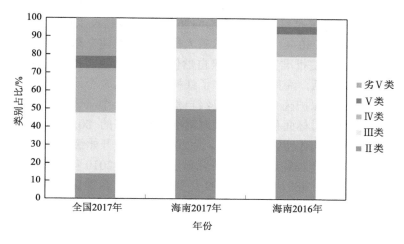

图 2.12　全国及海南省主要监测河流入海口水质情况比较

注：全国 2017 年数据来源于《2017 中国生态环境状况公报》监测的 195 个断面数据[10]，海南省 2016 年、
2017 年数据来源于 2016 年和 2017 年《海南省环境状况公报》监测的 24 个断面[1]

1）红树林

红树林是生长在热带、亚热带海岸潮间带或河流入海口的木本植物群落。红树林的传统利用方式之一是提供建材、薪柴、食物、药物、饲料、肥料、化工原料（如单宁）等森林产品。[20]我国红树林以灌木和小乔木为主，这部分林产品价值体现较低，但其生态环境功能显著。红树林具有捕沙促淤造陆与防浪护堤功能，为海洋动物提供栖息和觅食的理想生境，是为近海生产力提供有机碎屑的主要生产者，具有高生产力、高归还率、高分解率的三高特性。此外，红树林还可以过滤陆地径流和内陆带来的有机物质和污染物，起到净化海洋环境的作用。同时，红树林景观又具有观赏、娱乐、教育等功能，是大自然赐予人类的宝贵财富。[21]赵晟等[22]利用能值理论，估算我国红树林生态系统服务的能值货币价值每年有12.6 亿元，每公顷价值达 9.24 万元。

海南岛绵长的海岸线和众多的港湾，为红树林的生长提供了优越的自然条件，是我国红树林种类最丰富、生长最好、保护面积最大的地区。海南省现有红树植物 38 种，其中真红树植物 26 种，半红树植物 12 种，超过全国真红树植物的 90%，占到全世界真红树植物的 37.1%，包括海南海桑等中国特有和世界自然保护联盟极危植物物种，红榄李、木果楝等国家二级保护植物。[23]我国红树林面积历史上曾达 25 万 hm², 国家海洋局 1996 年调查资料显示 20 世纪 50 年代为 42 001hm²（不包含港澳台地区），当时海南省红树林面积达到 9992hm²。[24]此后我国红树林经历了急剧减少后缓慢增加的过程。20 世纪 80 年代，海南岛的红树林面积减少到 4836hm²。[25]随着植被科学的发展，红树林的重要性和保护的迫切性逐渐受到认识和重视，国家把红树林纳入沿海防护林体系建设工程中，红树林的保护和管理渐有成效。1980 年 1 月经广东省人民政府批准建立东寨港红树林自然保护区，1986 年经国务院批准其为国家级自然保护区，是我国建立的第一个红树林湿地自然保护区。此后，海南相继建立了红树林保护区 8 个，包括国家级自然保护区 1 个，省级自然保护区 1 个，市县级自然保护区 6 个（表 2.3），使在自然保护区内受到保护的红树林面积比例达到海南红树林面积的 80.9%，红树林面积减少速度从 20 世纪 90 年代也开始变缓，近 20 年内面积开始缓慢上升[26, 27]。吴培强等[28]采用卫星遥感和现场调查结合研究显示，2000～2010 年，海南省红树林面积从 3795.0hm² 增长到 4891.2hm²，增加了 1096.2hm²，自然保护区是红树林面积增加的主要区域。

表 2.3　海南省红树林自然保护区基本概况

序号	保护区名称	地点	保护区面积/hm²	始建时间	级别
1	东寨港红树林自然保护区	海口市	3337	1980 年	国家级
2	清澜港红树林自然保护区	文昌市	2915	1981 年	省级
3	彩桥红树林自然保护区	临高县	350	1986 年	县级
4	花场湾沿岸红树林自然保护区	澄迈县	150	1995 年	县级
5	亚龙湾青梅港红树林自然保护区	三亚市	156	1989 年	市级
6	新英湾红树林自然保护区	儋州市	115	1992 年	县级
7	三亚河红树林自然保护区	三亚市	344	1992 年	市级
8	铁炉港红树林自然保护区	三亚市	292	1999 年	市级

数据来源：生态环境部《2017 年全国自然保护区名录》[29]

近年来，海南省政府对红树林保护区及周边环境整治力度加大，勒令搬迁，关停了养鸭、养猪等养殖活动，配套污水处理设施减轻对湿地的污染，开展退塘还林、造林修复工程，进行有害生物防治，开展科研监测等活动，保护成效显著。其中，海南东寨港国家级自然保护区保护修复最为突出，成为我国现在连片面积最大、保育最好、最具代表性的红树林保护区。海南东寨港国家级自然保护区管理局 2019 年数据显示，这里的红树植物种类占我国原分布红树植物种类的 97%，红树林里栖息着 214 种鸟类、115 种软体动物、119 种鱼类、70 多种虾蟹。[30]《中国沿海湿地保护绿皮书（2017）》对我国沿海 35 个国家级自然保护区进行湿地健康指数评价，东寨港国家级自然保护区的湿地健康指数排名第一，是唯一一个健康指数超过 80 分的保护区。[31]

2）珊瑚礁生态系统

珊瑚礁主要分布在南北两半球海水表层水温 20℃等温线内，其生物生产能力是周围热带海洋的 50～100 倍。[32]我国南海的珊瑚礁面积约有 37 200km²，占全球珊瑚礁面积的 5%。南海的珊瑚礁主要分布在南海诸岛、海南岛、广东、广西、台湾岛等地。南海诸岛的珊瑚礁为岛礁，约有 270 多个珊瑚礁体。[33]海南岛周边有分布较广的岸礁，东岸和南岸的礁体规模大，东岸万泉河口以北的琼海、文昌两市毗邻区的岸礁，连续分布长达 30km，活珊瑚分布面积达105.52km²；南岸三亚鹿回头东西两侧的海湾中，珊瑚礁发育良好，是我国重要的珊瑚礁研究区域；西岸和西北岸的东方、昌江、临高、儋州和澄迈等地也有一定规模的岸礁。[34]

活珊瑚礁覆盖率是表征珊瑚礁健康状况的一项指标。"我国近海海洋综合调查与评价专项"（简称"908 专项"）对海南岛珊瑚礁资源普查发现，海南岛活造礁石珊瑚覆盖率平均值为 29.42%，三亚蜈支洲岛和儋州大铲礁区域覆盖率较高，分别为 54.10%和 65.00%。[34]近几十年由于人为（过度捕捞、污染物排放、珊瑚礁开采、旅游业、全球气候变化）和自然（自然灾害、长棘海星爆发侵蚀）的双重压力，全球珊瑚礁生态系统都面临着严重的退化。1990 年，三亚珊瑚礁国家级自然保护区建立，将三亚市南部近岸及海岛四周海域 85km² 纳入保护范围。该保护区是我国珊瑚礁（岸礁）分布最广、品种最多、保护最好的地区之一，其中区域内鹿回头珊瑚礁是海南岛珊瑚岸礁中发育非常典型、研究最早、最系统、生物多样性极具特色的岸段，但该区域的珊瑚礁衰退情况也较为严峻。活造礁石珊瑚覆盖率，从 80%～90%（1950～1960 年），经 60%～70%（1978 年和 1983 年）、30%～40%（1990 年）、41.5%（1998 年）、23.4%（2002 年）、20%（2004 年）、14.8%（2005 年）、12.2%（2006 年）下降至 12.0%（2009 年）。[35]

随着珊瑚礁生态系统的退化，科学家、政府、企业和公益团体等开始更多地关注珊瑚礁系统的保护和修复。其中，通过生态修复重建珊瑚礁结构，恢复其生态系统功能的工作已经在局部开展示范。1995 年，陈刚在三亚海域进行我国最早的珊瑚礁移植实验工作。[36]目前，三亚、西沙和南沙已经展开了以移植、珊瑚礁幼虫补充和人工礁建造为主要技术的生态修复工作。[37]另外，近年近岸直接排放污染源的大力整治，也为珊瑚礁生态系统提供了较为健康的生存环境。此外，海南省 2017 年起正式实施《海南省珊瑚礁和砗磲保护规定》，全面停止加工和销售珊瑚礁、砗磲及其制品。2017 年和 2018 年的《中国海洋生态环境状况公报》显示，尽管所监测的海南省东海岸珊瑚礁生态系统还处于亚健康状态，活珊瑚礁盖度处于较低水平，但西沙区域活珊瑚礁盖度有所增加。三亚珊瑚礁国家级自然保护区内，与2012～2014年相比，2015年和2016年活珊瑚平均覆盖率逐渐上升，珊瑚死亡率保持极低水平。[38]

3）海草床生态系统

海草是唯一在浅海中生长的显花植物，分布于热带和温带的海岸带，与陆生高等植物相比其种类极其稀少，全球仅有72种[39]，我国确定有分布的海草种类为22种，隶属于4科10属[40]。海草是全球海洋生态与生物多样性保护的重要对象，但人类活动的干扰使海草床以每年7%的速率在减少，约10种类型的海草正面临灭绝的风险。[39, 41]海草床作为海洋生物圈中碳循环的一个重要组成部分，与红树林和盐沼草组成的海洋植被，虽然仅为陆地植物的0.05%，但所捕获和储存的碳与陆地植物相当。[42]其高效的碳汇能力得益于海草床自身的高生产力、强大的悬浮物捕捉能力以及有机碳在海草床沉积物中的低分解率和相对稳定性。[43, 44]当前，海草研究正成为海洋生态与保护工作的热点之一。我国对海草的研究报道见于20世纪70年代，杨宗岱[45]对我国海草的分布和种类进行了开拓性的调查，随后此项研究一直处于停滞状态。2002年，黄小平等[46]开始在华南地区开展海草资源及生境状况的调研，解释了海草面临的威胁及原因，评估了典型地区海草床的经济价值，并提出了中国海草保护行动计划。

海南省分布了我国最多种类的海草。前人记录的海南海域海草种类有14种。在"908专项"调查中发现，海南岛有海草10种，共6个属，主要分布于近岸珊瑚礁坪内侧的沿岸港湾和一些潟湖沿岸，面积约为55.34km²。其中，珊瑚礁坪内侧的沿岸港湾区域主要在文昌市沿岸高隆港、长圮港和琼海市龙湾、潭门片区，该片区占到海南岛海草总面积的86%，潟湖沿岸区域以陵水新村港、黎安港面积最大，其余海区零星分布。[34]2007年7月，海南省政府批准建立了陵水新村港与黎安港海草特别保护区，成为海南省首个海洋特别保护区，也是我国首个海草类型的特别保护区。该保护区总面积为23.2km²，此区域分布了6种以上海草，是海南省海草品种最多、成片面积最大、生长最好的区域。

海草不仅为海洋生物提供良好的栖息地，还是其丰富的食物来源。珍稀濒危动物如绿海龟、斑海马曾被发现栖息生活在黎安港区域。[46]2009年，在海南岛海草床大型底栖生物调查中，共调查到大型底栖生物41科75种，黎安港和新村港分别有35种和21种。[47]樊敏玲等[48]于2011年基于稳定碳同位素分析发现，海南新村港海草床中约70%的鱼类及大型无脊椎动物的次级生产依赖于海草有机碳。

据吴钟解等[49]对海南岛东海岸海草床生态系统调查显示，东海岸海草床水环境与沉积环境处于健康状况，生物质量、栖息地、生物评价指标在部分区域呈亚健康和不健康状态。2004～2013年，受海洋工程、陆源污染、养殖活动等影响，海草床整体平均覆盖度、密度均呈下降趋势，平均生物量基本保持稳定。[50]《2017年中国海洋生态环境状况公报》和《2018年中国海洋生态环境状况公报》显示，所监测的海南东海岸海草床生态系统（监测区域 3750km²）整体处于健康状态。较其他海洋生态系统而言，我国对海草的研究尚处于起步阶段，特别是对海草生态与生理学适应机制、海草床的保护与修复仍需开展大量的工作。[40]

四、青山

海南岛中部高耸，四周低平，中部以五指山和鹦哥岭等山脉为隆起中央，向外逐级降低，由山地、丘陵、台地、平原构成环形层状地貌。山地占全岛面积的 25.4%，主要分布在岛的中南部地区。海南岛的山脉多数在 500～800m，海拔超过 1000m 的山峰有 18 座，最高峰为五指山本山（1867m），其次是鹦哥岭（1811m），其他高峰还有雅加大岭（1518m）、吊罗山（1499m）、尖峰岭（1412m）和黎母山岭（1411m）等。

1. 森林资源

海南地势平缓，土壤深厚，再加上高温多雨，湿热同期，气候优越，这些得天独厚的地理和气候条件，非常适合林木生长，被誉为"植物王国的天堂"。

根据第八次全国森林资源清查统计数据，海南林业用地面积 214.49 万 hm²，活立木总蓄积量 9774.49 万 m³，森林面积 187.77 万 hm²，森林蓄积量为 8903.83 万 m³，森林覆盖率 55.38%，其中森林覆盖率在全国各省（自治区、直辖市）中排名第五。

海南岛森林面积的变化与人口、社会和经济的发展密切相关，特别是近代以来，热带森林曾遭受严重的破坏。[51, 52]1933～1990 年，热带天然林面积减少了14.25 万 hm²，天然林覆盖率从 55% 下降到 7.9%。[53]此时，政府、学界和社会有关人士开始意识到如果热带森林再不加以保护，对海南岛的生态系统将产生严重的影响。1993 年，海南省在尖峰岭热带林区试点，率先在全国实施停止采伐热带天然林的措施，1994 年全岛全面停止商业性的天然林采伐，海南热带森林进入了稳定恢复阶段，到 1998 年天然林面积已经有较大程度的增加。此时，国家开始实施天然林保护工程和退耕还林工程，2001 年海南岛中部山区成为国家重点生态功能区，天然林得到了有效保护，当前天然林面积达到了 51.57hm²，蓄积量为 6590.67 万 m³。[54]

2. 热带森林生物多样性

按照研究尺度，生物多样性一般划分为遗传多样性、物种多样性和生态系统多样性。大量的研究主要集中于物种多样性和生态系统多样性。

海南岛是我国森林生态系统最丰富的地区，发育并保存了我国最大面积的热带森林，包括热带雨林、山地雨林、季雨林、山地常绿林、山地常绿矮林、热带针叶林、红树林等森林植被类型。[55]目前，对热带森林系统的分类无完全一致的看法[55-57]，根据《海南岛热带雨林》，海南岛有 3 个植被型（热带雨林、热带常绿林和红树林），6 个植被亚型（低地雨林、山地雨林、山地常绿林、山顶矮林、海滩红树林、海岸半红树林），42 个群系（青梅、蝴蝶树、细子龙群系等）。[56]王伯荪和张炜银[55]将海南岛热带森林植被分为 2 个植被型组，7 个植被型，4 个植被亚型，35 个群系，21 个亚群系，109 个群丛组或群丛。

在物种多样性方面，热带森林物种极其丰富，面积虽然只占地球面积的 7%，但集中了世界物种总数的 50%，有占世界 80% 以上的昆虫和 90% 以上的灵长类动物。[58]海南岛森林物种种类繁多，在植物种类方面，截至 2015 年 12 月，经文献梳理修正与调查发现，岛内有各类野生和栽培的维管植物 6036 种，分属 243 科 1895 属，其中野生植物 4579 种。[59]被《中国物种红色名录》收录的种类有 491 种，包括灭绝 1 种，极危 58 种，濒危 124 种。同时，海南岛也有丰富的动物资源，已发现陆地脊椎动物 648 种，其中两栖类 41 种（占全国的 18.8%）、爬行类 105 种（占全国的 33%）、鸟类 420 种（占全国的 36%）、兽类 82 种（占全国的 19%），21 种为海南特有。[60]对昆虫类的调查尽管没有在全岛内开展，但在尖峰岭地区已发现记录的昆虫就有 2222 种。对海南岛蝴蝶的种类进行调查发现蝴蝶有 609 种，其中热带山地雨林中有 491 种，占种群数的 86.75%。[61]王兵等[62]基于 Shannon-Wiener 指数计算我国各省份森林物种多样性保育单价，得出海南省森林平均单位面积价值为每年 28 078.1 元·hm^{-2}，单价属于全国最高的省份。

全国确定的 63 个重要生态系统服务功能区中，共划分生物多样性保护生态功能区 43 个。基于海南岛丰富的生物多样性，海南岛中部被认定为生物多样性保护与水源涵养重要区之一，在等级划定中被定为极重要区域，涉及海南省 12 个县市，面积达 112 万 hm^2。

3. 热带森林生态系统服务及价值

森林是自然界最丰富、最稳定和最完善的有机碳汇库、基因库、资源库、蓄水库和能源库，具有涵养水源、防护土地和保育土壤、固碳制氧、改善环境、生物多样性保护、森林防护、景观游憩等功能。[63]生态系统服务建立在生态系统功能基础上，是指人类从生态系统的功能中直接或间接地获得的产品和服务收益。[64]在林业的发展中，需要兼顾森林生态效益和经济效益，因此关于森林生态系统服务的价值及其市场化问题成为国际林业领域关注的热点。[65]

我国对生态系统服务及其价值的评价就是源于 20 世纪 80 年代对森林资源的价值核算。20 世纪 90 年代中期，侯元兆等[66]第一次较全面地对我国森林涵养水源、防风固沙、净化大气的经济价值进行评估。海南岛是我国生态学家较早，也是较多进行生态系统服务功能及价值评价的地区。欧阳志云等[67]早在 1999 年，就以海南岛为例开展了森林生态系统服务价值评价的研究工作。肖寒等[68]对海南尖峰岭地区热带森林生态系统服务价值进行评估，结果表明，尖峰岭热带森林生态系统服务价值达 66 438.49 万元·a^{-1}，单位面积价值约为 1.49 万元·hm^{-2}·a^{-1}。李意德等[69]对海南岛热带天然林的生态环境服务功能价值进行核算，以 2000 年为基础年，其总价值为 43.9 亿元，热带原始林价值约 7000 元·hm^{-2}·a^{-1}。计算结果较肖寒等的研究结果偏低，由于研究者的侧重与评估指标选取的差别，生态系统服务评估结果不具有很好的可比性。2008 年，国家林业局发布了《森林生态系统服务功能评估规范》（LY/T 1721—2008）。此后，国内学者依据或参考该规范对全国森林生态系统服务进行大量评估工作。周亚东[70]对海南岛森林涵养水源、保育土壤、固碳释氧、积累营养物质、净化大气环境、生物多样性保护、森林防护和森林游憩八个方面进行生态系统服务价值评估，结果显示海南岛森林生态系统服务价值为 2528.29 亿元·a^{-1}。

众多研究者的评估结果证明，热带森林生态系统服务价值远高于其他地区。Costanza 等[71]1997 年对全球生态系统服务价值进行计算时，将森林生态系统分为热带林和温带/针叶林两类，其中热带林单位面积生态服务价值为 2007 美元·hm^{-2}·a^{-1}，是温带林 302 美元·hm^{-2}·a^{-1} 的 6.6 倍（1994 年价值）。冯继广等[72]搜集到全国 101 个案例点的森林生态系统服务功能及价值评估数据，统计分析表明随着纬度的增加，我国森林生态系统服务功能和单位面积价值逐渐减弱和降低，华南地区提供的单位面积价值是全国平均水平的 2 倍。王兵等[73]根据第七次全国森林资源清查资料和森林生态系统研究网络台站数据，应用《森林生态系统服务功能评估规范》（LY/T 1721—2008），对 2009 年全国各省级行政区森林生态系统服务价值进行评估，海南省是单位面积森林生态系统服务价值最高的地区，价值为 6.26 万，总价值为 1126.60 亿元·a^{-1}，海南省森林生态系统各服务价值量见表 2.4。李意德等[74]计算海南省 2012 年度生态公益林的生态服务价值是 1398.12 亿元，是单位面积全国森林价值的 3 倍。

表 2.4　海南省森林生态系统服务及其价值[73]

生态系统服务	服务价值分类	价值量/($\times 10^8$ 元·a^{-1})
涵养水源	调节水量价值	405.29
	净化水质价值	138.62
小计		543.91
保育土壤	固土价值	6.16
	保肥价值	38.63
小计		44.79

续表

生态系统服务	服务价值分类	价值量/($\times 10^8$元·a^{-1})
固碳释氧	固碳价值	25.39
	制氧价值	93.57
小计		118.96
营养积累	营养积累价值	20.82
净化环境	负离子价值	0.30
	吸收 SO_2 价值	1.93
	吸收氟化物价值	0.12
	吸收 NO_x 价值	0.07
	滞尘价值	28.53
小计		30.95
生物多样性保护	生物多样性保护价值	367.17
合计		1126.60

目前，森林生态系统服务价值核算的理论、技术和方法还在不断完善和提高，通过森林生态系统服务价值的核算加深了资源管理者和使用者对热带森林的多种功能和效益的认识，起到了生态系统服务理论从学术探讨向管理决策、保护实践过度的桥梁作用。

第二节　海南省积极探索生态文明建设的历程特点

海南省生态文明建设布局谋划起点高，保护与发展协调程度高，建设推进质量高。从 1999 年成为全国第一个生态省建设试点省到当前探索建设国家生态文明试验区，海南省始终坚持大胆创新、先行先试，充分发挥了改革"试验田"的作用，生态环境质量领先全国，是中国生态文明建设的生动范例。海南省生态文明建设不仅是海南省生态环境保护、绿色发展的需要，更是我国深化改革、探索人与自然和谐共生、实现生态文明治理体系和治理能力现代化的重要战略部署。

一、布局谋划起点高

1988 年 4 月，海南建省的同时批准设立经济特区，海南骤然被推到了全国改革开放的最前沿。在探索发展道路中，经历了泡沫经济增长的大起大落，在反思以往发展经验和教训的基础上，海南省委、省政府认识到良好的生态环境与独特的自然资源才是海南最强的竞争力，并在"一省两地"产业发展战略确立的基础上，1998年按照党的十五大确立的可持续发展战略，开始谋划生态省建设方略。1999年2月，海南省二届人大二次会议通过了《关于建设生态省的决定》；3月31日，国家环境保护总局批准海南建设生态省，海南成为全国第一个生态省建设试点省；7月30日，海南省二届人大八次会议通过了《海南生态省建设规划纲要》（2005年进行了修编），赋予建设海南生态省法律地位。[75, 76]自此，海南生态省建设正式拉开帷幕。

海南生态省建设的核心是推进可持续发展，在环境、经济与人的发展关系上找平衡点，探索省级层面社会、经济、自然协调发展的"三赢"模式，借此改变过去单纯追求经济增长的发展模式。虽然是国内第一个生态建设示范省，但在建设的初期就注重加强顶层设计与科学指导，《海南生态省建设规划纲要》是在我国著名生态学家王如松院士的主持下编制的，理论起点高，规划基于复合生态系统理论，运用生态学原理和系统工程方法，确定通过环境保护与生态建设、城乡人居环境建设、生态产业和生态文化四个方面的建设，将海南建设成为一个具有良好的热带海岛生态系统、发达的生态经济体系、人与自然和谐共处的生态文化氛围以及一流的生活环境和生活质量的省份。

生态省建设的实践探索使海南省在保持经济平稳较快增长和社会全面进步的同时，一举遏制住了环境质量下降的趋势，开始走上生产发展、生活富裕、生态良好的文明发展道路。2007年，海南省第五次党代会提出"坚持生态立省、开放强省、产业富省、实干兴省"的方针，把"生态立省"放在了经济社会发展首位，开启了"生态立省"的战略布局。生态省的概念在海南已远不是单纯的谋求环境保护，它的外延已覆盖海南发展的全局，成为统领经济、社会、科技、教育、文化、政治等诸多领域的一个总的平台。王如松等[77]、江泽林[78]、王明初和陈为毅[79]、王晓樱和魏月蘅[80]、王书明和高晓红[81]等学者和专家围绕海南生态省建设开展了大量的理论和实践研究，这些研究为海南探索合理的发展路径起到了重要的促进作用。

2009年12月31日，国务院印发《国务院关于推进海南国际旅游岛建设发展的若干意见》，建设海南国际旅游岛成为国家战略，为加速推进海南绿色崛起提供了强大的动力[82]。海南国际旅游岛建设与生态省建设的发展思路一脉相承，发展以旅游业为龙头的现代服务业，就是要充分利用海南优良的生态环境，以最小的环境代价和最合理的资源消耗来获得经济建设和社会发展，实现绿色崛起。[83]海南国际旅游岛建设的六大战略定位之一是将海南建设成为"全国生态文明建设示范区"，这既是国家对海南生态省建设成就的充分肯定，又是对海南继续坚持"生态立省"不动摇、全面推进生态文明建设提出的更高的目标和要求。

　　党的十八大把生态文明建设纳入中国特色社会主义事业"五位一体"总体布局，并把"美丽中国"作为生态文明建设的宏伟目标。2013 年 4 月，中共中央总书记、国家主席、中央军委主席习近平总书记视察海南，充分肯定了海南省第六次党代会做出的坚持科学发展、实现绿色崛起、全面加快国际旅游岛建设的战略部署，围绕生态文明建设发表了"良好生态环境是最公平的公共产品，是最普惠的民生福祉"的重要论断。在青山绿水、碧海蓝天间，留下了习近平总书记对海南的深情嘱托："希望海南处理好发展和保护的关系，着力在'增绿'、'护蓝'上下功夫，为全国生态文明建设当个表率，为子孙后代留下可持续发展的'绿色银行'"，"保护海南生态环境，不仅是海南自身发展的需要，也是我们国家的需要。13 亿中国人应该有环境优美、适宜度假的地方。海南的同志在保护生态环境方面责任重大、使命光荣"。深切的嘱托彰显了海南在改革开放全局中的独特地位和作用，海南开启了争创中国特色社会主义实践范例，谱写美丽中国海南篇章的新征程。

　　党的十九大报告明确提出中国特色社会主义进入新时代，生态文明理念已经日益深入人心。自十八大以来，污染制度出台之密、监管执法尺度之严、环境质量改善速度之快前所未有。但与广大人民群众热切期盼的优质环境质量还有差距，生态文明建设水平仍滞后于经济社会发展，特别是制度体系尚不健全，体制机制瓶颈亟待突破，迫切需要加强顶层设计与地方实践相结合，开展改革创新实验，探索适合我国国情和各地发展阶段的生态文明制度模式。[84]

　　2018 年 4 月 13 日，海南建省和兴办经济特区 30 周年。习近平总书记出席庆祝海南建省办经济特区 30 周年大会并发表重要讲话，郑重宣布党中央决定支持海南全岛建设自由贸易试验区，支持海南逐步探索、稳步推进中国特色自由贸易港建设，要求海南努力成为新时代全面深化改革开放的新标杆，争创新时代中国特色社会主义生动范例，成为展示中国风范、中国气派、中国形象的靓丽名片（简称习近平总书记"4.13"重要讲话）。[85]《中共中央　国务院关于支持海南全面深化改革开放的指导意见》（简称中央 12 号文件），对海南全面深化改革开放做出科学论述和系统部署，赋予海南四大战略定位，即"全面深化改革开放试验区、国家生态文明试验区、国际旅游消费中心和国家重大战略服务保障区"[86]。海南因改革开放而生、因改革开放而兴，此次再次站在改革开放最前沿，在中国特色社会主义进入新时代的背景下，习近平总书记亲自谋划、亲自部署、亲自推动，赋予海南经济特区新的使命，海南迎来千载难逢的历史机遇。

　　深入开展生态文明体制改革，建设国家生态文明试验区就是其中的重要使命之一，这代表海南省生态文明建设自此进入了更高层次、更新阶段。中共中央办公厅、国务院办公厅印发《国家生态文明试验区（海南）实施方案》，提出要把海南建设成为生态文明体制改革样板区、陆海统筹保护发展实践区、生态价值实现机制试验区和清洁能源优先发展示范区的战略定位，围绕定位明确了试验区建设的近远期目标、6 个方面 27 项重点任务和保障措施。[87]

海南省的生态环境保护从最初的地方发展需要上升为国家重大战略，每一次跨越，都是一次提升。一路走来，敢闯敢试、敢为人先，始终站在探索的最前沿。新时代，党中央举旗定向、谋篇布局，以更高的起点、更宽的视野、前所未有的决心推进海南省生态文明建设，要求海南省发挥地方首创精神，为全国生态文明建设和体制改革探索经验。生态文明建设是一场没有终点的长跑，海南省在生态文明建设道路上的探索一刻不停歇。

二、保护与发展协调程度高

生态省建设的初期，海南省经济基础差、底子薄，综合实力弱，属于欠发达地区。也正是由于先前的欠发达，海南省生态环境质量全国领先，污染治理包袱小。但生态省的建设不仅仅是环境保护，没有经济社会文明提高的环境保护不能认为是生态文明。海南省既没有走"先污染、后治理"传统工业发展的老路，也没有走"先保护、后发展"的路子，而是选择以生态优化主导经济、社会、文化快速发展，走具有海南特色的可持续发展模式。因此，尽管经济规模小，但海南省没有降低经济发展的门槛。在工业发展问题上，坚持不破坏资源、不污染环境、不搞低水平重复建设的"三不原则"，坚持大公司进入、大项目带动、高科技支撑，坚持集中布局、集约发展，坚持依托本地资源优势发展新型工业。曾经造成我国大陆环境较大治理压力的小企业，如小水泥厂、小化工厂、小造纸厂、小冶炼厂，在海南省被停办，并且将已存在的小造纸厂、小水泥厂、小橡胶厂、小糖厂、小冶炼厂相继关闭。急需壮大工业之时，拒绝铬冶炼厂、拆船厂等一批重污染企业在海南省落户。

在"十五"期间，为打造可持续发展产业体系，海南省开始构建 5 个方面的产业发展战略提高资源利用效率，即环境优势型产业的升级换代（农业、旅游业、房地产业），传统胶糖产业的生态转型（蔗糖、橡胶种植及其加工业的链网重组），资源集约型产业的园区经营（天然气与天然气化工、石油加工与石油化工、清洁纸浆、钛锆冶炼等），新兴潜势产业的研发孵化（汽车制造、海洋生物、医药、食品、能源等），生态服务型产业的培育催化（交通、能源、人流物流、生态环境修复等）。[77, 88]

在"十一五"末，也是国际旅游岛建设的开局之年，海南省通过产业结构调整和产业升级，充分发挥其自然环境、区位、资源的独特优势，形成了热带海岛旅游业、新型工业、热带高效农业"三足鼎立"的绿色产业格局。依托环境优势的旅游业实现了由观光型向休闲度假型转型升级，并带动现代服务业成为海南省最具特色、最具活力的主导产业，第三产业对经济增长贡献率达到 50.3%。以洋浦石化资源集约型产业为代表的集约化、园区化、高科技含量、高环保门槛的新型工业不断扩大。海南省作为国家重要的冬季瓜菜、热带水果、南繁育种和水产基地的作用日益凸显，热带特色现代农业快速发展，使"十一五"期间农业增加值与农民人均纯收入增幅超过 70%。新兴高技术产业包括生物医药、新能源、新材料、电子信息等开始兴起。在《2011 中国绿色发展指数报告：区域比较》中，我国 30个省（自治区、直辖市）和 34 个大中城市参与了绿色水平测算，结果显示，海南省绿色发展指数位居参与测算省（自治区、直辖市）的第五位，海口市绿色发展水平位列参与测算城市的第二位，海南省做到了在保护中发展，在发展中保护。[89]

　　"十二五"期间，特别是党的十八大以来，绿色发展成为指导我国发展的五大理念之一，通过绿色发展起到破解我国资源环境约束，同时加快经济发展方式转变，改善我国在国际经济、环境和政治关系中形象的作用。基于对国情、省情的深刻认识，以及对全球发展绿色经济应对环境资源危机的理性思考，海南省第六次党代会确立"坚持科学发展，实现绿色崛起"的发展方向和奋斗目标。"以人为本、环境友好、集约高效、开放包容、协调可持续"是海南绿色崛起的基本内涵，它体现了全面、协调、可持续的科学发展观与海南省情的结合。[90, 91]"以人为本"是第一落脚点，没有民生的改善和基本公共服务均等化，就不能称之为绿色崛起。[90]"以人为本"既是承续了海南"小财政、大民生"的传统，又在这一个阶段被赋予更高的层次的要求，通过绿色崛起构建基本公共服务均等化来改善民生。"环境友好"体现了海南一以贯之坚持"生态立省"不动摇，生态环境是海南发展的核心资源，要把生态环境保护放在经济社会发展的首要位置，建设全国生态文明示范区的决心。"集约高效"不仅体现在过去对工业产业集聚的要求，在这一时期，我国提出要通过优化国土空间开发格局，促进生产空间集约高效、生活空间宜居适度、生态空间山清水秀，以推进生态文明建设。这一阶段，"集约高效"的目标是要通过实施主体功能区战略，按照主体功能定位发展，提高空间利用效率，使生产布局更加集中，资源利用更加高效。海南的绿色崛起在这一时期面临着最大的有利条件是开放型经济平台，包括设立国际旅游岛先行试验区、博鳌乐城国际医疗旅游先行区、洋浦保税港区、海口综合保税区等，开放促改革，改革促发展，本着"开放包容"的原则，这些平台将推动海南服务型经济、开放型经济、生态型经济更上一个台阶，加快实现发展方式的转变。"协调可持续"强调实现城乡协调、区域协调、经济社会协调，解决发展不平衡问题，是持续健康发展的内在要求。[92]

　　科学发展、绿色崛起战略的实施，促使海南省生态环境保护与社会经济发展都取得了新的突破。"十二五"期间，全省"绿化宝岛"大行动累计造林 159 亩，森林覆盖达到 62%；共建成自然生态系统、濒危野生动植物、自然景观和地质遗址类自然保护区 49 个，其中国家级自然保护区 10 个，面积共达 270.7 万 hm²，占全省陆地面积的 6.9%；空气质量优良天数比例达到 97.9%；94.2%的监测河流和 83.3% 的监测湖库水质符合或优于地表水Ⅲ类标准，近海域一、二类海水比例达 92.8%。[93, 94]地区生产总值年均增长 9.5%，地方一般公共预算收入年均增长 18.3%，民生支出占到地方一般公共预算的 72.7%，累计支出 3663.8 亿元，完成基础设施投资 2824.7 亿元，民生支出和基础设施投资分别是"十一五"时期的 2.9 倍和 2.4 倍。[93]全体居民人均可支配收入年均实际增长达到 9.4%，其中农村居民收入创建省以来最快增速，年均实际增长为 10.6%，农村人均可支配收入仅用了 5 年时间就接近翻番。[95]以旅游业为龙头的现代服务业推动经济提质增效，2015 年服务业对经济增长的贡献率达到 63.1%，年旅游人次达到 5335.66 万人次。围绕园区经济的新型工业已经成为推进海南工业发展的主战场，洋浦开发区、海口高新区、老城经济开发区等 15 个主要园区 2015 年企业工业总产值达 1400 亿元，占全省规模以上工业总产值的 78%，其中高技术产业和战略新兴产业产值比重达全省新型工业总产值的 20% 以上。高环保门槛、低能耗、低排放、高效益、高科技是企业进入园区的门槛，也是实现绿色崛起的重要保障。[93]

"十三五"时期，我国经济进入新常态，经济发展表现出速度变化、结构优化、动力转换三大特点。为推动海南省转变发展理念、转型发展方式、转换发展动力，加快建设美好新海南，实现全省人民的幸福家园、中华民族的四季花园、中外游客的度假天堂"三大愿景"，2017 年 9 月，海南省委七届二次全会审议并通过《中共海南省委关于进一步加强生态文明建设谱写美丽中国海南篇章的决定》，提出 30 条生态文明建设措施，用最全面、最严格的生态环境制度，打造生态文明建设"升级版"。[96]同年底，海南省委、省政府印发了《海南省市县发展综合考核评价暂行办法》，根据此文件，2018 年海南省将 19 个市县（含洋浦，暂不含三沙）划分为五大类，分两个平台进行差别化考核，取消了除海口、三亚、洋浦、儋州、文昌、琼海、澄迈之外的 12 个市县 GDP、工业、固定资产投资的考核，加大了对生态环境保护和民生事业发展的考核权重。通过取消 GDP 考核，实行差异化考核，引导领导干部转变发展观念，树立正确的政绩观，并突出各地资源禀赋、功能定位和发展特色，推动高质量发展。

同时，海南积极贯彻新发展理念，在经济下行压力较大的情况下，调整发展新动能，深化供给侧结构性改革，以旅游业、现代服务业、高新技术产业为主导，培育十二个重点产业（包括旅游业、热带特色高效农业、互联网产业、医疗健康产业、现代金融服务业、会展业、现代物流业、油气产业、医药产业、低碳制造业、房地产业、高新技术教育文化旅游产业）为主体的现代化经济体系初步形成，书写新时代海南经济发展的新篇章。十二个重点产业 2017 年实现增加值 3291.6 亿元，增长速度为 10.1%，高于整体经济增速 3.1 个百分点。作为十二个重点产业排第一的旅游业，进入旅游质量全面提升的新阶段。2016 年，海南被确定为全国首个"全域旅游创建省"。海南省以"点、线、面"相结合的方式，突出"点"的建设打造全域旅游关键点，加强"线"的串联构建全域旅游廊道，促进"面"的改善优化全域旅游环境来推动全域旅游发展。旅游效益显著提升，对外步伐加快，开通 59 国人员入境旅游免签政策，国际航线增加到 74 条，2018 年接待国内外游客 7627.39 万人次，实现旅游总体收入 950.16 亿元。图 2.13 为 2010～2018 年海南省旅游业发展情况。

图 2.13　2010～2018 年海南省旅游业发展情况

注：根据 2010～2018 年《海南省国民经济和社会发展统计公报》整理所绘[4]

　　党的十九大报告指出，我国社会主要矛盾已经转化为人民日益增长的美好生活需要和不平衡不充分的发展之间的矛盾，要通过提供更多优质生态产品以满足人民群众日益增长的优美生态环境需要。海南良好的生态环境和领先全国的生态文明建设既是海南生存的底色，也为海南迎来了发展的最大历史机遇。《中共中央　国务院关于支持海南全面深化改革开放的指导意见》赋予海南建设自由贸易试验区和中国特色自由贸易港的新使命，探索实现更高质量、更有效率、更加公平、更可持续的发展。[86]当前，海南省生态文明建设聚焦《国家生态文明试验区（海南）实施方案》中的目标与任务，扎实推进生态文明试验区建设，在构建生态文明制度体系、优化国土空间布局、统筹陆海保护发展、提升生态环境质量、实现生态产品价值、推行生态优先的投资消费模式、推动形成绿色生产生活方式等方面进行探索。[87]

　　生态环境保护的成败归根结底取决于发展方式。海南一以贯之坚持"生态立省"不动摇，把保护生态环境作为发展的根本立足点，在保护中发展，在发展中保护，将生态环境保护与经济、政治、文化、社会领域的重大决策进行有效衔接，使得生态文明具有引领、规范作用，是探索实现经济、社会发展与人口、资源、环境相协调的开拓者和实干家。[97]

三、建设任务推进质量高

1. 开展省域"多规合一"改革试点

实现绿色崛起的目标，科学规划是前提。但由于行政区划分割和部门壁垒，导致现有规划繁多、各成体系、内容冲突、缺乏衔接、技术不统一，进而带来实施中的诸多问题和冲突。[98, 99]2015 年，习近平总书记主持召开中央全面深化改革领导小组第十三次会议，同意海南开展省域"多规合一"改革试点。海南省成为全国第一个开展省域空间规划的省份。"多规合一"把海南作为一个整体规划，统筹主体功能区规划、生态保护红线规划、城镇体系规划、土地利用总体规划、林地保护利用规划和海洋功能区划六类空间性规划，并与国家和海南省"十三五"国民经济和社会发展规划等重点规划有机紧密衔接，形成全省统一的空间规划蓝图，编制了《海南省总体规划（空间类 2015—2030）》（简称《规划》）。[100, 101]《规划》对省域空间在发展目标、生态保护、开发布局、新型城镇化、产业发展、基础设施等方面做出战略性和全局性的部署，制定空间保护与发展的总体结构。[102]构筑起以中部山区为核心，以重要湖库为节点，以自然山脊及河流为廊道，以生态岸段和海域为支撑的"生态绿心+生态廊道+生态岸段+生态海域"的生态空间结构。[102]划定了全省陆域生态保护红线区面积 11 535km²，占陆域面积的 33.5%；近岸海域生态保护红线区面积 8316.6km²，占海南岛近岸海域总面积的 35.1%。[102]2016 年，海南省五届人大常委会第 22 次会议表决通过《海南省生态保护红线管理规定》，以立法形式对生态保护红线区实行严格保护。生态与发展作为"出发点"和"归属点"，"严守生态底线"是第一原则，开发布局、城镇建设、产业发展、基础设施布局等必须以资源环境承载力为基础，将生态保护红线、资源消耗上限、环境质量底线、资源利用底线作为刚性约束为绿水青山夯筑防护网。[103]当前，海南省积极深化"多规合一"改革，发挥其引领作用，确保"一张蓝图干到底"，进一步衔接落实生态保护红线、环境质量底线、资源利用上线，建立功能明确、边界清晰的环境管控单元，制定生态环境准入清单（简称"三线一单"），以生态环境空间管理引导构建全省绿色发展新格局。

2. 推进环境整治专项行动

环境保护是生态文明建设主阵地，2015 年起，海南省提出以六大专项整治为抓手解决生态破坏和环境污染突出问题，确保环境质量只能变好、不能变差。2016 年省政府出台《海南省人民政府关于印发深入推进六大专项整治加强生态环境保护实施意见的通知》（琼府〔2016〕40 号），深入推进整治违法建筑、城乡环境综合整治、城镇内河（湖）水污染治理、大气污染防治、土壤环境综合治理、林区生态修复和湿地保护，提出"三年攻坚，两年巩固"的治理要求，到 2018 年，用三年时间集中整治，使生态、大气、水、土壤等环境方面的突出问题得到有效治理，城乡环境面貌得到根本性改观。在此基础上，再用两年时间巩固提升，使生态环境质量持续保持全国领先水平。[104]

　　巩固提高环境质量，重点在于打好大气、城镇内河湖、土壤污染防治三大攻坚战。为贯彻落实国务院《大气污染防治行动计划》（简称《大气十条》）、《水污染防治行动计划》（简称《水十条》）、《土壤污染防治行动计划》（简称《土十条》），结合海南省六大专项整治，海南省政府相继围绕"气""水""土"三大环境要素制定了《海南省大气污染防治行动计划实施细则》《海南省大气污染防治实施方案（2016—2018 年）》《海南省城镇内河（湖）水污染治理三年行动方案》《海南省水污染防治行动计划实施方案》和《海南省土壤污染防治行动计划实施方案》。[105-112]"气、水、土"实施方案在与国家的总体要求、工作目标、主要指标和重要计划进行全面对接的同时，立足海南省环境质量现状、产业特征、污染防治工作实际，通过明确防治目标、细化重点工作任务、加大环境治理投资力度、强化职责分工和考核管理，使得方案得以落实，取得了较显著的治理效果。[108-112]

　　表 2.5 为 2010～2017 年海南省环境污染治理投资情况及投资构成。从表中可以看出，2017 年是环境污染治理投资最多的年份，占 GDP 的比重达到 1.21%。

表 2.5　2010～2017 年海南省环境污染治理投资情况及投资构成

年份	环境污染治理投资/百万元	城镇环境基础设施建设投资/百万元	工业污染源治理投资/百万元	环境污染治理投资占 GDP 比重/%
2017	54.1	40.1	3.4	1.21
2016	30.3	25.0	1.6	0.75
2015	22.2	20.4	1.3	0.60
2014	21.1	7.1	5.6	0.60
2013	26.6	12.5	3.5	0.85
2012	44.7	23.5	4.8	1.57
2011	28.0	15.5	2.8	1.11
2010	23.6	11.6	0.4	1.14

数据来源：《中国环境统计年鉴》（2011～2017）[113]

1）蓝天保卫战

　　为确保空气质量打赢蓝天保卫战，海南省在大气污染防治方面，通过持续推进重点行业大气污染物减排、整治"小散乱污"企业以达到对工业点源排放的控制；通过控制城市扬尘、燃放烟花爆竹、餐饮油烟、槟榔熏烤等解决面源污染；通过淘汰"黄标车"、推广清洁能源汽车使得移动源污染得到有效控制。[114] 2018 年，生态环境部通报《大气十条》实施情况终期考核结果，海南获得优秀等级。2019 年 3 月 1 日起，《海南省大气污染防治条例》开始实施，为大气污染防治工作提供了有力的法制保障，推动大气污染治理提速。[114]

"十二五"期间，海南省围绕火电、钢铁、水泥、造纸、平板玻璃等重点行业脱硫、脱硝、除尘改造任务全部完成。"十三五"期间，投入 11 亿元针对华能电厂、中航特玻、洋浦炼化厂、金海浆纸等的脱硫、脱硝、除尘超低排放项目进行升级改造。为挤压落后产能空间，海南省一方面通过差别电价压缩落后企业的生存空间，另一方面通过产业政策倾斜鼓励企业技术升级改造。"十二五"淘汰落后和过剩产能共节能 53 万 t 标准煤，减排 CO_2 319 万 t、SO_2 2197t、NO_x 870t、COD 150t。[115] 2018 年海南省工业和信息化厅、生态环境保护厅制定印发了《海南省治理"小散乱污"企业专项行动方案》，重点对制胶、制糖、造纸、电镀、塑料加工、饲料、石材加工、木材加工、水泥制品、砖瓦窑等小型制造加工类行业的"小散乱污"企业进行排查整治，根据企业情况采取关停取缔、整改提升、入园规范等措施，进行分类处置，着力解决这类企业污染大、能耗高、生产粗放等突出问题。[116]

城市扬尘是海南省 $PM_{2.5}$ 的主要来源，海口市和三亚市空气中 $PM_{2.5}$ 分别有 23.6%和 74.1%是来源于城市扬尘[1, 117]。因此，防治建筑施工工地扬尘是城市大气污染防治的重要内容。海口市 2017 年 7 月 1 日起开始实施《海口市扬尘污染防治办法》，为扬尘治理提供了法律支撑。[118]三亚市出台了《三亚市建筑工地扬尘治理管理办法》，2018 年共出动约 1000 人次对全市 147 个项目开展扬尘防治检查、巡查工作。[119]目前，海南省已在全省推广使用建设工程现场扬尘噪声在线监测系统，系统将对施工现场 $PM_{2.5}$、PM_{10}、TSP、噪声四个指标进行在线监测、预警报警，使得扬尘污染防控能力和效率得到了极大的提升。针对春节期间烟花爆竹燃放带来的污染，2019 年海南省各市县设立了禁燃区，对违法储存、销售、违规燃放行为进行严厉查处，同时加大禁燃禁放宣传力度，取得公众的支持。2019 年春节期间，海南省 $PM_{2.5}$、PM_{10} 和 SO_2 的平均浓度分别比 2018 年下降 45.5%、41.3%和 28.6%，除夕和大年初一的 SO_2 峰值浓度同比下降 75.9%。[120]海南省基本取缔、淘汰了露天烧烤、土法烟熏槟榔炉灶。针对槟榔产业落后加工工艺造成的大气污染，印发了《关于加强槟榔加工行业污染防治的意见》，制定了《槟榔加工行业污染物排放标准》（DB 46/ 455—2018），该标准是海南省制定发布的第一个行业类污染物强制性排放标准，填补了海南省乃至全国槟榔加工行业污染物排放标准的空白。[121, 122]

为减少机动车污染物排放，海南省通过加速淘汰黄标车、控制汽车增量、推广新能源和节能环保汽车等方式防治移动源污染。"十二五"期间累积淘汰黄标车

7.55 万辆，2016～2018 年分别淘汰黄标车和老旧车 29 170 辆、19 198 辆、4431 辆，全面完成黄标车的淘汰任务。[1, 4]2018 年，全岛实施机动车摇号限购政策以抑制不断增长的机动车数量。同年 11 月 1 日起出台政策不再允许没有达到《国家第六阶段机动车污染物排放标准》（简称国六标准）的轻型汽车销售、注册，成为全国第一个实施国六标准的省份。在新能源汽车推广使用的路上，海南省落实习近平总书记"4.13"重要讲话和中央 12 号文件精神，走在了全国前列。2019 年 3 月，发布了《海南省清洁能源汽车发展规划》，提出了以建设"绿色智慧出行新海南"为总目标，2030 年全省汽车清洁能源化达到国际领先水平，将海南建设成为"国际首创的清洁能源汽车生态岛""开放、共享的清洁能源汽车示范岛""可持续发展、跨界协同的清洁能源汽车创新岛"。[123]此外，提出分领域、分阶段目标的发展目标，"公共服务领域力争 2020 年实现清洁能源化""社会运营领域力争 2025 年实现清洁能源化""私人领域……2030 年起新增和更换全面实现新能源电动化"，标志着海南省成为了全国首个提出所有细分领域车辆清洁能源化目标和路线图的地区。[123]

2）碧水保卫战

为改善水环境质量，海南省针对城镇内河（湖）水体、饮用水水源地水体、近岸海域水体进行了重点整治，出台并实施了《海南省水污染防治条例》[124]。在国家《水十条》实施情况考核中，海南 2016～2018 年度均被评为优秀等级，特别是水环境质量目标完成情况名列全国前列。

针对城镇内河（湖）水污染状况，海南省 2015 年通过水环境调查，提出重点对全省 64 条城镇内河（湖）进行集中专项治理。64 条内河（湖）均推行"河长制"管护责任体制，建立省、市、县（区）、乡（镇）四级责任体系，制定了"一河一档""一河一策"的治理方案，形成了每条河有人管、有人治的管理模式。在治理方式上，主要通过开展水环境整治执法稽查，严厉打击污水直排偷排、非法采砂、垃圾倾倒和非法畜禽养殖等整治水环境违法行为；通过提升城镇污水处理能力、加快配套污水收集管网建设、进行管网雨污分流改造等提高生活污水收集处理率；通过河道清淤、水网动力补水工程等方式改善河流水系流动性；通过因地制宜实施生态护坡护岸、生态河床、水生植物重构、滨河生态湿地构建等生态工程恢复水体自净能力；通过及时跟踪监测治理水体水质、公开通报水质监测结果发挥监测警示促进作用。截至 2018 年底，城镇内河（湖）水质达标率提高到 87.3%，同比提升 30.8%，29 个城市黑臭水体全部消除。城市污水日处理能力由 2010 年 67.5 万 $m^3 \cdot d^{-1}$，提升到 2017 年的 102.9 万 $m^3 \cdot d^{-1}$，城市污水处理率由 2010 年 65.3% 提升到 2017 年 87.56%[125, 126]。

城乡饮用水水源地大多分布在农村地区，虽然农村环境保护工作取得了较大进展，但受城乡二元结构的影响，农村环境形势面临较大挑战。2015 年调查显示，我国 38%的农村饮用水水源地未划定保护区，49%未规范设置警示标志，19.5%的水质劣于Ⅲ类水质，农村垃圾处理覆盖率仅 65%，生活污水处理覆盖率仅 20%。[127]为加强饮用水水源地保护，根据环境保护部、水利部《全国集中式饮用水水源地环境保护专项行动方案》要求，2018 年海南省通过对饮用水水源地专项排查，发现 32 个水源地 105 个环境问题，建立问题清单，根据《海南省集中式饮用水水源地环境保护专项行动方案》，以"划定饮用水水源保护区""设立保护区边界标志""整治保护区内环境违法问题"为重点任务，开展集中式饮用水水源地环境问题专项整治[128,129]。

整治水源地保护区内环境问题是工作的难点与核心任务。海南省主要通过封堵水源地周边排污口，关停或搬离养殖点；消除农村生活垃圾、生活污水等农村环境问题；加强对农业的种植管理，推广科学种植，禁止使用限制类农药或化肥等方式消除水源地范围内环境隐患，使得水源地水质安全得到保障。2018 年，《海南省农村人居环境整治三年行动方案（2018—2020 年）》的出台，促使农村人居环境整治与饮用水源地保护进一步相结合，达到综合治理、统筹推进的作用。[130]农村生活垃圾与生活污水治理开始全面推进，全省 95%的村庄已配备了垃圾收集桶和车辆收运设施。[130]

海南省近岸海域水质总体为优，但由于生活污水的直排，沿海村庄污水、垃圾设施配套的缺乏，沿岸高位池养殖、滩涂养殖和网箱养殖的无序发展，鱼排等餐饮活动的增加，船舶港口产生的废油和污水的排放等导致近岸海域环境压力在增大。在"多规合一"改革的推进下，2015 年 7 月 20 日至 12 月 1 日，海南省政府对全省 12 个市县 1823km 海岸线进行专项检查，对 805 宗违规违法问题进行查处，拆除违法违规建筑 25.7 万 m^2，收回土地 584.35hm^2，有效遏制了海岸带违法开发势头。[131]结合《海南省总体规划（2015—2030）》，修订了《海南经济特区海岸带保护与开发管理规定》，将海岸带保护与开发纳入"多规合一"蓝图，海岸带陆地 200m 范围和海域部分的重点生态功能区、生态环境敏感区和脆弱区等区域一起纳入了生态保护红线区。

2017 年 11 月，出台《海南省人民政府办公厅关于加强海南省海岸带和近岸海域污染防治的指导意见》（琼府办〔2017〕168 号），提出通过沿海地区产业转型升级、推动陆海统筹污染防治、开展生态保护与修复等多项有力措施，推进海岸带和近海海域污染防治工作。[132]同年，中央第四环境保护督察组和国家海洋督察组（第六组）对海南开展环境保护督察，督察意见指出围填海和近岸海域污染排放问题最为突出。根据督察反馈的问题，海南省高度重视，制定了《海南省贯彻落实中央第四环境保护督察组督察反馈意见整改方案》和《海南省贯彻落实国家海洋督察反馈意见整改方案》，分别通过 172 条和 35 条整改措施具体落实提出的问题。[133,134]多部门联合制定了《海南省近岸海域污染防治实施方案》（琼环水字〔2017〕30 号）。[135]在整改中，对已批准的 184 宗围填海项目进行全面梳理，严格控制围填海总量，实施围填海限批，生态保护红线区内全面禁止围填海。针对水产养殖带来的污染问题，深入推进省域"多规合一"，印发《海南省 2018—2019 年度退塘还林（湿）工作实施方案》[136]，在生态敏感区和滨海旅游区实施退塘还林、退塘还湿，清理生态红线内的养殖塘，补种沿海防护林和恢复湿地。按照计划目标，近两年共将完成退塘还林（湿）10 000 亩，其中退塘还林 3141.7亩，退塘还湿 6858.3 亩。[136]

3）净土保卫战

土壤污染不仅导致土壤质量和耕地生产力的降低，严重的土壤污染将直接危害到生态安全、食品安全和人体健康。[137]当前，我国土壤环境风险问题一方面是农药、化肥和农膜的大量使用带来的耕地污染风险，另一方面是产业结构调整关停并转的一批污染型工业企业用地的土地性质转为城市住宅、商业、学校及其他公共用地所带来的潜在健康风险或生态风险。[138]

海南省土壤环境质量总体良好，根据全国首次土壤污染状况调查结果显示，81.3%的耕地土壤点位达到二级质量标准，局部地区有超过风险管制值，琼北地区土壤重金属自然背景值较高。另外，由于海南高温高湿的气候环境，导致农作物病虫害高发，因此不得不在生产中经常喷洒农药，农药不合理使用带来的土壤污染和农产品质量安全隐患已成为不容忽视的问题。而海南省冬季瓜菜和热带水果快速产业化发展，也促使农药和化肥施用总量及施用强度逐年增加。[139,140]研究表明，通过全国各省份比较，海南省属于高强度施肥区，化肥施用处于中度风险。[141,142]

按照《土十条》和《海南省土壤污染防治行动计划实施方案》，海南省以保护土壤环境质量为核心，以保障农产品质量和人居环境安全为出发点，以风险管控和安全利用为主线，主要从四个方面开展土壤污染防治。第一，以农用地和重点行业企业用地为重点开展土壤污染状况调查，并构建土壤质量环境信息综合平台；第二，将实施农用地分类管理保障农产品安全，实施建设用地准入管理防范人居环境风险；第三，加强污染源监管，严控工矿污染、控制农业污染、减少生活污染；第四，重点针对废弃的矿区场地开展污染治理与修复。目前，海南省加快推进"净土"工作。农用地土壤摸底调查已基本完成，重点行业企业用地调查正在进行中，已将 371 家单位企业纳入危险废物管理信息系统。为控制农业环境风险，积极发展生态循环农业，建立了 21 个农作物病虫害绿色防控示范区、12 个化肥减量增效示范区，2018 年实现了化肥农药施用零增长。[143]

污染防治是攻坚战也是持久战，海南省打好污染防治攻坚战需要坚守阵地、巩固成果，不能有喘口气、歇歇脚的念头，要防止已经解决的环境污染问题"死灰复燃"。为此，海南省深入推进生态环境专项整治，出台《海南省深化生态环境六大专项整治行动计划（2018—2020 年）》和《海南省全面加强生态环境保护　坚决打好污染防治攻坚战行动方案》，通过行动方案进一步明确目标和任务，确保环境质量只能更好，不能变差，保持全国领先水平。[144, 145]

污染防治要解决老百姓身边突出的环境问题，增强人民群众获得感、幸福感和安全感。海南省虽然水污染防治领域取得阶段性成果，但污水处理配套设施无论是城镇还是农村仍相对滞后，均低于全国平均水平，城镇内河水质超标现象没有得到完全消除。水环境是当前群众最关心和反映最强烈的问题。为此，海南省深刻剖析问题差距，出台《海南省污染水体治理三年行动方案（2018—2020 年）》和《海南省城镇污水处理提质增效三年实施方案（2019—2021 年）》，将通过抓重点、补短板、强弱项，满足人民群众对良好环境的期待。[146, 147]

3. 保护和修复自然生态系统

面对森林锐减的严重态势，从 20 世纪 90 年代开始，海南省开始逐步开展以林草植被为主的生态保护与修复工程，主要包括林业重点生态工程建设和"绿化宝岛"大行动。林业重点生态工程建设以天然林保护工程（1993 年开始实施）、退耕还林还草工程（2002 年开始实施）、海防林断带修复工程（2007 年开始实施）为主。这些重大生态工程的实施，一举扭转了海南森林覆盖率下降的窘境，森林覆盖率大幅提升，天然林资源得到有效保护，沿海防护林实现断代合拢。[148]2011 年，海南省委、省政府做出实施"绿化宝岛"大行动的部署，围绕国际旅游岛建设和全国生态文明建设示范区建设的总目标，以"一区一带，两环两点，四园万村，五河多廊"为建设重点，以城市森林建设工程、通道绿化工程、河流水库绿化工程、海防林建设工程、热带雨林和湿地保护工程、林业开发和林场建设工程、村庄绿化工程、盆景花卉与种苗八大工程为支撑，动员全民参与造林绿化。海南省持续实施的"增绿"行动，对提高森林质量、改变森林分布不平衡状态、调整林业产业结构以及激发全社会爱林护林的责任起到重要的推动作用。

表 2.6 为 2010～2017 年海南省造林情况，其中林业重点生态造林工程以退耕还林（荒山荒地造林）工程、森林抚育沿海防护林体系工程为主，其他造林工程以"绿化宝岛"大行动开展的城边、路边、水边、村边的造林为主。截至 2017 年，海南省森林覆盖率比建省之初提高了近 30 个百分点，天然林管护面积达 45.93 万 hm^2。各市县人均城市（县城）公园绿地面积达到 $11.4m^2 \cdot 人^{-1}$，建成区绿化覆盖率达到 39.2%。2013～2017 年，参加义务植树人数五年累计达到 1343 万人次。林业产值由 2010 年 346.9 亿元，增加到 2017 年的 602.8 亿元，林业第三产业产值由 1.78% 提升到 6.10%，森林公园旅游收入达 4.3 亿元。[149]虽然林业第三产业比重仍有待提升，但随着海南省旅游业的整体发展，以森林旅游与休闲服务为主的第三产业逐渐增加的潜力与优势较为明显。

表 2.6　2010～2017 年海南省造林情况　　　　　（单位：hm²）

年份	全部造林	林业重点生态造林工程				其他造林工程
		合计	天然林资源保护工程	退耕还林工程	沿海防护林体系工程	
2017	12 879	1 830	200	71	1 559	11 049
2016	14 521	5 714	133	193	5 388	8 807
2015	21 642	8 108	1 440	237	6 431	13 534
2014	8 802	1 817	—	200	1 617	6 985
2013	12 829	2 849	—	1 294	1 555	9 980
2012	17 734	3 517	—	1 400	2 117	14 217
2011	10 914	9 016	—	2 465	6 551	1 898
2010	14 074	12 575	—	3 370	9 205	1 499

数据来源：《中国林业统计年鉴》（2010—2017）[150]

从 2011 年实施"绿化宝岛"大行动至 2017 年，海南省林业投资累计达到 930 623 万元，其中 2017 年林业投资额达 131 481 万元，生态建设与保护、林业产业发展、林业支撑与保障、林业基础设施建设分别达到 84 670 万元、11 344 万元、31 818 万元和 3649 万元。在生态建设与保护中，营造林抚育与森林质量提升投资 72 620 万元，湿地保护与恢复投资 5034 万元，野生动植物保护及自然保护区投资 7016 万元。2017 年海南省林业投资结构见图 2.14。

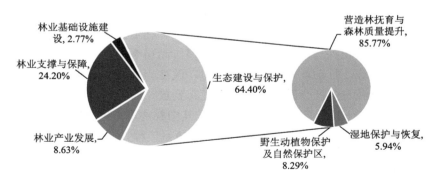

图 2.14　2017 年海南省林业投资结构

注：根据《中国林业统计年鉴 2017》数据整理所绘[150]

4. 创建生态文明试点、示范

我国生态文明建设从发展理念到制度建设，再到实践检验，正向纵深探索，需要在探索中不断丰富和完善，需要借助示范创建的载体和平台，聚集有利条件、聚焦重点任务、聚合各方力量，加快提升生态文明建设水平。

　　海南省为夯实、深化生态省的建设，加快建成"国家生态文明建设示范区"和建设"国家生态文明试验区"，开展了多方位、多层次的生态试点、示范创建工作。试点、示范创建工作为在体制机制上、政策上落实生态文明思想，加快构建区域生态文明体系，同时结合自身优势和特色创新方式方法、探索生态文明建设模式发挥着重要作用。

　　1）城市"双修"和"双创"试点建设

　　生态修复和城市修补（简称"城市双修"）于 2015 年在中央城市工作会议后由住房和城乡建设部提出。生态修复是指用再自然化的理念，对受到破坏的自然生态系统进行恢复和重建，增强其生态功能；城市修补是指以更新织补的理念，修复城市设施、空间环境、景观风貌，提升城市特色和活力。[151]2017 年 3 月，住房和城乡建设部下发《住房城乡建设部关于加强生态修复城市修补工作的指导意见》（建规〔2017〕59 号），提出"政府主导，协同推进；统筹规划，系统推进；因地制宜，分类推进；保护优先，科学推进"的"城市双修"基本工作原则。[152]

　　2015 年，三亚市被住房和城乡建设部批复为生态修复、城市修补（"双修"）和海绵城市、综合管廊建设综合试点城市（"双城"），成为全国地级市中唯一的"双城"和"双修"综合试点市。三亚市以问题为导向，在综合诊断城市生态问题后，通过对山体、海岸线、河岸线进行生态修复来改善生态环境；通过拆除违法建筑、整治广告牌匾、改造城市绿化、协调城市色彩、优化城市天际线和街道立面、实现夜景亮化六大工程对城市进行修补，提升城市特色和活力。[153, 154]三亚"城市双修"在短时间内就取得了显著成果。2016 年，修复了三亚河上游的 8 处受损山体，修复 2.6km 海岸线，完成 15km 沙生植被保护和生态恢复，清理搬迁了三亚河口附近的近千艘船舶，拆除违法建 377 万 m²，形成了"两河七园"城市中心公园带，建设 20.3km² 湿地。[155, 156]住房和城乡建设部 2016 年 12 月 10 日在三亚市召开了全国生态修复城市修补工作现场会，总结三亚经验，同时动员部署在全国推进"双修"工作。住房和城乡建设部分析了三亚经验的实质：一是"立意深远"，将"双修"工作提升到了增强四个意识，特别是核心意识、看齐意识的高度；二是"工程具体"，三亚市把"双修"细化为九个方面的具体工程项目，并狠抓落实；三是"领导带头"，海南省委、省政府高度重视，三亚市委、人大、政府和政协四套班子一把手亲自带头推进工作；四是"多方协同"，充分调动了各种社会力量，广泛宣传、凝聚共识，形成了强大的社会力量。[157]在"双城""双修"试点建设的带动下，三亚市启动了多种形式的试点、示范创建活动。之后，获评全国第二批国家级海洋生态文明建设示范区，被列入第三批国家低碳试点城市，进入全国首批 11 个无废城市建设试点名单，当前正积极争创国家生态文明示范市。[158]

　　海口市作为省会，在海南发展大局当中肩负着重要责任，发挥服务全省、辐射周边、带动引领的领头羊作用。但在城市的快速发展中，长期追求城市规模的扩大、城市化速度的提高，这种重量轻质、重物轻人的发展模式已经走到尽头，大量的"城市病"开始出现，面对挑战，如何走出一条城市发展的新路径成为城市发展急需解决的问题。海口市 2015 年 7 月 31 日举行创建全国文明城市和国家卫生城市（简称"双创"）动员大会，以"双创"工作为目标，带动改善城市风貌、提升城市品位、提高市民素质，以此治理"城市病"。

城乡环境卫生治理、道路交通秩序治理、市容市貌治理、生态环境综合治理、公共安全秩序治理和城乡公共卫生治理是海口市"双创"推进的六项专项治理工作。仅 2016 年，海口市就共启动"双创"项目 256 个，投资 20 亿元。改造老旧小街小巷 1576 条、老旧市政主干道路 13 条，升级农贸市场 39 个，打造"15 分钟便民生活圈"39 处，特色餐饮街（区）10 条，改造城市积水点 7 处，建成排涝泵站 6 个。集中对国兴大道、椰海大道等主要道路和西海岸带状公园、万绿园等23 个项目进行景观改造提升，完成 125 条道路、22 个街边街心绿地绿化补植。[159]2017 年 7 月和 11 月，海口市荣获"全国文明城市"称号。

2017 年，海口市成为全国第三批"城市双修"试点城市。在升级"双创"、开展"双修"的两重目标下，海口市启动城市更新工作。以《海口市城市更新行动纲要》为引领，确立了城市更新"一江两岸、五网络；东西双港、两融合"的总体结构和"重整生态本底、重织交通网络、重塑空间场所、重构优质设施、重铸文化认同、重理社会善治"的六大施治纲领；从市民需求出发，将海口城市更新示范项目重点锁定在水体治理、增绿护蓝、交通优化、文化复兴、棚户区改造、品质提升、山体矿坑修复七个方面，力图在"整体、系统、协同"推进生态文明与宜居城市建设方面形成全国示范。围绕城市更新，海口市出台了《关于加快推进城市更新工作的行动方案》，共梳理出 112 个要开展的项目，总投资额 1100 亿元。2018 年已经完成城市更新首批 56 个示范项目建设，并开始启动第二批 17 个示范项目。[160]特别突出的是在水体治理方面，2018 年末全市被国家认定的 19 个黑臭水体全部消除，近岸海域水质达标率达到 100%，五源河、美舍河治理入选全国黑臭河流生态治理十大案例。在全国率先构建湿地保护管理三级网络体系，实现海口湿地资源统筹规划和系统管理。打造了"湿地保护+"系列模式，如五源河湿地公园"湿地保护+水利工程+海岸带保护"模式、美舍河湿地公园"湿地保护+水体治理"模式、潭丰洋省级湿地公园"湿地+土地整治"模式、东寨港国家级自然保护区"湿地+红树林保护"模式，其中五源河湿地公园和美舍河湿地公园获评国家湿地公园试点。[161, 162]2018 年 10 月 25 日，在国际湿地公约第 13 届缔约方大会上，海口市获评"国际湿地城市"，成为全球首批十八个国际湿地城市之一。

海口市和三亚市的生态文明试点、示范建设工作不仅解决了自身发展中存在的生态环境问题，推进生态文明建设取得重大突破，其先行先试、大胆探索实践、不断丰富生态文明建设的有效模式，更为全国生态文明建设提供了可复制、可借鉴的经验，扛起了生态文明建设的海南责任担当。当前，随着《国家生态文明试验区（海南）实施方案》的出台，为试点、示范整合提供了统一的平台，统一平台可以避免试点过多过散、重复交叉等问题的出现。今后，海南省各市县围绕生态文明建设的试点示范将统一到国家生态文明试验区（海南）平台整体推进并形成合力。[87]

　2）村镇生态文明示范创建

　乡镇、村级的示范创建是示范创建的细胞工程。开展村镇创建是统筹城乡发展的有效途径，通过示范创建，对于提高农村基础设施建设和公共服务水平，改善村容村貌、环境卫生，带动农村经济发展和农村增收，推动形成城乡经济社会发展一体化格局有着重要意义。示范创建的重要意义还体现在其能够促进广大人民群众形成正确的生态文明价值观，自觉约束个人生态行为，同时积极、主动地参与基层生态治理，汇聚起生态文明建设的强大合力，形成生态文明建设社会共治格局。

　海南省以创建省级生态文明乡镇、小康环保示范村、文明生态村和美丽乡村等为载体，积极推进村镇生态文明建设。"十二五"期间，共新建 18 个省级生态文明乡镇，累计达到 28 个；新建 188 个省级小康环保示范村，累计达到 278 个；新建 4132 个文明生态村，累计达到 164 488 个，占全省自然村总数的 70.56%。到 2018 年，文明生态村的创建已经开展 18 年，累计创建 18 595 个文明生态村，占全省自然村总数的 88.27%。海南省绝大部分地区是农村，文明生态村的持久创建不仅起到整治农村环境、改善卫生的作用，对生态文化在海南广袤农村的构建与传播也起着重要的推动作用。海南省美丽乡村建设自 2013 年开始启动，是全国首批美丽乡村试点建设省市区。从最初的试点建设到范围逐渐扩大，正从"点"到"线"向"面"发展，成为促进海南农村经济、社会、生态协调发展的重要推手。为推动美丽乡村建设，海南省提出实施"美丽海南百镇千村"工程，到 2020 年重点打造百个热带高效农业、旅游、互联网、渔业、黎族苗族文化、物流、工商贸易类型的特色产业小镇，建成千个宜业、宜居、宜游的美丽乡村。截至 2018 年，100 个特色产业小镇已经全部启动建设，13 个完成建设，已建成美丽乡村 566 个，其中星级示范乡村 384 个。建设生态文明既是民意所指，也是民生所求。因此，公众对生态环境的主观满意程度是检验工作成效的关键。全国各省、自治区、直辖市生态文明建设 2016 年评价结果显示，海南省生态文明建设公众满意度位居全国前三位。

第三节　社会-经济-资源环境耦合度变化特征

　社会-经济-资源环境是一个具有高度复杂性、多层次性和动态性的开放系统。社会-经济-资源环境系统的协调发展程度在一定层面可以反映社会经济可持续发展水平。在此利用海南省 2004～2017 年的数据，评价其社会-经济-资源环境系统的耦合协调发展情况，利用协调度指数更加客观地呈现海南社会-经济-资源环境良性互动、相互支撑促进的变化特征。

一、社会-经济-资源环境耦合度评价指标体系的构建

根据社会、经济、资源环境系统的特征，结合文献[163]～[165]，构建海南省社会-经济-资源环境耦合度评价指标体系。其中，选取 13 项指标从人口水平、社会保障和设施配置三个方面构成社会发展子系统，选取 14 项指标从经济结构、经济水平、经济增长、生活水平四个方面构成经济发展子系统，选取 14 项指标从环境质量、环境治理和资源利用三个方面构成资源环境子系统，见表 2.7。

表 2.7　海南省社会-经济-资源环境耦合协调度评价指标体系

目标层 A	子系统 B	因素层 C	评价指标	单位	性质
耦合协调度 A	社会发展 B_1	人口水平 C_1	人口密度 C_{11}	人·km^{-2}	正
			人口自然增长率 C_{12}	%	正
			城镇人口比例 C_{13}	%	正
			接待游客人数 C_{14}	人·万人$^{-1}$	正
		社会保障 C_2	每万人普通中学在校学生数 C_{21}	人	正
			每万人拥有医生数 C_{22}	人	正
			每万人拥有专任教师数 C_{23}	人	正
			每万人拥有病床数 C_{24}	张	正
		设施配置 C_3	人均水资源 C_{31}	m^3	正
			燃气普及率 C_{32}	%	正
			城市居民人均住房面积 C_{33}	m^{-2}	正
			公路网密度 C_{34}	km·百 km^{-2}	正
			电视综合人口覆盖率 C_{35}	%	正
	经济发展 B_2	经济结构 C_4	第二产业占 GDP 比重 C_{41}	%	正
			第三产业占 GDP 比重 C_{42}	%	正
			R&D 经费内部支出占 GDP 比重 C_{43}	%	正
		经济水平 C_5	人均 GDP C_{51}	元	正
			人均社会消费品零售总额 C_{52}	万元	正
			城镇单位在岗职工平均工资 C_{53}	元	正
			财政总收入 C_{54}	亿元	正
		经济增长 C_6	全社会固定资产投资增长率 C_{61}	%	正
			GDP 增长率 C_{62}	%	正
			财政总收入增长率 C_{63}	%	正

续表

目标层 A	子系统 B	因素层 C	评价指标	单位	性质
耦合协调度 A	经济发展 B_2	生活水平 C_7	城镇居民人均可支配收入 C_{71}	元	正
			农村常住居民人均可支配收入 C_{72}	元	正
			城镇居民恩格尔系数 C_{73}	%	负
			全体居民年人均消费水平 C_{74}	元	正
	资源环境 B_3	环境质量 C_8	森林覆盖率 C_{81}	%	正
			环境空气质量优良天数比例 C_{82}	%	正
			地表水质优良率 C_{83}	%	正
			近岸海域水质优良率 C_{84}	%	正
			单位耕地农药使用量 C_{85}	kg·亩$^{-1}$	负
		环境治理 C_9	城市污水处理率 C_{91}	%	正
			城市生活垃圾无害化处理率 C_{92}	%	正
			工业污染治理完成投资 C_{93}	万元	正
			COD 排放量 C_{94}	万 t	负
			氮氧化物排放量 C_{95}	万 t	负
		资源利用 C_{10}	有效灌溉面积占农作物播种面积 C_{101}	%	正
			单位面积产粮量 C_{102}	kg·亩$^{-1}$	正
			单位地区生产总值能耗 C_{103}	吨标煤·万元$^{-1}$	负
			万元 GDP 用水量 C_{104}	m^3·万元$^{-1}$	负

二、熵值法确定权重

确定各指标的权重一般有主观赋权法和客观赋权法。本书选用熵值赋权法，为客观赋权方法，该方法根据各指标所提供的信息量决定指标的权重，以消除人为主观因素对权重确定的影响。熵的概念源于热力学，是对系统状态不确定性的一种度量。某一件事发生的概率越大，可能性越大，其不确定性将越小，熵越小，信息的效用值将越大，权重也就越大。

下面介绍熵值法计算权重的具体过程。

1）数据标准化

数据首先需要进行标准化处理，使得不同量纲、不同数量、正负均不一致的数据能够进行综合评价。在正负指标的处理中，指标越大对系统发展越有利，为正指标，采用正向指标计算方法，见式（2.1）；指标越大对系统发展越不利，为负指标，采用负向指标计算方法，见式（2.2）。

$$X'_{ij} = \frac{X_{ij} - \min\{X_j\}}{\max\{X_j\} - \min\{X_j\}} \tag{2.1}$$

$$X'_{ij} = \frac{\max\{X_j\} - X_{ij}}{\max\{X_j\} - \min\{X_j\}} \tag{2.2}$$

2）第 i 年第 j 项指标值的比重（Y_{ij}）计算

$$Y_{ij} = \frac{X_{ij}}{\sum_{i=1}^{m} X'_{ij}} \tag{2.3}$$

3）指标熵（e_j）的计算

$$e_j = -k \sum_{i=1}^{m} (Y_{ij} \times \ln Y_{ij}) \tag{2.4}$$

4）信息熵冗余度（d_j）的计算

$$d_j = 1 - e_j \tag{2.5}$$

5）指标权重（W_i）的计算

$$W_i = \frac{d_j}{\sum_{j=1}^{n} d_j} \tag{2.6}$$

上述式中，X_{ij} 表示第 i 个年第 j 项指标的数值，m 为评价年数，n 为指标数，$k=1/\ln m$。

三、耦合协调度计算模型

将综合系统分为社会发展、经济发展和资源环境三个子系统，分别定义为 B_1、B_2 和 B_3。利用熵值法确定权重后，每个子系统的权重之和为 1。利用各指标权重与标准化处理的指标相乘求和，得到各子系统函数

$$S_{B_i}(x) = \sum_{j=1}^{ni} W_{ij} X'_{ij} \ (i = 1, 2, 3) \tag{2.7}$$

式中，ni 为子系统的指标个数，$S_{B_i}(x)$ 为子系统函数，W_{ij} 为指标权重，X'_{ij} 为标准化后的指标值。

两系统 S_{B_i} 和 S_{B_j} 之间的耦合度 C 计算公式为

$$C_{S_{B_i \cdot B_j}} = \left[\frac{S_{B_i}(x) S_{B_j}(x)}{\left(\dfrac{S_{B_i}(x) + S_{B_j}(x)}{2} \right)^2} \right]^{1/2} \tag{2.8}$$

三个子系统之间的耦合度 C 计算公式为

$$C_{S_{B_1-B_2-B_3}} = \left[\frac{S_{B_1}(x)S_{B_2}(x)S_{B_3}(x)}{\left(\dfrac{S_{B_1}(x)+S_{B_2}(x)+S_{B_3}(x)}{3} \right)^3} \right]^{1/3} \tag{2.9}$$

耦合度只能表明系统之间相互作用的强度，无法反映出相互间的协调程度，因此在耦合度计算的基础上需要构造耦合协调发展系数 D 来反映其交互耦合的协调程度，计算公式为

$$D = \sqrt{C \times T} \tag{2.10}$$

式中，T 为系统综合函数。若计算两系统间的耦合，T 的计算公式为

$$T_{S_{B_i-B_j}} = aS_{B_i} + \beta S_{B_j}, \ \alpha + \beta = 1 \tag{2.11}$$

如果认为各子系统同等重要，α 和 β 各取 0.5。

若计算 B_1、B_2 和 B_3 系统间的耦合，综合函数计算公式为

$$T_{S_{B_1-B_2-B_3}} = aS_{B_1} + \beta S_{B_2} + \gamma S_{B_3}, \ \alpha + \beta + \gamma = 1 \tag{2.12}$$

如果认为各子系统同等重要，α、β、γ 分别取 1/3。

根据耦合协调度系数，可以判断系统间的良性互动程度，表 2.8 显示了不同协调度所反映的协调水平[165, 166]。

表 2.8　海南省社会-经济-资源环境耦合协调度协调水平

协调度	协调水平	协调度	协调水平
0.000～<0.100	极度失调	0.500～<0.600	勉强协调
0.100～<0.200	高度失调	0.600～<0.700	初级协调
0.200～<0.300	中度失调	0.700～<0.800	中级协调
0.300～<0.400	低度失调	0.800～<0.900	良好协调
0.400～<0.500	濒临失调	0.900～1.000	优质协调

四、耦合协调特征

利用熵值法确定的权重值见表 2.9。

表 2.9　海南省社会-经济-资源环境耦合协调度评价指标权重

子系统 B	因素层 C	评价指标	权重
社会发展 B_1	人口水平 C_1	人口密度 C_{11}	0.068
		人口自然增长率 C_{12}	0.080
		城镇人口比例 C_{13}	0.073
		接待游客人数 C_{14}	0.133

子系统 B	因素层 C	评价指标	权重
社会发展 B_1	社会保障 C_2	每万人普通中学在校学生数 C_{21}	0.094
		每万人拥有医生数 C_{22}	0.031
		每万人拥有专任教师数 C_{23}	0.058
		每万人拥有病床数 C_{24}	0.103
	设施配置 C_3	人均水资源 C_{31}	0.095
		燃气普及率 C_{32}	0.071
		城市居民人均住房面积 C_{33}	0.096
		公路网密度 C_{34}	0.048
		电视综合人口覆盖率 C_{35}	0.050
经济发展 B_2	经济结构 C_4	第二产业占 GDP 比重 C_{41}	0.092
		第三产业占 GDP 比重 C_{42}	0.049
		R&D 经费内部支出占 GDP 比重 C_{43}	0.082
	经济水平 C_5	人均 GDP C_{51}	0.072
		人均社会消费品零售总额 C_{52}	0.044
		城镇单位在岗职工平均工资 C_{53}	0.066
		财政总收入 C_{54}	0.069
	经济增长 C_6	全社会固定资产投资增长率 C_{61}	0.070
		GDP 增长率 C_{62}	0.073
		财政总收入增长率 C_{63}	0.087
	生活水平 C_7	城镇居民人均可支配收入 C_{71}	0.069
		农村常住居民人均可支配收入 C_{72}	0.083
		城镇居民恩格尔系数 C_{73}	0.060
		全体居民年人均消费水平 C_{74}	0.084
资源环境 B_3	环境质量 C_8	森林覆盖率 C_{81}	0.056
		环境空气质量优良天数比例 C_{82}	0.026
		地表水质优良率 C_{83}	0.048
		近岸海域水质优良率 C_{84}	0.046
		单位耕地农药使用量 C_{85}	0.102
	环境治理 C_9	城市污水处理率 C_{91}	0.041
		城市生活垃圾无害化处理率 C_{92}	0.058
		工业污染治理完成投资 C_{93}	0.133
		COD 排放量 C_{94}	0.090
		氮氧化物排放量 C_{95}	0.095

续表

子系统 B	因素层 C	评价指标	权重
资源环境 B_3	资源利用 C_{10}	有效灌溉面积占农作物播种面积 C_{101}	0.071
		单位面积产粮量 C_{102}	0.062
		单位地区生产总值能耗 C_{103}	0.031
		万元 GDP 用水量 C_{104}	0.101

利用各指标权重与标准化处理的指标相乘求和，基于耦合协调的模型分别得到海南省 2004～2017 年的各系统函数值和耦合协调度变化特征，结果见图 2.15。

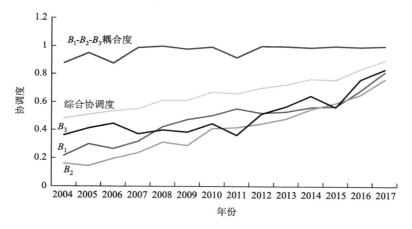

图 2.15　海南省 2004～2017 年各系统函数值和耦合协调度变化特征

首先分析各子系统的变化，经济发展子系统 B_2 总体持续上升，但在 2009 年受国际金融危机的冲击和甲型 H1N1 流感的影响出现下降，此后随着海南国际旅游岛建设上升为国家战略后，一直保持上升的态势。在经济发展子系统 B_2 的支撑下，社会发展子系统 B_1 总体也保持上升的态势，进一步看其发展可以划分为三个阶段：2004～2011 年持续上升；2012～2015 保持较为稳定状态，这一时期由于每万人拥有专任教师数和每万人普通中学在校学生数两个指标出现了下降，因此其他社会指标虽然向好，但整体保持稳定；2016 年和 2017 年上升速度较快，其中公路网密度和旅游人数的提升对 B_1 上升的影响较大。

资源环境子系统 B_3 在 2004～2011 年平稳波动，其中 2007 年和 2011 年有两个稍明显的下降趋势。2007 年的下降主要受工业污染治理完成投资这一指标影响较大，由于 2006 年该项指标是 2007 年的近 5.5 倍，因此导致 2007 年有明显的下降。2011 年的下降趋势主要受 COD 和氮氧化物排放量增加的影响。此后，2012～

2017 年间，除 2015 年外，B_3 指数均持续向好，2015 年有一个下降拐点，主要是受工业污染治理完成投资影响较大，2014 年该项指标为 56 152 亿元，2015 年下降为 13 161 亿元，因此较大程度地影响了指数持续上升的态势。2016～2017 年大多数 B_3 指标上升幅度较为显著，主要驱动因素是资源利用方面的单位地区生产总值能耗和万元 GDP 用水量明显下降，环境治理方面的城市污水处理率提升显著，COD 和氮氧化物排放量显著下降。

2004～2017 年间社会-经济-资源环境耦合度保持了较高水平，表明社会、经济、资源环境发展步伐较为一致。这一时期协调度持续在升高。借鉴以往学者对耦合协调等级的划分表明，2004 年协调度为濒临失调，2005～2007 年为勉强协调，2008～2011 年为初级协调，2012～2015 年为中级协调，2016～2017 年达到良好协调。海南省社会-经济-资源环境高耦合度与持续上升的协调度，进一步证明海南省没有以牺牲环境代价换取经济社会的增长，特别是进入"十三五"，社会、经济和生态环境保护都取得了新的突破，三个系统发展呈现出良好互动，成为探索实现社会、经济发展与资源环境相协调的实践范例。

第四节　建　　议

海南省的生态环境质量要从"领先全国"到"对标国际一流"，今后质量提升难度将不断加大，边际治理成本也将越发高昂。鉴于新时代海南省生态文明建设的责任担当，生态文明建设工作还需要在以下几个方面加强。

1）构建严格的生态红线管控制度

生态红线是生态安全的底线和生命线，生态红线管控目标要求生态功能不降低、保护面积不减少、用地性质不改变。生态红线的权威性、划定成果首先必须依靠制度保障，需要明确监督、管理的程序及相关民事、行政、刑事法律责任。其次，生态红线的落实需要通过加快健全自然资源产权制度，防止生态侵权行为发生；需要构建完善的生态文明建设目标考核制度，评估生态保护的成效；需要健全生态补偿制度，体现受益区与红线区保护责任共同分担。最后，实施生态红线管控需要在当前海南省"三线一单"编制工作中细化空间分类分区管制要求，根据不同生态红线区域的主导生态功能，实施差别化管理。

2）加强污染防治中的短板建设

由于所处的发展阶段，海南省污染防治工作存在着治理空间、治理要素、治理领域的不平衡。相对于陆源污染的有效控制，海岸带环境管理较为滞后；相对于城市环境设施的健全，农村面源污染治理处于起步阶段；相对于水体、大气质量监控的常态化开展，土壤环境质量监控还未构建；相对于常规污染物的低排放，对新型污染物如抗生素类、内分泌干扰类、持久性有机污染物的污染特征、生态风险的评价工作还亟待认识。随着环境质量要求的进一步提升，过去属于污染治理中的次要矛盾开始逐渐演变为需要关注的重点，环境治理进入了"深水区"。这些问题不仅在海南省存在，在其他地区也普遍存在，但海南省由于生态环境的优势，这些问题的"欠账"并不多，面临的挑战相对容易解决。因此，海南省应以生态文明试验区建设为契机，加快建立陆海统筹的生态环境治理机制；补齐农村环境治理短板，扎实推进美丽乡村建设；健全土壤环境保护制度；前瞻性地开展复合污染环境风险评估与管控，保证环境质量持续领先全国。

3）创新生态产品的价值实现机制、拓展生态产品服务模式

海南省自然生态资源丰富，热带雨林资源全国独一无二，大小海湾多达 68 个，融合山谷、河川、热带田园、地质遗迹的乡村资源点有 350 个，独特的自然资源成为海南省赖以生存和发展的根本。利用稀缺性生态资源达到生态产业化经营是生态产品价值实现的过程。这需要诸多制度技术做保障，包括构建适应市场交易的生态产权制度，对生态价值进行合理的评估，建立规范的交易制度。海南省在生态产品价值实现机制方面，特别是针对热带雨林、沙滩、海域、无居民海岛的价值实现机制方面应积极探索。同时，生态产品服务模式和服务质量需要拓展，减少低端供给，提升供给质量，发挥质量对接供给与需求的纽带作用，满足人民群众不断升级的消费需求和对高质量生活的期待。

4）推进生态环境治理体系的现代化

大力推进生态环境治理体系的现代化，构建由政府、企业、社会组织、公众等主体组成多元共治、权责分明、互相监督的治理体系是生态文明体制改革的目标。然而在实践中，多元共治模式的运用并不充分。海南省在生态文明建设领域承担着探索性的重任，所设领域之宽、专业性之强，若仅依托政府单一主体，所做决策未必是最优决策。政府在生态文明建设中既是战略和规划的制定者，也是具体措施的实施者和监督者。政府身份的多重性和非专业性，会某种程度增加治理的成本，更隐藏着发生权力寻租和政策失误的风险。此外，目前地方环保部门忙于聚焦上级部门的各项考核和督察，市县环保部门的基本工作变成"考核考核、追责追责、督察督察"，考核督察之外的环保工作无暇顾及，难以紧密对接生态环境治理中的实际情况，缺乏对地区生态环保问题的统筹研判。因此，生态环境治理需要毫不动摇地坚持政府主导地位，但在国家深入推进生态环境领域"放管服"改革下，需要厘清政府、企业、社会组织和公众的权责边界，做好生态环境治理主体权责的"加减法"，多方协作形成合力，激发企业活力，发挥社会组织的专业性和创造性，强化公众监督，使其各自在生态环境治理中发挥不同社会功能，在治理过程中，实现公平和效率的统一。

参 考 文 献

[1]　海南省生态环境厅. （2010—2017 年）海南省环境状况公报[EB/OL]. [2020-06-05]. http://hnsthb.hainan.gov.
cn/xxgk/0200/0202/hjzl/hjzkgb.

[2]　海南省生态环境厅. （2018—2019 年）海南省生态环境状况公报[EB/OL]. [2020-06-05]. http://hnsthb.hainan.
gov.cn/xxgk/0200/0202/hjzl/hjzkgb.

[3]　卢亚灵, 蒋洪强, 刘年磊, 等. 基于新空气质量标准的全国大气环境承载力评价[J]. 中国环境监测, 2017,
33（3）：65-72.

[4]　海南省统计局, 国家统计局海南调查总队. （2010—2018 年）海南省国民经济和社会发展统计公报[EB/OL].
[2019-06-15]. http://www.hainan.gov.cn/hainan/tjgb/list3.shtml.

[5]　薛文博, 付飞, 王金南, 等. 中国 $PM_{2.5}$ 跨区域传输特征数值模拟研究[J]. 中国环境科学, 2014, 34（6）：
1361-1368.

[6]　符传博, 唐家翔, 丹利, 等. 2013 年冬季海口市一次气溶胶粒子污染事件特征及成因解析[J]. 环境科学学报,
2015,（1）：75-82.

[7]　周祖光. 海南省 $PM_{2.5}$ 主要来源与防治对策[J]. 环境与可持续发展, 2014,（5）：133-135.

[8]　严正. 海南省水安全战略研究[J]. 节水灌溉, 2008,（3）：52-54.

[9]　环境保护部. （2010—2016 年）中国环境状况公报[EB/OL]. [2019-06-15].. http://www.mee.gov.cn/hjzl/
zghjzkgb/lnzghjzkgb.

[10]　生态环境部. （2017—2018）中国生态环境状况公报[EB/OL]. [2019-06-15]. http://www.mee.gov.cn/hjzl/
zghjzkgb/lnzghjzkgb.

[11]　傅杨荣, 郭跃东, 马荣林, 等. 海口城市地表水体重金属的空间分布特征及环境质量评估[J]. 生态科学, 2016,
35（1）：154-160.

[12]　严伟祥, 李文欢. 加强海洋灾害预防, 促进社会和谐发展[J]. 海洋开发与管理, 2007,（4）：81-85.

[13]　生态环境部. 2017 年中国近岸海域环境质量公报[EB/OL]. （2018-08-06）[2019-06-20]. http://m.mee.
gov.cn/hjzl/shj/jagb.

[14]　生态环境部. （2010—2016 年）中国近岸海域环境质量公报[EB/OL]. [2019-06-20]. http://m.mee.gov.cn/hjzl/
shj/jagb.

[15]　国家海洋局. 2017 年中国海洋生态环境状况公报[EB/OL]. （2018-06-06）[2019-06-20]. http://gc.mnr.gov.cn/
201806/t20180619_1797652.html.

[16]　生态环境部. 2018 年中国海洋生态环境状况公报[EB/OL]. （2019-05-29）[2019-06-20]. http://m.mee.gov.cn/
hjzl/shj/jagb.

[17]　黄春, 韩保光, 汤婉环. 海南岛近岸海域环境容量与纳污总量分析[J]. 环境保护科学, 2016, 42（4）：97-100.

[18]　兰竹虹, 廖岩, 陈桂珠. 热带海洋景观的生态系统服务替代和恢复[J]. 海洋环境科学, 2009, 28（2）：218-222.

[19]　宋晖, 汤坤贤, 林河山, 等. 红树林、海草床和珊瑚礁三大典型海洋生态系统功能关联性研究及展望[J]. 海
洋开发与管理, 2014, 31（10）：88-92.

[20]　韩维栋, 高旭东. 湛江湾红树林土壤理化性质的研究[J]. 中国农学通报, 2013,（31）：27-31.

[21]　林鹏. 中国红树林生态系[M]. 北京：科学出版社, 1997.

[22]　赵晟, 洪华生, 张珞平, 等. 中国红树林生态系统服务的能值价值[J]. 资源科学, 2007, 29（1）：147-154.

[23]　王文卿, 王瑁. 中国红树林[M]. 北京：科学出版社, 2007.

[24]　国家海洋局. 中国海洋 21 世纪议程行动计划[Z]. 北京：国家海洋局, 1996.

[25] 陈焕雄, 陈二英. 海南岛红树林分布的现状[J]. 热带海洋, 1985, 4（3）: 74-79.

[26] 卢元平, 徐卫华, 张志明, 等. 中国红树林生态系统保护空缺分析[J]. 生态学报, 2019, 39（2）: 289-296.

[27] 张乔民, 隋淑珍. 中国红树林湿地资源及其保护[J]. 自然资源学报, 2001, 16（1）: 28-36.

[28] 吴培强, 张杰, 马毅, 等. 近20a来我国红树林资源变化遥感监测与分析[J]. 海洋科学进展, 2013, 31（3）: 406-414.

[29] 生态环境部. 2017年全国自然保护区名录[EB/OL]. （2019-04-09）[2019-06-20]. http://www.mee.gov.cn/ywgz/zrstbh/zrbhdjg/201905/P020190514616282907461.pdf.

[30] 海南东寨港国家级自然保护区管理局[EB/OL]. （2014-12-31）[2019-06-20]. http://hndzg.haikou.gov.cn.

[31] 于秀波, 张立. 中国沿海湿地保护绿皮书（2017）[M]. 北京: 科学出版社, 2018.

[32] 王丽荣, 赵焕庭. 珊瑚礁生态系统服务及其价值评估[J]. 生态学杂志, 2006, 25（11）: 1384-1389.

[33] 赵焕庭, 王丽荣, 袁家义. 南海诸岛珊瑚礁可持续发展[J]. 热带地理, 2016, 36（1）: 55-65.

[34] 王道儒, 吴瑞, 李元超, 等. 海南省热带典型海洋生态系统研究[M]. 北京: 海洋出版社, 2013.

[35] 赵美霞, 余克服, 张乔民, 等. 近50年来三亚鹿回头岸礁活珊瑚覆盖率的动态变化[J]. 海洋与湖沼, 2010, 41（3）: 440-447.

[36] Chen G, Xiong S L, Xie J N, et al. A study on the transplantation of reef-building corals in SanYa Waters, Hainan province[J]. Tropic Oceanology, 1995, 14（3）: 51-57.

[37] 王丽荣, 于红兵, 李翠田, 等. 海洋生态系统修复研究进展[J]. 应用海洋学学报, 2018, 37（3）: 435-446.

[38] 吴川良, 李长青, 张文勇, 等. 三亚国家级珊瑚礁自然保护区珊瑚礁资源的多样性[J]. 热带生物学报, 2019, 10（1）: 14-21.

[39] Short F T, Polidoro B, Livingstone S R, et al. Extinction risk assessment of the world's seagrass species[J]. Biological Conservation, 2011, 144（7）, 1961-1971.

[40] 郑凤英, 邱广龙, 范航清, 等. 中国海草的多样性、分布及保护[J]. 生物多样性, 2013, 21（5）: 517-526.

[41] Waycott M, Duarte C M, Carruthers T J B, et al. Accelerating loss of seagrasses across the globe threatens coastal ecosystems[J]. Proceedings of the National Academy of Sciences of the United States of America, 2009, 106（30）: 12377-12381.

[42] Nellemann C, Corcoran E, Duarte C M, et al. Blue carbon: a rapid response assessment[R]. Norway: United Nations Environment Programme, GRID-Arendal, 2009.

[43] 邱广龙, 林幸助, 李宗善, 等. 海草生态系统的固碳机理及贡献[J]. 应用生态学报, 2014, 25（6）: 1825-1832.

[44] 章海波, 骆永明, 刘兴华, 等. 海岸带蓝碳研究及其展望[J]. 中国科学: 地球科学, 2015, 45（11）: 1641-1648.

[45] 杨宗岱. 中国海草植物地理学的研究[J]. 海洋湖沼通报, 1979, （2）: 41-46.

[46] 黄小平, 黄良民, 李颖虹, 等. 华南沿海主要海草床及其生境威胁[J]. 科学通报, 2006, 51（2）: 114-120.

[47] 吴瑞, 王道儒. 海南省海草床现状和生态系统修复与重建[J]. 海洋开发与管理, 2013, 30（6）: 69-72.

[48] 樊敏玲, 黄小平, 张大文, 等. 海南新村湾海草床主要鱼类及大型无脊椎动物的食源[J]. 生态学报, 2011, 31（1）: 31-38.

[49] 吴钟解, 陈石泉, 王道儒, 等. 海南岛东海岸海草床生态系统健康评价[J]. 海洋科学, 2014, 38（8）: 67-74.

[50] 陈石泉, 王道儒, 吴钟解, 等. 海南岛东海岸海草床近10a变化趋势探讨[J]. 海洋环境科学, 2015, 34（1）: 48-53.

[51] 林媚珍, 张镱锂. 海南岛热带天然林动态变化[J]. 地理研究, 2001, 20（6）: 703-712.

[52] 李意德, 陈步峰, 周光益. 中国海南岛热带森林及其生物多样性保护研究[M]. 北京: 中国林业出版社, 2002.

[53] 李意德. 海南岛热带森林的变迁及生物多样性的保护对策[J]. 林业科学研究, 1995, （4）: 455-461.

[54] 国家林业和草原局. 第八次全国森林资源清查主要结果[EB/OL]. (2014-02-25) [2019-06-20]. http://www.

forestry.gov.cn/main/65/content-659670.html.

[55] 王伯荪, 张炜银. 海南岛热带森林植被的类群及其特征[J]. 广西植物, 2002, 22（2）：107-115.

[56] 胡玉佳, 李玉杏. 海南岛热带雨林[M]. 广州：广东高等教育出版社, 1992.

[57] 臧润国. 海南岛热带森林生物多样性维持机制[M]. 北京：科学出版社, 2004.

[58] 陈永富, 杨秀森, 等. 海南岛热带天然林可持续经营[M]. 北京：中国科学技术出版社, 2001.

[59] 陈玉凯, 杨小波, 李东海, 等. 海南岛维管植物物种多样性的现状[J]. 生物多样性, 2016, 24（8）：948-956.

[60] 黄金城, 苏文学, 莫燕妮, 等. 海南生物多样性保护现状与对策[J]. 热带林业, 2012, 40（3）：6-9.

[61] 顾茂彬, 陈佩珍. 海南岛蝴蝶[M]. 北京：中国林业出版社, 1997.

[62] 王兵, 郑秋红, 郭浩. 基于 Shannon-Wiener 指数的中国森林物种多样性保育价值评估方法[J]. 林业科学研究, 2008, 21（2）：268-274.

[63] 中国可持续发展林业战略研究项目组. 中国可持续发展林业战略研究总论[C]. 北京：中国林业出版社, 2002.

[64] Daily G C, Matson P A. Ecosystem services: from theory to implementation[J]. Proceedings of the National Academy of Sciences of the United States of America, 2008, 105（28）：9455-9456.

[65] 侯元兆, 吴水荣. 生态系统价值评估理论方法的最新进展及对我国流行概念的辨正[J]. 世界林业研究, 2008, （5）：7-16.

[66] 侯元兆, 张佩昌, 王琦, 等. 中国森林资源核算研究[M]. 北京：中国林业出版社, 1995.

[67] 欧阳志云, 肖寒. 海南岛生态系统服务功能及空间特征研究[C]//赵景柱, 欧阳志云, 吴刚. 社会-经济-自然复合生态系统可持续发展研究. 北京：中国环境科学出版社, 1999.

[68] 肖寒, 欧阳志云, 赵景柱, 等. 森林生态系统服务功能及其生态经济价值评估初探：以海南岛尖峰岭热带森林为例[J]. 应用生态学报, 2000, （4）：481-484.

[69] 李意德, 陈步峰, 周光益, 等. 海南岛热带天然林生态环境服务功能价值核算及生态公益林补偿探讨[J]. 林业科学研究, 2003, （2）：146-152.

[70] 周亚东. 基于 GIS 的海南岛森林生态系统服务功能价值评估[J]. 热带作物学报, 2015, 36（3）：623-628.

[71] Costanza R, d'Arge R, de Groot R, et al. The value of the world's ecosystem services and natural capital[J]. Nature, 1997, 387（15）：253-260.

[72] 冯继广, 丁陆彬, 王景升, 等. 基于案例的中国森林生态系统服务功能评价[J]. 应用生态学报, 2016, 27（5）：1375-1382.

[73] 王兵, 任晓旭, 胡文. 中国森林生态系统服务功能及其价值评估[J]. 林业科学, 2011, 47（2）：145-153.

[74] 李意德, 杨众养, 陈德祥, 等. 海南生态公益林生态服务功能价值评估研究[M]. 北京：中国林业出版社, 2016.

[75] 海南省第二届人民代表大会常务委员会第八次会议. 海南生态省建设规划纲要[Z]. 海口：海南省人民代表大会常务委员会, 1999.

[76] 海南省第三届人民代表大会常务委员会第十七次会议. 海南生态省建设规划纲要（2005 年修编）[Z]. 海口：海南省人民代表大会常务委员会, 2005.

[77] 王如松, 林顺坤, 欧阳志云, 等. 海南生态省建设的理论与实践[M]. 北京：化学工业出版社, 2004.

[78] 江泽林. 按照科学发展观建设生态海南和谐海南[J]. 经济管理, 2006, （11）：81-83.

[79] 王明初, 陈为毅. 海南生态立省的理论与实践[J]. 红旗文稿, 2007, （14）：28-30.

[80] 王晓樱, 魏月蘅. 海南：生态立省十年结硕果[N]. 光明日报, 2009-07-29（4）.

[81] 王书明, 高晓红. 自然、文化与发展战略的整合：论海南生态省建设的三大优势[J]. 中国海洋大学学报（社会科学版）, 2011, 5：18-22.

[82] 国务院. 国务院关于推进海南国际旅游岛建设发展的若干意见（国发〔2009〕44 号）[Z]. 2010-01-04.

[83]　王毅武,高盈盈. 论生态文明与绿色崛起:以海南国际旅游岛建设为例[J]. 海南大学学报（人文社会科学版），2012, 30（6）：122-126.

[84]　国家发改委. 发改委就《关于设立统一规范的国家生态文明试验区的意见》等答问[EB/OL]. http://www.gov.cn/xinwen/2016-08/23/content_5101548.htm.

[85]　习近平. 在庆祝海南建省办经济特区30周年大会上的讲话[N]. 海南日报，2018-04-14（A04）.

[86]　中共中央,国务院. 中共中央 国务院 关于支持海南全面深化改革开放的指导意见（中发〔2018〕12号）[Z]. 2018-04-11.

[87]　中共中央办公厅,国务院办公厅. 国家生态文明试验区（海南）实施方案[Z]. 2019-05-12.

[88]　卫留成. 认真落实科学发展观大力推进生态省建设[J]. 热带林业，2004,（4）：4-9.

[89]　北京师范大学科学发展观与经济可持续发展研究基地,西南财经大学绿色经济与经济可持续发展研究基地,国家统计局中国经济景气监测中心. 2011中国绿色发展指数报告:区域比较[M]. 北京:北京师范大学出版社，2011.

[90]　罗保铭. 坚持科学发展 实现绿色崛起 为全面加快国际旅游岛建设而不懈奋斗:在中国共产党海南省第六次代表大会上的报告[J]. 今日海南，2012,（5）：10-23.

[91]　赵康太. 学习贯彻省第六次党代会精神 深刻领会"绿色崛起"的内涵[J]. 今日海南，2012,（8）：24-25.

[92]　刘赐贵. 奋力开创全面深化改革开放新局面[N]. 人民日报，2019-06-11（A09）.

[93]　刘赐贵. 凝心聚力 奋力拼搏 加快建设经济繁荣社会文明生态宜居人民幸福的美好新海南:在中国共产党海南省第七次代表大会上的报告[J]. 今日海南，2017,（5）：10-19.

[94]　海南年鉴编辑委员会. 海南年鉴（2010—2015）[M]. 海口:海南年鉴社，2010—2015.

[95]　祝勇. "十二五"居民收入增势创建省以来最好水平 去年海南人均可支配收入18 979元[N]. 海口日报，2016-01-29（13）.

[96]　中共海南省委. 中共海南省委关于进一步加强生态文明建设谱写美丽中国海南篇章的决定[Z]，2017-09-22.

[97]　刘峥延,毛显强,江河. "十四五"时期生态环境保护重点方向和任务研究[J]. 中国环境管理，2019, 11（3）：40-45.

[98]　刘彦随,王介勇. 转型发展期"多规合一"理论认知与技术方法[J]. 地理科学进展，2016, 35（5）：529-536.

[99]　谢英挺,王伟. 从"多规合一"到空间规划体系重构[J]. 城市规划学刊，2015（3）：15-21.

[100]　胡耀文,尹强. 海南省空间规划的探索与实践:以《海南省总体规划（2015—2030）》为例[J]. 城市规划学刊，2016,（3）：55-62.

[101]　中国（海南）改革发展研究院课题组. 多规合一实现资源效益最大化[N]. 经济参考报，2019-07-31（6）.

[102]　海南省自然资源和规划厅. 海南省总体规划（空间类 2015—2030）[EB/OL].（2017-12-17）[2019-06-25]. http://lr.hainan.gov.cn/xxgk_317/0200/0202/201903/t20190327_2479530.html.

[103]　海南省人民代表大会常务委员会. 海南省生态保护红线管理规定[EB/OL].（2016-07-29）[2019-07-10]. https://www.hainan.gov.cn/hainan/dfxfg/2016-08-02%2001:13:51%20/MMKJB2ZCC9GA4TKIKLHW115WHQFCYJI5.shtml.

[104]　海南省人民政府. 海南省人民政府关于印发深入推进六大专项整治加强生态环境保护实施意见的通知（琼府〔2016〕40号）[Z]. 2016-04-25.

[105]　国务院. 国务院关于印发大气污染防治行动计划的通知（国发〔2013〕37号）[Z]. 2013-09-10.

[106]　国务院. 国务院关于印发水污染防治行动计划的通知（国发〔2015〕17号）[Z]. 2015-04-02.

[107]　国务院. 国务院关于印发土壤污染防治行动计划的通知（国发〔2016〕31号）[Z]. 2016-05-28.

[108]　海南省人民政府. 海南省人民政府关于印发海南省城镇内河（湖）水污染治理三年行动方案的通知（琼府〔2015〕74号）[Z]. 2015-09-17.

[109] 海南省人民政府. 海南省人民政府关于印发海南省大气污染防治行动计划实施细则的通知（琼府〔2014〕7 号）[Z]. 2014-02-17.

[110] 海南省人民政府. 海南省人民政府关于印发海南省大气污染防治实施方案（2016-2018 年）》的通知（琼府〔2016〕23 号）[Z]. 2016-02-24.

[111] 海南省人民政府. 海南省人民政府关于印发海南省水污染防治行动计划实施方案的通知（琼府〔2015〕111 号）[Z]. 2015-12-21.

[112] 海南省人民政府. 海南省人民政府关于印发海南省土壤污染防治行动计划实施方案的通知（琼府〔2017〕27 号）[Z]. 2017-03-16.

[113] 国家统计局，环境保护部. 中国环境统计年鉴（2011—2017）[M]. 北京：中国统计出版社，2012—2018.

[114] 海南省第六届人民代表大会常务委员会第八次会议. 海南省大气污染防治条例（海南省人民代表大会常务委员会第 22 号公告）[Z]. 海口：海南省人民代表大会常务委员会，2018-12-26.

[115] 小文. 海南节能攻坚战打得精彩[N]. 海南日报，2016-03-22（A10）.

[116] 海南省工业和信息化厅，海南省生态环境保护厅. 海南省工业和信息化厅 海南省生态环境保护厅 关于印发海南省治理"小散乱污"企业专项行动方案的通知（琼工信政〔2018〕115 号）[Z]. 2018-04-04.

[117] 宋娜，徐虹，毕晓辉，等. 海口市 PM$_{2.5}$ 和 PM$_{10}$ 来源解析[J]. 环境科学研究，2015，28（10）：1501-1509.

[118] 海口市第十六届人民代表大会常务委员会第四次会议. 海口市扬尘污染防治办法（海口市人民代表大会常务委员会第 13 号公告）[Z]. 海口：海口市人民代表大会常务委员会，2017-06-05.

[119] 三亚市生态环境局. 2018 年三亚市环境状况公报[EB/OL].（2019-06-03）[2019-08-20]. http://hbj.sanya.gov.cn/sthjsite/zjgbxx/201906/ad6f6e66df954514bb1ba55850c97438.shtml.

[120] 周海燕. 烟花爆竹"禁燃令"促海南春节空气质量优良率达 99.2%[EB/OL].（2019-02-11）[2019-08-20]. http://www.chinanews.com/sh/2019/02-11/8751178.shtml.

[121] 海南省人民政府办公厅. 海南省人民政府办公厅关于加强槟榔加工行业污染防治的意见（琼府办〔2017〕203 号）[Z]. 2017-12-12.

[122] 海南省质量技术监督局. 槟榔加工行业污染物排放标准（DB 46/ 455—2018）[S]. 2018-01-16.

[123] 海南省人民政府. 海南省人民政府关于印发海南省清洁能源汽车发展规划的通知（琼府〔2019〕11 号）[Z]. 2019-03-04.

[124] 海南省第五届人民代表大会常务委员会第三十三次会议. 海南省水污染防治条例（海南省人民代表大会常务委员会第 107 号公告）[Z]. 海口：海南省人民代表大会常务委员会，2017-11-30.

[125] 海南省发展和改革委员会. 海南省 2018 年国民经济和社会发展计划执行情况与 2019 年国民经济和社会发展计划[Z]. 2019-02-12.

[126] 国家统计局，生态环境部. 中国环境统计年鉴（2018）[M]. 北京：中国统计出版社，2019.

[127] 王夏晖，王波，王金南. 面向乡村振兴农村环保面临的挑战与对策[J]. 中国农村科技，2018，（2）：30-34.

[128] 环境保护部，水利部. 关于印发《全国集中式饮用水水源地环境保护专项行动方案》的通知（环环监〔2018〕25 号）[Z]. 2018-03-09.

[129] 海南省生态环境保护厅，海南省水务厅. 海南省生态环境厅 海南省水务厅关于印发《海南省集中式饮用水水源地环境保护专项行动方案》通知（琼环水字〔2018〕8 号）[Z]. 2018-05-08.

[130] 中共海南省委办公厅，海南省人民政府办公厅. 中共海南省委办公厅 海南省人民政府办公厅 关于印发《海南省农村人居环境整治三年行动方案（2018—2020）》的通知（琼办发〔2018〕36 号）[Z]. 2018-05-18.

[131] 海南省人民政府办公厅. 海南省人民政府办公厅关于全省海岸带保护与开发专项检查情况的通报（琼府办〔2016〕34 号）[Z]. 2016-02-06.

[132] 海南省人民政府办公厅. 海南省人民政府办公厅关于加强海南省海岸带和近岸海域污染防治的指导意见

（琼府办〔2017〕168 号）[Z]. 2017-10-31.

[133] 海南省人民政府. 海南省贯彻落实国家海洋督察反馈意见整改方案[Z]. 2018-08-11.

[134] 海南省人民政府. 海南省贯彻落实中央第四环境保护督察组督察反馈意见整改方案[Z]. 2018-05-29.

[135] 海南省生态环境保护厅，海南省水务厅. 海南省近岸海域污染防治实施方案（琼环水字〔2017〕30 号）[Z]. 2017.

[136] 海南省人民政府办公厅. 海南省人民政府办公厅关于印发海南省 2018—2019 年度退塘还林（湿）工作实施方案的通知（琼府办函〔2018〕47 号）[Z]. 2018-02-22.

[137] 骆永明，滕应. 我国土壤污染退化状况及防治对策[J]. 土壤，2006，38（5）：505-508.

[138] 林玉锁. 我国土壤污染问题现状及防治措施分析[J]. 环境保护，2014，42（11）：39-41.

[139] 李玉萍，方佳，梁伟红，等. 关于发展海南省循环农业的思考[J]. 农业资源与环境学报，2010（6）：28-32.

[140] 陈淼，刘宇欢，刘贝贝，等. 近 30 年海南省农业面源潜在污染物时空特征分析[J]. 环境污染与防治，2018，40（4）：479-483.

[141] 刘钦普. 中国化肥面源污染环境风险时空变化[J]. 农业环境科学学报，2017，36（7）：1247-1253.

[142] 刘钦普. 中国化肥施用强度及环境安全阈值时空变化[J]. 农业工程学报，2017，33（6）：214-221.

[143] 傅人意. 去年我省提前完成化肥农药减量目标[N]. 海南日报，2019-01-17（1）.

[144] 海南省人民政府办公厅. 海南省人民政府办公厅关于印发海南省深化生态环境六大专项整治行动计划（2018—2020 年）的通知（琼府办〔2018〕58 号）[Z]. 2018-06-19.

[145] 中共海南省委，海南省人民政府. 中共海南省委　海南省人民政府　关于印发《海南省全面加强生态环境保护　坚决打好污染防治攻坚战行动方案》的通知（琼发〔2019〕6 号）[Z]. 2019-03-09.

[146] 海南省人民政府办公厅. 海南省人民政府办公厅关于印发海南省污染水体治理三年行动方案的通知（琼府办〔2018〕27 号）[Z]. 2018-04-02.

[147] 海南省水务厅，海南省生态环境厅，海南省发展和改革委员会. 海南省水务厅　海南省生态环境厅　海南省发展和改革委员会关于印发海南省城镇污水处理提质增效三年实施方案（2019—2021 年）的通知（琼水城水〔2019〕173 号）[Z]. 2019-09-04.

[148] 曾令书. 加强海南沿海防护林保护的策略[J]. 热带林业，2002，30（4）：16-17.

[149] 国家林业和草原局. 中国林业统计年鉴 2017[M]. 北京：中国林业出版社，2018.

[150] 国家林业局. 中国林业统计年鉴（2010—2017）[M]. 北京：中国林业出版社，2011—2018.

[151] 中国城市规划设计研究院. 催化与转型："城市修补、生态修复"的理论与实践[M]. 北京：中国建筑工业出版社，2016.

[152] 住房和城乡建设部. 住房城乡建设部关于加强生态修复城市修补工作的指导意见（建规〔2017〕59 号）[Z]. 2017-03-06.

[153] 谷鲁奇，范嗣斌，宋春丽. 三亚市"生态修复城市修补"总体规划[J]. 城市规划通讯，2017，（2）：18-19.

[154] 黄海雄. 实施生态修复、城市修补，助推城市转型发展：以三亚市为例探索"城市双修"理念实施的路径[J]. 城乡规划，2017，（3）：11-17，25.

[155] 三亚市人民政府. 2017 年三亚市人民政府工作报告[EB/OL].（2017-03-07）[2019-12-22]. http://www.sanya.gov.cn/sanyasite/zfgzbg/simple_list.shtml.

[156] 建文. 三亚"双修""双城"综合试点的实践与成效[J]. 城乡建设，2016，（6）：57-58.

[157] 住房和城乡建设部. 三亚市生态修复城市修补工作经验[EB/OL].（2017-03-17）[2019-12-22]. http://www.mohurd.gov.cn/dfxx/201703/t20170317_231030.html.

[158] 李晓晖，黄海雄，范嗣斌，等. "生态修复、城市修补"的思辨与三亚实践[J]. 规划师，2017，33（3）：11-18.

[159] 海口市人民政府. 2017 年海口市政府工作报告[EB/OL].（2017-02-03）[2019-12-22]. http://www.haikou.gov.

cn/xxgk/ szfbjxxgk/jhzj/zfgzbg/.

[160] 祝勇. 推进城市更新 优化人居环境[EB/OL]. （2017-09-29）[2019-12-22]. http://www.hkwb.net/news/content/ 2017-09/29/content_3353438.htm.

[161] 王晨，李婧，赖文蔚，等. 海口市美舍河水环境综合治理系统方案[J]. 中国给水排水，2018，（12）：24-30.

[162] 康景林，韩婷. 十项社会治理创新案例 | 海口率先构建湿地保护三级网络 呵护"国际湿地"城市金名片 [EB/OL]. （2019-07-24）[2019-12-22]. http://www.hinews.cn/news/system/2019/07/24/032140790.shtml.

[163] 旷开金，刘金福，蓝陆云. 福建省社会-经济-资源环境耦合协调测度及时序特征研究[J]. 统计与管理，2018， （11）：3-8.

[164] 姜磊，柏玲，吴玉鸣. 中国省域经济、资源与环境协调分析：兼论三系统耦合公式及其扩展形式[J]. 自然资 源学报，2017，32（5）：788-799.

[165] 李雪松，龙湘雪，齐晓旭. 长江经济带城市经济-社会-环境耦合协调发展的动态演化与分析[J]. 长江流域资 源与环境，2019，28（3）：505-516.

[166] 胡晓群，沈琦，徐恭位. 城镇化与农业现代化协调度评价与分析：以重庆市五大功能区为例[J]. 中国农业资 源与区划，2015，36（4）：16-22.

第三章 基于文献计量学的海南省生态文明研究现状分析

生态文明建设成就的取得不仅需要科学与技术推进生态环境保护，它更是一场涉及观念、思想、体制的社会变革。因此，生态文明建设要求自然科学和社会科学、决策管理和科学技术进行交叉融合，不断创新和深化理论研究和实践探索，才能推动人与自然和谐共生、永续发展。我国的生态环境问题在近 30 年的快速城镇化和工业化过程中集聚和爆发，生态环境面临的问题复杂，保护工作艰巨，但这也给研究者带来了巨大的机遇。系统回顾这一时期学者发表的成果可以看到不同阶段所面临的主要问题，同时针对出现的问题，多学科融合从理念、知识、技术、方法上寻求突破的重要途径。

因此，本章采用文献计量学方法对海南省关于生态文明的文献进行统计分析。利用 CiteSpace 软件对海南省在生态文明领域的研究现状、研究机构、研究作者、研究关键词和热点进行梳理，并绘制知识图谱，分析研究的阶段特点、演进规律，总结生态文明的研究特征。为发现作为我国生态文明试验区的海南省在该领域的研究局限与不足，分析中对国家层面生态文明研究特征也进行了剖析。通过对比分析，可以为相关科研人员明确海南省生态文明研究方向、创新研究方法、深入开展生态文明研究提供借鉴。

第一节 分析方法与数据来源

一、分析方法

文献是研究内容的成果展示，也是科学研究发展过程的记录。通过对文献的统计分析，可以从学术研究的视角总结研究内容的发展过程和发展方向。文献计量分析是利用数学、统计学等方法对文献的定量分析。计量学作为文献分析的重要工具，通过分析反映文献核心内容和特征的关键词，利用数学统计分析方法定量地揭示该领域的研究现状、研究热点和研究趋势等内容。

CiteSpace 是进行文献计量可视化分析所使用的一款工具软件，可以实现对选择研究领域的时间变化情况的分析、计量并绘制成知识图谱。[1]该软件主要基于"共引分析理论"原理，采用"寻径网络"等算法对特定研究领域的文献进行计量分析，进而呈现该领域知识演化的关键路径。"共被引分析"（co-citation analysis）概念最早由美国情报学家斯莫尔（Small）在 1973 年提出，是指"两篇文献共同出现在了第三篇施引文献的参考目录中，则这两篇文献形成共被引关系。通过对一个文献空间数据集合进行文献共被引关系的挖掘的过程就是文献的共被引分析"[2]。一般认为，通过"共被引关系"的挖掘，可以揭示相关研究领域的重要知识拐点，实现对相关研究领域演化潜在动力机制的分析和领域发展前沿的探测。这种分析方法不可避免地也有其弊端，因其对导入数据的高度依赖，有时分析结果可能并没有真实、准确地展示学科发展的内在脉络，分析结果也可能会与该领域的主流认知略有差异。这是由于软件主要是依赖数据库论文的题录进行分析，数据库题录数据的完整性、检索关键词的设置等因素都会影响数据处理的精度。知识图谱可以直观地勾勒相关研究的整体状况和演进过程，但不能对具体的文本内容进行分析，如需针对文本内容进行进一步解读，还需要相关领域科研人员利用自身在该领域的科研积累进行深入分析与判断。但采用计量分析优势也极为明显，即可以利用数据分析形象地展示该领域大致的发展趋势、网络结构和研究热点。

目前，CiteSpace 软件在不同学科的文献计量研究中均有广泛应用。有一些研究者在生态文明研究领域也利用该软件进行梳理分析，主要从生态文明建设和生态文明在不同具体领域的研究两大类开展分析。对生态文明建设分析主要梳理该内容的研究现状、发展脉络、发展趋势等，如蔡卓平[3]对以 2010～2014 年生态文明建设为主题的核心期刊载文进行统计分析，展示我国生态文明建设的研究现状；刘娟[4]对1993～2012 年我国生态文明研究论文的时间分布、作者、关键词和学科类别等进行统计分析，客观地反映了我国生态文明的研究现状、研究水平、研究范畴、研究概况、进展速度等内容。孙玉玲和聂春雷[5]基于文献计量分析了生态文明相关研究的发展脉络、重要节点和最新进展。此外，有学者针对生态文明的特别领域进行了文献计量分析。陶国根[6]通过 CiteSpace 软件对"习近平生态文明思想"研究领域的发文数量、高被引文献、文献基金资助、高产作者、高产机构和高频关键词等运用知识图谱方法进行计量分析。任俊霖和李浩[7]对国内水生态文明 2008～2014 年的研究文献进行了可视化分析，重点分析了我国水生态文明研究文献的时间分布变化特征、机构分布特点、作者分布以及当前研究热点和未来的研究趋势。杨志坚和冯金玲[8]以"生态文明教育"为关键词进行了分析。刘紫玫等[9]分析了 1997 年以来生态系统服务概念、方法和相关高频关键词在土地利用规划研究及实践中的应用。

二、数据来源

由于生态文明具有中国特色，本书仅选择知网（CNKI）数据库中的中文文献库作为数据源，检索时间段为 1998~2018 年。以"生态文明"作为检索关键词分析国内生态文明研究的发展状况。海南省若仅检索"生态文明"，其研究成果相对较少，在这里扩大了检索范围，将"海南生态系统"也纳入关键词检索，以此分析海南省生态文明研究的发展状况。

书中利用 CiteSpace 软件（版本：5.3.R4.8.31.2018），对检索出来的论文进行可视化分析。通过可视化文献分析，可以很直观地观察某个研究领域的研究趋势或动向，利用文献数量、关键作者、关键研究机构、关键词、关键词突现、关键词时间等分析节点，客观呈现相关研究领域的热点话题、重要学者和研究机构，还能展示出特定时间跨度内新研究话题的突然激增情况，以此对全国和海南省生态文明研究的发展脉络进行描述和概括。

第二节　结果与分析

一、文献数量及变化趋势

在中国知网（CNKI）数据库中，以主题和题名为"生态文明"作为检索关键词，在 1998~2018 年共检索出 46 161 篇文献，其年度论文数量分布见图 3.1。

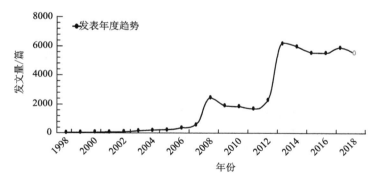

图 3.1　生态文明研究领域刊发文章数量

从图 3.1 中可以明显看出，我国生态文明研究发展可以分为三个阶段：2007 年以前的缓慢增长期，2007~2012 年快速发展期和 2012~2018 年高速成熟期。在 2007 年之前，工业文明在带来快速发展的同时，也导致了严重的全球性生态环境危机，进而逼迫人类开始反思"究竟应该如何发展"，由此掀起了全球人类的环境保护浪潮。1992 年，在巴西里约热内卢举行的联合国环境与发展大会（United Nations Conference on Environment and Development，UNCED），标志着可持续发展成为了全人类的共识。我国在改革开放"富起来"的过程中，生态与环境状况面临着严峻的考验，积累下来的问题日益显现，成为我国经济社会可持续发展的重大瓶颈。党中央和国务院充分认识到了解决生态环境问题的极端重要性和紧迫性，从国家层面进行生态文明的推动，从国家战略的高度进行生态文明的建设。图 3.1 中各年发文数量，基本反映了我国生态文明研究以国家战略推动这一重要特点，也反映了我国生态文明研究从传统的生态文明研究到中国特色社会主义生态文明研究的重大变化。在 2007 年以前的缓慢增长期，有关生态文明研究的发文数量不多，2002 年党的十六大，提出了"科学发展观"，逐渐形成了中国特色社会主义生态文明思想的理论基础，随着中国特色社会主义生态文明思想的主题和内容不断细化，2002 年以后研究开始增加。2007 年，党的十七大提出把"建设生态文明"作为全面建设小康社会奋斗目标的新要求，我国建设生态文明的目标更加明确，内涵更加丰富，生态文明的研究也随之进入快速发展期，发文数量明显增加。2012 年，党的十八大更是将生态文明建设纳入"五位一体"中国特色社会主义总体布局，生态文明建设成为国家发展战略要求。生态文明理念日益深入人心，中国特色社会主义生态文明思想逐步完善，对生态文明的研究进入高速发展期，发文数量明显增加。党的十九大，将实行最严格的生态环境保护制度，增强"绿水青山就是金山银山"的意识，建设富强、民主、文明、和谐、美丽的社会主义现代化强国，等等内容写进党章，使得生态文明成为全党的政治追求、政治任务和政治纪律。

以主题和题名为"海南生态文明"和"海南生态系统"作为检索关键词，分析海南省生态文明研究情况。共检索到"海南生态文明"研究论文 221 篇、"海南生态系统"研究论文 56 篇，其年度论文数量分布见图 3.2。需要特别指出的是，由于检索时在"生态文明"和"生态系统"前加了"海南"这个限定词，有些研究文献没有被检索出，如直接以海口、三亚等海南省内市县，或以尖峰岭、霸王岭、七仙岭等海南省内地区作为研究内容的文献。生态系统是在自然界的一定空间内，由生物与环境构成的统一整体，包含内容非常多，有些研究方向只是生态系统研究中的某一个内容，导致检索出的文献没有包括这类文章，如尖峰岭热带山地雨林碳平衡、生物量的研究、生物多样性研究等。[10-12]

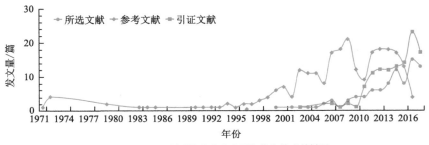

(a) 以"海南生态文明"作为检索关键词

(b) 以"海南生态系统"作为检索关键词

图3.2　海南生态文明研究领域刊发文章数量

检索出的是"海南生态文明"和"海南生态系统"两个限定内容下的文献，虽然有部分文献没有包括在检索结果中，但本书研究目的是分析海南省在生态文明研究领域中的比较情况，基于同等条件在全国和海南省两个区域内设置检索关键词，也能够反映研究的总体现状。总体来看，在选择的关键词下海南省关于生态文明研究的文献总数较少，发表态势基本与全国的生态文明研究类似，发文时间和发文数量基本与全国2007年以前的缓慢增长期、2007～2012年快速发展期、2012～2018年高速成熟期这三个阶段吻合。海南省生态文明研究起步于1999年的"生态示范省"建设；发展于2010年的海南国际旅游岛建设，创建"全国生态文明建设示范区"；加速于2013年"谱写美丽中国海南篇章"，与国家和海南省发展战略紧密相关。1998年，海南省泡沫经济的破裂导致出现了大量的"烂尾楼"，数量占全国积压量的1/10，促使海南省重新自审，"良好的生态环境与资源才是海南最强的竞争力"成为共识，正是这样的背景推动了海南生态省建设的进程。《海南生态省建设规划纲要》以法律形式确定了建设海南生态省的法律地位，该纲要是在我国著名生态学家王如松院士的主持下编制的，运用生态学原理和系统工程方法，理论起点和深度体现了顶层设计与科学指导的特点，由此也激发了关于"海南生态文明"和"海南生态系统"的研究。2010年的海南国际旅游岛建设，创建"全国生态文明建设示范区"，以及2013年"谱写美丽中国海南篇章"，更促使海南省生态文明建设逐步深入细化，也进一步促进了对海南省生态文明和生态系统的研究。

二、关键研究机构分析

以主题和题名为"生态文明"作为检索关键词的检索结果中，有较广泛的机构开展了生态文明相关主题研究，主要为高校、研究机构以及政府部门。

从图3.3中可以看到，全国有非常多的机构围绕"生态文明"开展了相关的研究，包括研究机构、政府部门、高校和少量其他单位。从发文机构数来看，以高校和研究机构为主，高校占比 63%，研究机构占比 33%。但从发文数量上来看，研究机构的发文数量远远大于高校的发文数量，研究机构占比 63%，高校占比 36%，其原因在于研究机构中中国科学院发表相关成果的数量较多。中国科学院是我国自然科学最高学术机构、科学技术最高咨询机构、自然科学与高技术综合研究发展中心，环境与生态学、地球科学等学科整体水平处于世界先进列。其中，和生态文明相关的分院、科研院所、重点实验室、研究中心等研究机构较多，且在不同阶段一直处于该研究方向的前沿。此次检索排名前 15 位的机构均为中国科学院相关研究机构，其中发文排在前 5 位的依次为中国科学院地理科学与资源研究所、中国科学院沈阳应用生态研究所、中国科学院生态环境研究中心、中国科学院生态环境研究中心系统生态重点实验室、中国科学院东北地理与农业生态研究所。由于中国科学院相关机构在生态环境领域的研究实力、科研地位和整体水平较高，无论是发文数量还是质量都处于非常重要的地位。在高校中，该领域的研究以高校的生态环境相关学院、重点实验室为发文主体，也包括了一些地理、旅游、经济管理等学院及机构。研究生态文明的机构类型除了高校和研究机构外，还包括政府部门、企业等，研究机构的专业方向除了生态环境，还包括地理、旅游、管理、经济、人文等专业。这些充分表明了随着国家的重视与建设的推进，生态文明受到了越来越多学者的关注，也充分体现了生态文明是物质成果、精神成果和制度成果的总和，也是涵盖经济建设、政治建设、文化建设、社会建设的系统工程。

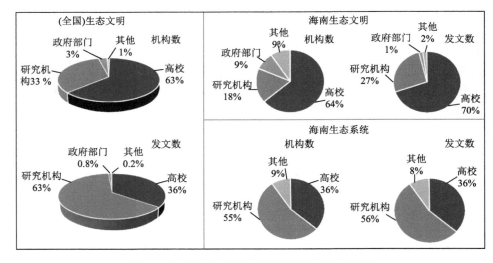

图 3.3　发文机构类型与不同机构发文数量比较

以"海南生态文明"作为检索关键词，涉及的研究机构仅有 11 家，涉及研究机构、政府部门、高校和其他单位，其中高校占 64%。从发文数量上来看，研究机构和高校的发文量占 97%，其中海南师范大学发文数占比接近 50%。以"海南生态系统"作为检索关键词，涉及研究机构、高校和其他单位，其中研究机构居多，占到 55%。从发文数量上来看，研究机构和高校的发文量占 92%。以主题和题名为"海南生态文明"和"海南生态系统"作为检索关键词，检索出的研究机构和发文数较少。主要是由于生态文明是以国家发展战略来推动和建设的，其指导思想、理念、原则、目标、实施保障等各项内容都体现了国家整体推动的特点，海南生态文明是国家生态文明建设的重要组成部分，海南以良好的生态环境作为最强的竞争力，严格执行国家战略，落实国家政策，积极推动从"生态示范省"到"生态文明示范区"的跨越，争创中国特色社会主义生态文明建设方面的生动范例。这一点也可以从"海南生态系统"检索结果中看出，在研究海南生态系统中，超过一半的研究机构为海南省外机构，从生态系统、生态系统服务、服务价值等入手研究海南省在国家生态文明建设体系中的示范。

三、关键研究机构和作者及合作分析

图 3.4 和图 3.5 反映了关键研究机构和作者合作可视化结果，合作网络图能够识别出一个研究领域的研究机构和作者及其互相之间的互引关系和合作强度。图中的节点越大，说明研究机构文章发表的频次越高，作者发文量越多；凡是存在连线的，表示作者之间存在合作关系，连线的粗细代表作者之间合作次数的多少，线越粗，合作关系越密切。

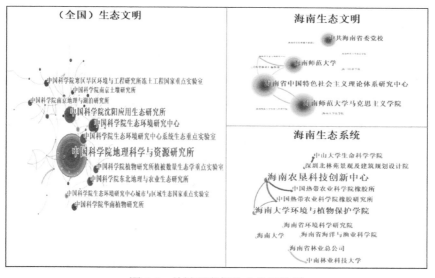

图 3.4　关键研究机构合作网络图

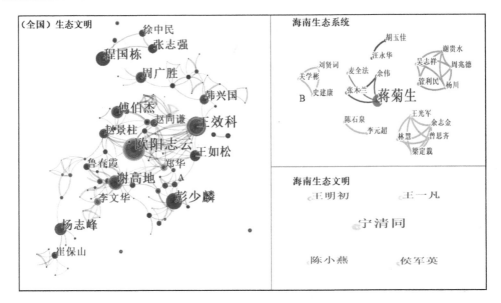

图 3.5　关键研究作者合作网络图

　　围绕"生态文明"的关键合作机构共有 169 个节点，124 条连线，主要的合作关系主要集中在中国科学院地理科学与资源研究所、中国科学院沈阳应用生态研究所、中国科学院生态环境研究中心、中国科学院生态环境研究中心系统生态重点实验室、中国科学院东北地理与农业生态研究所、中国科学院植物研究所植被数量生态学重点实验室。围绕"海南生态文明"的关键合作机构共有 11 个节点，5 条连线。发文频次较高的分别是海南师范大学马克思主义学院（35 次）、海南省中国特色社会主义理论体系研究中心（35 次）、海南师范大学（28 次）、中共海南省委党校（24 次）。主要的合作关系机构是海南师范大学马克思主义学院、海南省中国特色社会主义理论体系研究中心、海南师范大学、海南省生态文明研究中心。海南师范大学马克思主义学院是海南省研究生态文明的主要力量，拥有国家百千万人才 3 人，国务院政府特殊津贴专家 5 人，全国优秀思想政治理论课教师 1 人，全国高校思想政治理论课教学能手 3 人，全国高校思想政治理论课教师年度影响力提名人物 3 名，教育部"全国高校优秀中青年思想政治理论课教师择优资助计划"人选 2 人，2 人入选海南省百人专家，4 人成为南海学者，并具有一级学科博士学位授予权。相关思想政治教育本科专业和学科教学一直在海南省领先。检索出和海南师范大学马克思主义学院有合作关系的主要研究机构，均为该机构拥有的省级重点人文社科研究基地，凸显出该机构在海南省研究领域中的重要地位和作用。围绕"海南生态系统"的关键合作机构共有 11 个节点，6 条连线，发文频次较高的为海南农垦科技创新中心、海南大学环境与植物保护学院、海南省海洋与渔业科学院、海南省环境科学研究院、中国热带农业科学院橡胶研究所。主要的合作关系是海南农垦科技创新中心同海南大学环境与植物保护学院、中国热带农业科学院橡胶研究所、中国热带农业科学院橡胶所。海南农垦科技创新中心是成立于 1989 年，专门从事橡胶研究和生产的国有企业。因此，围绕海南橡胶同海南大学环境与植物保护学院、中国热带农业科学院橡胶研究所、中国热带农业科学院橡胶所有充分的交流和合作。

从图 3.5 关键研究作者合作图谱中可以看到，围绕"生态文明"的高产作者之间的合作关系共有 264 个节点，348 条连线，全国范围的生态文明研究内容繁多，研究者众多，合作关系更加密切。发文量在 2 篇及以上的作者共有 130 人，10 篇以上的作者 20 人。其中，中国科学院生态环境研究中心的欧阳志云发表 37 篇位列第一，中国科学院生态环境研究中心王效科以 27 篇排第二，彭少麟、谢高地、程国栋、傅伯杰、杨志峰、周广胜、王如松分别以 26、25、23、21、19、19、17紧随其后。这些学者都是长期活跃在生态文明研究领域的研究人员，研究成果丰富，在生态研究领域中处于突出地位。其中，程国栋、傅伯杰是中国科学院院士，杨志峰、王如松是中国工程院院士，欧阳志云、王效科、彭少麟、谢高地、周广胜等均在各自研究领域做出了突出贡献。例如，排第一的欧阳志云在生态系统服务功能研究、全国生态功能区划、生物多样性保护和北京城市生态系统研究等方面的研究取得重要成果；建立了生态系统服务功能空间格局评价方法、生态功能区划理论与方法，编制了我国生态功能区划方案，提出了对我国生态安全具有重要作用的关键生态功能区域；研究了生态规划的理论与方法，并开展了生态省、生态城市与区域生态保护的应用研究，探索了以生态产业、生态建设和生态文化为主题的可持续发展模式；研究了我国生物多样性空间分布格局，提出了我国自然保护区建设的空间架构和新的管理策略，构建了自然保护区管理有效性评价方法与指标体系。傅伯杰院士在土地利用结构与生态过程、景观生态等方面取得了系统性创新成果，将格局—过程—尺度有机结合，揭示了黄土丘陵沟壑区不同尺度土地利用格局对土壤水分、养分和土壤侵蚀的影响机理，建立了坡地土壤水分空间分布模型，为黄土高原水土流失治理和植被恢复提供了科学依据。这些突出的研究者奠定了生态学在国内的发展，提供了成熟的研究理论和方法，为生态文明在国内的快速发展做出了重要贡献。从图中还可以看出，在全国生态文明研究领域呈现出"核心突出，整体联系广泛"的特点，由于生态文明研究内容广泛，逐渐形成了以重要研究者为核心组成团队，并与其他团队相互交叉联系的密切合作关系。

在图 3.5 关键研究作者合作图谱中围绕"海南生态文明"的高产作者之间的合作关系只有 5 个节点，无连线，5 个作者之间没有合作关系，主要还是因为生态文明作为国家战略展开，海南的生态文明只是全国生态文明的一个实践区域，因此以海南生态文明进行研究的学者不多。其中，宁清同教授发表了 3 篇相关的文章，王明初、侯军英、陈小燕、王一凡各有 2 篇，5 位研究者分属不同单位，而且各自的研究方向差异性较大，如宁清同教授为法学教授，工作于海南大学法学院，主要研究方向是环境与资源保护法学；王明初教授是海南师范大学马克思主义学院教授、海南省生态文明研究中心主任。在以"海南生态文明"为内容的研究过程中，相关研究者不仅人数少，研究者的专业背景和研究方向差异性大，研究的角度和内容也不同，导致相互之间没有合作。海南生态文明是国家生态文明建设的重要范例，相关研究者应该加强交流合作，培育研究团队，深入研究海南生态文明建设的示范作用。在图 3.5 中，围绕"海南生态系统"的高产作者之间的合作关系只有 21 个节点，29 条连线，存在 6 个研究关系群组。其中，最为突出的是蒋菊生发表 7 篇相关文献，其主要研究方向是天然橡胶产业生态环境研究和生态系统物质循环与能量流动研究[13, 14]。海南是全国最大的天然橡胶生产基地，海南橡胶产业是海南省重要的基础产业，因此形成了以海南省农垦科学院为主的研究格局。汪永华等[15, 16]围绕海南东南海岸植被的景观分析及生态规划等进行了研究。关学彬等[17]和刘贤词等[18]则以海南的最大河流南渡江为研究对象进行了流域生态系统的水源涵养功能、流域生态环境调查、暴雨洪灾、水生态模拟等研究；林慧等[19, 20]则针对海南文昌和清澜港的植物生态系统进行研究。生态系统包含内容丰富，这些学者的研究方向都有差异，因此形成了较为明显的 6 个研究合作群组，内部联系紧密，但缺乏与其他研究者的合作关联。

四、关键词网络分析

对研究关键词的演化和聚类进行分析，可以直观地获悉研究领域内不同时期研究热点的变化情况。而关键词作为科技论文的文献检索标识，是准确表达文献主题的词，最能代表文章的研究内容，因此在一定程度上可以揭示研究领域中研究主题的内在联系。CiteSpace 的关键词聚类功能可以明确该研究领域的热点和发展趋势。在关键词共现网络图谱中，"十"字表示关键词节点。"十"字越大，说明对应主题出现的频次越高。

图 3.6 反映了围绕"生态文明"关键词的可视化结果，图中显示了围绕"生态文明"关键词的共现网络和聚类网络可视化结果。图中共有 247 个节点，747 条连线，统计出现频数前 20 位的关键词见表 3.1。频数越高，说明该关键词越热门；中心度越高，说明节点越重要。关键词聚类是在关键词共现图谱的基础上，将相关领域的关键词形成聚类，可以避免关键词过多对分析产生的影响，也可以凸显出主要的几个研究聚类领域。从图 3.6 中可以看出，主要的研究领域有物种多样

性、可持续发展、土壤呼吸、生态系统服务、景观生态学、生物量、三江平原、农业生态系统、水资源、植物多样性、微生生物量等。从表 3.1 中可以看到，高频关键词（频数超过 30）依次为可持续发展、生态系统、生态系统服务、湿地、中国、评价、森林生态系统、碳循环、生物多样性、指标体系、生态系统服务功能、全球变化、土壤呼吸、生态足迹。从中心度值来看，围绕"生态文明"关键词的重要节点依次为湿地、生态系统、中国、生物多样性、可持续发展、生态系统服务、研究进展、森林生态系统、指标体系、森林、生态系统服务功能、气候变化。这些词也是高频出现的热点关键词。湿地与森林、海洋并称为全球三大生态系统，但随着经济社会的发展，1978～2008 年中国的湿地面积减少了约 33%，其中 65% 的减少主要集中在 1990 年以前。[21]随着 1992 年中国加入《湿地公约》和 20 世纪 90 年代中期开展的为期 8 年的全国湿地资源调查，将湿地保护作为一个重大战略问题进行系统研究，湿地面积减少趋势在逐渐减缓。党的十八大以来，湿地保护取得了显著成效，2013～2017 年，中央累计安排投资 81.5 亿元人民币，实施湿地保护修复工程和补助项目 1500 多个，恢复湿地 350 万亩，安排退耕还湿76.5 万亩。2017 年，我国湿地总面积为 5360.26 万 hm^2，湿地面积 8.04 亿亩，居亚洲第一、世界第四。因此，湿地保护作为我国生态文明建设过程中的重要抓手，许多研究人员从事该内容的研究，成为了最重要的研究节点。可持续发展是在1972 年联合国人类环境会议上提出，并于 1987 年《我们共同的未来》报告中提出人类社会在新阶段的发展方向，是对工业革命的反思后得到的符合全人类需求的发展模式，是人类为了克服一系列环境、经济和社会问题，特别是全球性的环境污染和广泛的生态破坏，以及它们之间关系失衡所做出的理性选择。生态文明是继农业文明、工业文明之后的文明形态，遵循人-自然-社会三者之间的和谐发展理念，是保证全人类的生存和福祉的系统工程。为了保证人类社会持续进步和发展，除了要大力发展物质文明和精神文明之外，更需要以生态文明作为支撑，促进经济、社会、自然生态环境的和谐发展，这恰恰也是可持续发展的本质要求。同时，可持续发展的内容和模式也丰富了生态文明建设的内涵，明确了其建设方向。因此，生态文明和可持续发展紧密联系可以从关键词网络分析中明显地看出来。生态系统包括水、土地、森林、大气、化石能源以及由基本生态要素形成的各种自然系统，不同的自然资源生态系统能提供不同类型的生态服务功能。随着生态系统不断受到侵占，生态系统服务的稀缺性不断增强，从 1997 年 Costanza 等在 *Nature* 首次评估全球生态系统服务价值后，国内外学者对生态系统服务及其评估的研究和探索不断深入，成为生态学及生态文明建设中的重要内容，尤其是习近平总书记提出的"绿水青山就是金山银山"写进《中共中央国务院关于加快推进生态文明建设的意见》，使其成为指导我国生态文明建设的重要思想后，关于生态系统服务及其价值的评估作为生态文明建设新阶段的重要内容进行阐述并应用在政府绩效考核、生态补偿等领域。因此，"生态系统"在"生态文明"研究关键词的共现网络、聚类网络图谱中成为继"可持续发展"之后最重要的关键词。

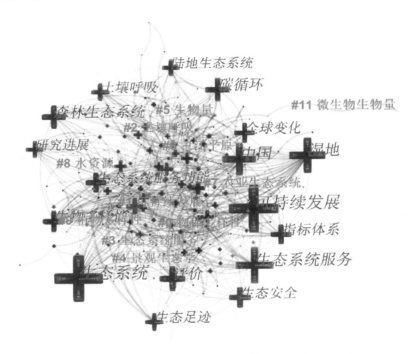

图3.6 "生态文明"关键词的共现网络、聚类网络图谱

表3.1 "生态文明"研究出现频数前20位的关键词

序号	关键词	频数	中心度	序号	关键词	频数	中心度
1	可持续发展	72	0.18	11	生态系统服务功能	33	0.09
2	生态系统	70	0.24	12	全球变化	33	0.06
3	生态系统服务	58	0.18	13	土壤呼吸	32	0.05
4	湿地	55	0.27	14	生态足迹	31	0.02
5	中国	51	0.19	15	生态安全	29	0.02
6	评价	42	0.07	16	陆地生态系统	28	0.03
7	森林生态系统	41	0.10	17	研究进展	28	0.13
8	碳循环	39	0.04	18	生态承载力	25	0.03
9	生物多样性	36	0.19	19	气候变化	23	0.08
10	指标体系	35	0.10	20	森林	23	0.10

　　图 3.7 反映了围绕"海南生态文明"和"海南生态系统"关键词的可视化结果，从图中可以看出海南生态文明相关研究随着时间变化的演进受到广泛研究和关注的关键词。图 3.7（a）中显示共有 22 个节点，46 条连线，表 3.2 显示统计出现频数前 10 位的关键词依次为生态文明建设、生态文明、海南、国际旅游岛、海南国际旅游岛、生态文明村、海南省、绿色崛起、农村、中部山区。从表 3.2 中心度值来看，围绕"海南生态文明"关键词的重要节点依次为生态文明建设、生态文明、海南、海南国际旅游岛、国际旅游岛、生态文明村、绿色崛起、海南省、农村、中部山区。海南充分利用优良的生态环境，以最小的环境代价和最合理的资源消耗来获得经济建设和社会发展，实现绿色崛起。在深化生态省的建设，加快建成"国家生态文明建设示范区"和建设"国家生态文明试验区"过程中，以生态文明村为载体，开展生态试点和示范创建工作，探索生态文明建设示范模式，2013 年启动以来成效显著，成为促进海南农村经济、社会、生态协调发展的重要推手。因此，检索中的重要关键词正好体现了海南省生态文明建设的特点和发展脉络。

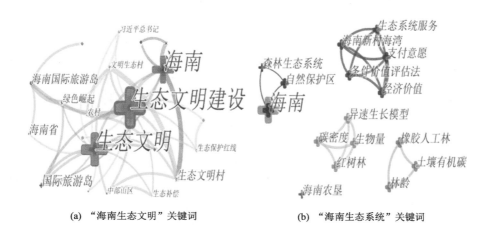

(a)　"海南生态文明"关键词　　　　　(b)　"海南生态系统"关键词

图 3.7　"海南生态文明"和"海南生态系统"关键词的共现网络

表 3.2　"海南生态文明"研究出现频数前 10 位的关键词

序号	频数	关键词	中心度
1	28	生态文明建设	0.97
2	28	生态文明	0.51
3	26	海南	0.40
4	5	国际旅游岛	0.09
5	4	海南国际旅游岛	0.24
6	4	生态文明村	0.05

序号	频数	关键词	中心度
7	4	海南省	0.02
8	3	绿色崛起	0.04
9	2	农村	0.01
10	2	中部山区	0.01

围绕"海南生态系统"关键词的可视化结果，图 3.7（b）中显示共有 16 个节点，22 条连线，网络图形成明显聚类。统计出现频数前 10 位的关键词依次为海南、森林生态系统、自然保护区、异速生长模型、碳密度、支付意愿、林龄、土壤有机碳、海南农垦、海南新村海湾。海南省是我国唯一的热带岛屿省份，有热带雨林、红树林、珊瑚礁等独特的生态系统，对生物多样性的保护具有显著的生态价值，研究者对不同的生态系统展开研究，因此在以"海南生态系统"为关键词进行检索时，森林生态系统、自然保护区、异速生长模型、碳密度等出现的频次较高。另外，关键词出现了明显的五大类：森林生态系统和自然保护区、海南新村港生态价值及修复、红树林生态系统、橡胶人工林和海南农垦。海南岛是我国森林生态系统最丰富的地区之一，发育并保存了我国最大面积的热带森林，物种多样性和生态系统多样性丰富，包括尖峰岭、霸王岭、鹦哥岭、吊罗山、五指山等多个国家级自然保护区，是全球热带雨林与生物多样性[22, 23]、森林生态系统服务价值[24]的研究和保护理想地区。海南新村港是我国第一个海草特别保护区，港内红树林、海草床、珊瑚丰富。由于该港也是海南省重要的养殖基地，导致区域内生态环境破坏严重，生态价值退化严重，因此多位研究者围绕新村港生态系统健康评价[25-27]、生态系统服务恢复价值[15]等展开了研究。海南岛也是我国红树林分布面积最广、种类最多、生物多样性最丰富的地区之一[28]。由于人类活动的影响，红树林生态系统遭到严重破坏，因此也有多位研究者围绕红树林的碳密度[20]和生物量[29, 30]展开了相关研究。

第三节　结论及研究启示

一、文献计量分析结论

本章采用文献计量学方法对全国和海南省关于生态文明的文献进行了统计分析，利用 CiteSpace 软件对全国和海南省在生态文明领域的研究现状、研究机构、研究作者、研究关键词和热点进行梳理，并绘制知识图谱，分析全国和海南省关于生态文明研究的现状、演进规律、特点，总结生态文明的研究特征。

全国对"生态文明"研究的成果丰富，在检索时间段内共检索出 46 161 篇文献。生态文明研究发展可以分为三个阶段：2007 年以前的缓慢增长期，2007~2012年快速发展期，2012~2018 年高速成熟期。研究经历了从传统的生态文明研究到中国特色社会主义生态文明研究的重大变化，最大特点是以国家层面进行生态文明的推动，以国家战略进行生态文明的建设。海南是全国生态文明建设的重要区域和示范区域，海南生态文明是国家生态文明建设的重要组成部分，通过生态省、国际旅游岛、"全国生态文明建设示范区"等具体明确的战略，执行和落实国家生态文明的建设。因此，在检索中加了"海南"限定词后，以"海南生态文明"检索出的文献数量较少。研究中，全国逐渐形成了以重要研究者为核心团队，并与其他团队相互交叉联系的密切合作关系，如欧阳志云、王效科、彭少麟、谢高地、程国栋、傅伯杰、杨志峰、周广胜、王如松等国内知名学者的研究团队。而在海南省内，虽然也形成了宁清同、王明初等核心作者，但研究者人数少，研究者的专业背景和研究方向差异性大，研究的角度和内容也不同，导致相互之间交流合作较少。

对研究关键词的演化和聚类进行分析，可以直观地获悉研究领域内不同时期研究热点的变化情况。CiteSpace 的关键词聚类功能可以明确该研究领域的热点和发展趋势。在关键词共现网络图谱中，"十"字表示关键词节点，"十"字越大，说明对应主题出现的频次越高。围绕"生态文明"关键词的共现网络、聚类网络可视化结果，高频关键词依次为可持续发展、生态系统、生态系统服务、湿地、中国、评价、森林生态系统、碳循环、生物多样性、指标体系、生态系统服务功能、全球变化、土壤呼吸、生态足迹。海南省生态环境质量优良，是中国生态文明建设的生动范例，从全国第一个"生态示范省"，到海南国际旅游岛建设，再到创建"全国生态文明建设示范区"，始终是生态文明建设国家战略的排头兵和示范区，承担了深化改革"试验田"的作用。因此，围绕"海南生态文明"，重要关键词依次为生态文明建设、生态文明、海南、国际旅游岛、海南国际旅游岛、生态文明村、海南省、绿色崛起、农村、中部山区，检索结果正好体现了海南省生态文明建设的特点和发展脉络。海南省是我国唯一的热带岛屿省份，有热带雨林、红树林、珊瑚礁等独特的生态系统，对生物多样性的保护具有显著的生态价值，研究者对不同的生态系统展开研究。围绕"海南生态系统"，重要关键词依次为海南、森林生态系统、自然保护区、异速生长模型、碳密度、支付意愿、林龄、土壤有机碳、海南农垦、海南新村海湾。

最后需要特别指出，由于检索词的限定和方法的限制，在进行分析的时候存在获取文献不全面、对海南生态保护与生态系统研究做出重要贡献的部分文献没有纳入分析的情况，这也是该部分分析时存在的局限。

二、研究启示

从国内对生态文明的研究现状及演变可以看出，生态文明研究是多学科交叉的系统研究。传统的生态学家侧重于对自然生态系统的研究，但生态文明研究将生态系统和人类的共存关系及可持续能力建设提上了重要的位置。生态文明建设需要生态学、地学、环境科学和环境工程相互结合，以解决生态系统退化、环境污染严重、资源约束趋紧的问题。同时，生态文明也是哲学社会科学研究的重大课题，包括如何正确认识人与自然的关系，如何将生态文明思想统一到行动实践中处理好人与自然、保护与发展的关系，如何构建完善法律、制度保护生态环境等。当前研究成果更多体现在自然科学学者和社会科学学者在各自擅长的领域发挥作用，但由于生态文明建设的内涵之丰富、任务之艰巨，急需理解生态系统和社会系统交互作用的复杂性和整体性，需要自然科学学者和社会科学学者进行交叉、协作，拓展研究的深度和广度，才能快速参与、协助管理决策部门进行科学决策，使得生态文明建设贯穿到经济、政治、文化和社会建设中。

本书在进行海南省生态文明建设范例研究时，一直在思考范例研究如何能将自然科学和哲学社会科学知识与方法相融合，如何达到生态文明研究学术价值和实践价值相统一。因此，通过对以往研究成果的借鉴，在对生态文明建设范例进行挖掘和评价时，力求将生态因素有效纳入到范例研究中，定量客观地从生态因子、生态格局、生态系统功能角度评价生态环境对人和社会的支撑。同时，作为国家社会科学基金项目成果，要突出体现研究具有创新性、针对性和决策参考价值，且又能以公众可理解的方式进行呈现，起到提高公众生态意识、普及生态知识、推动生态文明建设的作用。

遵循上述原则，在随后的章节中，本书基于生态系统生产总值核算理论，采用"格局与组分—过程与功能—服务—价值"评价范式，从市县层面和乡村层面选取范例，通过构建指标进行核算，反映区域绿水青山的生态价值、彰显生态文明建设的成效，并提出如何将这一成果应用到管理决策和生态教育中，在海南建设国家生态文明试验区的关键时刻提升自然资源的管理水平，以核算数据激发人们对保护自然的责任感，帮助形成求真唯实的科学世界观，促进生态文明成为社会主流价值观。

参 考 文 献

[1] Chen C M. CiteSpace II: detcting and visualizing emerging trends and transient patterns in scientific literature[J]. Journal of the American Society for Information Science and Technology, 2006, 57（3）: 359-377.

[2] 李杰, 陈超美. CiteSpace: 科技文本挖掘及可视化[M]. 北京: 首都经济贸易大学出版社, 2016.

[3] 蔡卓平. 我国生态文明建设的研究现状: 基于核心期刊的文献计量学分析[C]//第十七届中国科协年会分 1 经济高速发展下的生态保护与生态文明建设研讨会论文集, 2015: 6-11.

[4] 刘娟. 我国生态文明建设的文献计量学分析[J]. 科学技术创新, 2015, (20): 173-175.

[5] 孙玉玲, 聂春雷. 生态文明相关研究的进展: 基于文献计量的分析[J]. 中国生态文明, 2018, (6): 74-82.

[6] 陶国根. 基于 CiteSpace 的"习近平生态文明思想"研究知识图谱分析[J]. 行政与法, 2019, (4): 1-12.

[7] 任俊霖, 李浩. 国内水生态文明研究论文可视化综述——基于 CiteSpace 文献分析工具[J]. 中国水利, 2016, (5): 55-58.

[8] 杨志坚, 冯金玲. "生态文明教育"期刊文献及研究生论文计量分析[J]. 安徽农学通报, 2017, (17): 148-150.

[9] 刘紫玟, 尹丹, 黄庆旭, 等. 生态系统服务在土地利用规划研究和应用中的进展: 基于文献计量和文本分析法[J]. 地理科学进展, 2019, 38 (2): 236-247.

[10] 李意德, 吴仲民, 曾庆波, 等. 尖峰岭热带山地雨林生态系统碳平衡的初步研究[J]. 生态学报, 1998, (4): 37-44.

[11] 方精云, 李意德, 朱彪, 等. 海南岛尖峰岭山地雨林的群落结构、物种多样性以及在世界雨林中的地位[J]. 生物多样性, 2004, (1): 29-43.

[12] 陈德祥, 李意德, Heping Liu, 等. 尖峰岭热带山地雨林生物量及碳库动态[J]. 中国科学: 生命科学, 2010, 40 (7): 596-609.

[13] 余伟, 蒋菊生, 张木兰. 海南农垦橡胶园生态系统养分的物质流分析[J]. 热带农业科学, 2007, (1): 15-18.

[14] 陈伟, 兰国玉, 蒋菊生, 等. 海南农垦橡胶林生态系统服务价值的分析[J]. 西北林学院学报, 2008, (1): 215-218.

[15] 汪永华, 胡玉佳. 海南新村海湾生态系统服务恢复的条件价值评估[J]. 长江大学学报 (自科版) 农学卷, 2005, 25 (1): 13, 97-102.

[16] 汪永华, 李若英. 海南岛东南海岸带景观生态规划[J]. 地域研究与开发, 2006, 25 (5): 103-107.

[17] 关学彬, 张翠萍, 蒋菊生, 等. 海南昌化江流域天然林景观格局演变研究[J]. 林业资源管理, 2009, (1): 76-79, 88.

[18] 刘贤词, 史建康, 关学彬. 海南南渡江流域中下游生态系统水源涵养功能研究[J]. 安徽农业科学, 2014, (9): 2716-2716.

[19] 林慧, 曾思齐, 王光军, 等. 海南文昌清澜港海莲-黄槿生态系统碳密度及分配格局[J]. 中南林业科技大学学报, 2015, 35 (11): 99-103.

[20] 林慧, 曾思齐, 王光军, 等. 海南清澜港杯萼海桑生态系统碳密度及分配特征[J]. 西北林学院学报, 2015, 30 (6): 33-38.

[21] 牛振国, 张海英, 王显威, 等. 1978～2008 年中国湿地类型变化[J]. 科学通报, 2012, 57 (16): 1400-1411.

[22] 周祖光. 海南中部生态功能保护区生物多样性研究[J]. 水土保持研究, 2006, 13 (4): 87-89.

[23] 胡玉佳, 丁小球. 海南岛坝王岭热带天然林植物物种多样性研究[J]. 生物多样性, 2000, (4): 370-377.

[24] 肖寒, 欧阳志云, 赵景柱, 等. 森林生态系统服务功能及其生态经济价值评估初探: 以海南岛尖峰岭热带森林为例[J]. 应用生态学报, 2000, (4): 481-484.

[25] 黄道建, 黄小平, 黄正光. 海南新村湾海菖蒲 TN 和 TP 含量时空变化及其对营养负荷的响应[J]. 海洋环境科学, 2010, 29 (1): 40-43.

[26] 吴钟解, 陈石泉, 蔡泽富, 等. 新村港海草床生态系统健康评价[J]. 中国环境监测, 2015, 31 (2): 98-103.

[27] 吴云超, 江志坚, 刘松林, 等. 海南新村湾海草床生态系统有色溶解有机物的分布、来源及光降解特性[J]. 生态学杂志, 2015, (8): 113-120.

[28] 黄小兰，张婷，谭人纲. 海南红树林资源现状与预警研究[J]. 江西师范大学学报（自然科学版），2018，42（3）：20-25.

[29] 刘均玲,黄勃,梁志伟. 东寨港红树林小型底栖动物的密度和生物量研究[J]. 海洋学报,2013,35(2):187-192.

[30] 曹庆先，徐大平，鞠洪波. 基于 TM 影像纹理与光谱特征和 KNN 方法估算 5 种红树林群落生物量[J]. 林业科学研究，2011，24（2）：12-18.

第四章 基于生态系统生产总值核算的海南省中部四个市县生态文明建设范例

第一节 生态系统生产总值概述及核算的意义

一、产生背景

20 世纪 80～90 年代以来，生态学家和一些国际组织已经开始通过环境经济核算、自然资本核算和生态系统服务价值估算等方法来反映生态系统对人类社会的贡献，以求在经济社会决策中考虑自然生态系统对人类活动的支撑作用，阻止过度的资源开发利用导致生态系统退化、环境污染加剧等问题。

1993 年，联合国等单位编写了《1993 年国民核算手册：综合环境和经济核算》。该手册提供了环境经济核算的初步概括性框架，解读了经济与环境之间的相互作用关系、环境资产存量及其变化。综合环境和经济核算内容主要包括三个方面：物质与能源实物流量、环境资产存量以及与环境有关的经济活动[1]。其中，环境资产包括矿产和能源、木材、土地资源、水资源等，其核算思路与方法为生态资产核算提供了理论基础。[1]此后几经修订，联合国统计委员会不断建立并完善综合环境和经济核算方法标准和各项子账户，为提供一个统一的、可比的、测度可持续的核算体系，于 2012 年颁布了《2012 年环境经济核算体系中心框架》，该框架作为国际标准用于考察经济与环境之间的关系，描述环境资产存量和存量变化。[2]

针对森林资源的核算，欧盟统计局编写了《欧洲森林环境与经济核算框架》，该框架对森林资源核算及纳入国民经济核算体系做了系统的研究，提出了对森林资产和林木蓄积量进行价值量的核算、建立与人类经济活动相关的森林价值量账户、编制林产品的供给和使用量与价值量表等。[3]该核算方法在联合国等国际机构的有关研究中得到了广泛认可与应用，也在欧盟国家等进行了具体试点和推广。此外，联合国粮食及农业组织编写了《林业环境与经济核算指南》，指南包含了林地和林木资产核算、林产品和服务流核算等内容。该指南将林业环境与经济核算作为一种政策分析工具，为国家林业发展规划的合理制订和实现林业的可持续经营提供政策指导，这些研究成果为开展生态资产核算提供了基本理论和方法依据。[4]

在生态系统服务研究领域，1981 年，Ehrlich 等[5]第一次提出了"生态系统服务"的概念，并考察了物种灭绝与生态系统服务的关联。20 世纪 90 年代，Daily[6]主编了名为 *Nature's Services：Societal Dependence on Natural Ecosystems* 的专著，对什么是生态系统服务、人类对其影响及如何从社会和经济的视角评估不同类型的生态系统服务的价值进行了详细介绍。同时期，Costanza 等[7]在 *Nature* 期刊发表 *The Value of the World's Ecosystem Services and Natural Capital*，对全球生态系统服务价值进行了估算，保守估计年均价值达到 33 万亿美元，约为全社会国民生产总值的 1.8 倍。生态系统服务将传统生态学中的生态系统结构、过程与功能等科学问题进行了整合，同时经济价值的核算将其与人类社会的福祉相关联，上述两项非常有影响力的研究成果促使生态系统服务及其价值评估成为最近几十年生态学领域的研究热点。

进入 2000 年，由于国际组织对生态系统服务的评估及其与人类社会福祉的关系高度关注，联合国 2001 年开展了千年生态系统评估（MEA）项目，从全球视角第一次对生态系统的过去、现在及未来状况进行了系统研究，并重点对生态系统服务进行了评估。[8]为进一步提升全社会对生态系统服务的价值认知，推动将生态系统服务价值纳入决策，2008 年，由德国和欧盟委员会发起，联合国环境规划署（United Nations Environment Programme，UNEP）启动了生态系统与生物多样性经济学（The Economics of Ecosystems and Biodiversity，TEEB）研究。自启动以来，在 TEEB 方法体系下，已有 30 多个国家先后开展了生态系统服务价值评估。[9]2012 年，UNEP 主导成立了生物多样性和生态系统服务政府间科学政策平台（Intergovernmental Science-Policy Platform for Biodiversity and Ecosystem Services，IPBES）。继 MEA 之后，IPBES 进一步加强了生态系统科学研究与政策之间的联系，成为生物多样性及生态系统服务领域内第一个政府间合作、多学科融合、跨领域协作的科学政策综合平台。IPBES 在 2016 年启动了生物多样性与生态系统服务全球评估，于 2019 年发布了颇具影响力的《全球生物多样性和生态系统服务评估报告》。该报告在近 150 位专家和 130 多个国家的支持下完成，是继 MEA 之后首次多政府合作对全球生物多样性和生态系统服务的现状进行评估，模拟并预测了未来变化趋势以及变化的社会影响，分析了变化的直接与间接驱动因子，最为重要的是通过科学评估，督促各国制定生物多样性保护战略和生态系统服务维持改善行动。[10]

在我国，随着 20 世纪 80 年代工业经济的发展，特别是当时遍地开花的乡镇企业，其发展模式使得环境污染问题逐渐显现，我国一批生态学和环境学家、经济学家开始将生态与环境问题纳入社会经济范畴内进行考虑，生态经济协调发展理论在这一时期开始建立，在国际上开创性地提出了社会-经济-自然复合生态系统理论。[11]同时，我国政府构建了基于三大政策和八项管理制度的环境保护政策和制度体系，修订了《中华人民共和国环境保护法》。该法是我国环境保护的管理依据，也标志着我国环境保护进入严格依法管理的进程中。1992 年，联合国通过的《里约环境与发展宣言》和《21 世纪议程》，促使可持续发展成了全球共识。我国成为最早响应的国家，在 1994 年发布了《中国 21 世纪议程：中国 21 世纪人口、环境与发展白皮书》，在全球率先制定国家层面的《21 世纪议程》，并将可持续发展战略上升为国家战略，在不同时空进行了试点示范。[12]这一时期，市场经济在我国经济活动中的基础性作用日益凸显，环境与经济的协调发展在国际与我国诉求的推动下受到关注。环境管理中如何运用经济手段约束企业的污染行为并促使其承担污染危害的经济责任，以达到更有效地保护环境资源的问题开始被提出。王金南等[13]、谢剑等[14]提出需要以行政命令手段与市场手段相互配合，才能更经济、有效地保护环境和管理资源。但想要运用与市场机制紧密结合的环境政策，首先需要用价格反映资源环境的稀缺性，需要对自然资源价值以及污染造成的经济损失进行合理的核算。目前，自然资源和环境资源核算价格偏低，价值存在严重的扭曲现象，同时国民经济核算体系中也没有把资源与环境因素包括在内，没有反映环境保护费用，也没有考虑自然资源存量的消失与折旧以及环境退化的损失费用。[15]

受国际研究成果的启发和强烈现实诉求的推动，薛达元等[16]和欧阳志云等[17]在我国最早运用市场价值法、影子工程法、机会成本法和替代花费法对生物多样性和生态系统服务进行经济价值评价，以反映生态产品和服务的价值。此后，我国学者关于生态系统的经济价值评估方面的研究成果越来越丰富，有的研究针对单项生态系统服务功能如水源涵养、水土保持的测算，有的研究测算海洋、湿地、流域、草地、森林、农田等不同类型生态系统的服务价值，有的研究基于国家、省、市、区县以及自然保护区等不同空间尺度进行测算，这些成果在我国学者的相关综述文章和专著中均有回顾与评述。[18-21]从这些案例来看，生态系统服务价值核算方法主要可以分为两类，一类是基于单位生态服务产品价格的方法，另一类是基于单位面积价值当量因子的方法。[22, 23]但由于生态系统是一个非常复杂的系统，不同研究者理解生态系统的服务功能时会出现差异，即使在对同一类型生态系统进行评价时，生态系统服务的分类也会有所差别。同时，由于经济学方法的局限性，每种方法均有各自的优点和不足，而同一种生态系统服务通常也可以选择多种经济评估方法，这就导致评估结果存在着较大的不确定性，缺乏可比性，对其有效性存在较多争议。[24, 25]尽管存在着一些局限，但评估核算的研究及应用工作，让人们通过价值比较直观地认识到了生态系统服务功能的重要性，对促进人们积极保护生态系统起到了极大的帮助作用。开展生态系统服务研究已成为生态系统恢复、生态功能区划和建立生态补偿机制、保障国家生态安全的重大战略需求。[26]减少不确定性，合理刻画生态系统服务过程，将评估结果应用于管理决策，达到支持决策的初衷是学界关注的热点议题。

近年来，随着生态系统服务功能研究的深入，研究者更加注重揭示生态系统服务的生态学机制和生态系统服务物质量的形成路径。在 GIS、RS、GPS 等的支持下，基于生态过程和土地利用变化情景的模型被开发应用于生态系统服务功能的评估中。[22]自然资本支持下开发的 InVEST 模型目前在生态系统服务评估中应用较为广泛，它可以展示不同情况下生态系统服务功能量及其经济价值，帮助决策者感知潜在政策的影响。[27, 28]该模型的发展实现了生态系统服务核算从物质量、价值量到区域决策的研究流程，通过空间和时间的变化分析生态系统服务之间的权衡关系，为生态系统服务评估实现对管理决策的支撑起到了支持作用。傅伯杰院士研究组[29]于 2015 年提出了基于 GIS、生态系统模型和多目标优化算法的区域生态系统服务空间评估与优化工具。它以多目标优化算法为基本框架，通过优化土地利用格局实现区域关键生态系统服务的最大化，进而实现自适应的生态系统管理。[29]

这一时期，依据联合国发布的综合环境和经济核算体系，绿色 GDP 核算也在我国开展，《中国绿色国民经济核算研究报告 2004》于 2005 年由国家环境保护总局和国家统计局共同发布。包括海南在内，一些地方开始尝试绿色 GDP 核算。绿色 GDP 核算主要考虑从经济发展中扣除资源消耗、环境退化和生态破坏损失的价值。[30]2004 年，我国绿色 GDP 核算结果显示，我国 GDP 增长率（10.1%）中将近一半被环境退化损失所扣除。[31]该核算虽然有助于敲响人们需减少资源消耗、降低环境损害的警钟，但在实施过程中，也遇到一些问题。例如，环境污染的"开放性"，即环境影响与污染很难如产值一般严格按照属地原则进行计算；资源计算的"困难性"，即很难确定污染市场化的资源和环境的价格，以及污染带来的负外部价格；指标选取的"单一性"，指标的选取忽略了作为自然主体的资源再生产价值，即没有将自然生态系统所产生的生态效益考虑进去。绿色 GDP 核算认为经济总量增长，必然是建立在自然资源消耗增加的基础上，也必然是对环境产生污染和对生态环境产生破坏的过程，对生态系统的再生价值认识不足，进而失去了创造生态价值的积极性。[32]因此，绿色 GDP 核算只做"减法"、没有做"加法"的局限使其核算工作没有在我国进一步开展。

党的十八大将生态文明建设提升到与经济建设、政治建设、文化建设、社会建设并列的战略高度，构成中国特色社会主义事业"五位一体"总体布局。中共中央、国务院印发的《生态文明体制改革总体方案》中提出："树立自然价值和自然资本的理念，自然生态是有价值的，保护自然就是增值自然价值和自然资本的过程，就是保护和发展生产力，就应得到合理回报和经济补偿""构建充分反映资源消耗、环境损害和生态效益的生态文明绩效评价考核和责任追究制度"。生态文明战略地位的提升催生建立与此理念相适应的经济社会发展评价体系，能反映资源消耗、环境损害和生态效益指标，可以根据不同区域主体功能定位，实行差异化绩效评价考核。因此，这一时期研制自然资源资产负债表、核算生态效益并探索其实际应用，已经成为国家生态文明制度建设的重要内容和亟待解决的问题。[33-36]

如何定义生态效益，如何衡量生态效益，如何将生态效益纳入生态文明考核体系，在以往的研究中不完全统一。陈仲新和张新时[37]在计算中国生态系统效益的价值时，将其等同于生态系统服务价值。王红霞等[38]在对我国退耕还林工程生态效益进行评估时，将生态效益视为森林生态系统提供的调节水量、固土、保肥、固碳、释氧、林木营养物质积累、滞尘、吸附污染物、提供空气负离子和物种保育等生态系统服务价值。美国国家环境保护局（U.S. Environmental Protection Agency，USEPA）在生态效益评价战略规划中，定义生态效益为生态系统对社会福祉的贡献，指出生态效益评价就是评价由政策引起的生态系统功能或过程改变造成的社会福利变化，并给出定性描述和定量物质或货币价值的方法。[39]站在政府决策的角度，决策者更关注人类从生态系统中获得的利益，因此生态效益一词被提出的初衷是对传统用于评价人类福祉的社会效益和经济效益的补充。生态学家更多的关注在于生态系统对人类的贡献，因此从生态系统服务评价的角度解读生态效益。[40-42]在某种程度上很难区分生态效益和生态系统服务，前者强调果，后者强调因。但评价生态效益需要基于对生态系统结构、过程和功能的认识，才能掌握人类从其获得的效益。

因此，利用生态系统服务积累的研究成果与评价经验，调整完善以 GDP 为核心的考核体系，将生态文明理念融入现有评价体系中，生态系统对人类社会生存与发展的支撑作用就可以充分体现。评估生态系统赋予人类的好处（生态效益），既是科学热点问题，又具有现实意义。

二、生态系统生产总值的概念

2013 年，中国科学院生态环境研究中心欧阳志云研究员等[43]率先提出生态系统生产总值（GEP）的概念内涵和测度方法，并开展案例研究。

GEP 旨在建立一套与 GDP 相对应的、能够衡量生态状况和评估生态系统，为人类生存和发展提供支撑的核算体系。欧阳志云等[43]将生态系统生产总值定义为生态系统为人类福祉和经济可持续发展提供的产品和服务价值的总和，提出从生态系统产品价值、调节服务价值和文化服务价值三方面进行计算。生态系统生产总值是一个货币化的指标，核算思路源于生态系统服务价值评估与 GDP 核算，核算过程一般应根据区域受益者对生态系统服务的利用，计算生态系统在一定时间内提供的各类产品的产量、生态系统服务功能量和生态文化功能量。由于各功能量的计量单位不同，不同产量和服务量难以加总，难以形成与 GDP 相对应的生态效益指标，因此需要根据产品和服务的稀缺性、独特性建立产品和服务价值量定价方法，将产量和服务功能量转化为货币单位表示产出，最后核算生态系统产品和服务总经济价值。马国霞等[35]在对生态系统生产总值概念的解读中强调生态系统生产总值核算需要限定时间和空间范围，且核算的是产品和服务的经济价值，是流量的概念，而不是存量的概念。在一定的空间范围内的生态资产属于存量，存量反映了生态系统的特征和运行情况，但生态系统生产总值核算应该是生态系统存量下的生态系统服务流量核算。例如，生态系统服务核算中的支持服务属于生态资产，不属于流量范围，因此核算中不纳入计算。[35]生态系统生产总值核算概念的界定和核算方法的规范化是开展核算应用示范的基础，统一和规范的核算框架才能推动实际评估工作的开展和推广应用。

三、生态系统生产总值核算的探索应用示范

生态系统生产总值核算的概念已经得到生态环境保护相关部门的支持。国家林业局 2013 年印发的《推进生态文明建设规划纲要（2013—2020 年）》中明确提出建立生态评价机制，探索建立国家和地区生态系统生产总值的新型绿色经济核算体系。国家重点研发计划"典型脆弱生态修复与保护研究"重点专项中设置了"生态资产、生态补偿及生态文明科技贡献核算理论、技术体系与应用示范"项目，该项目已将生态系统生产总值核算列为生态效益评价的技术方法。2017 年，中共中央、国务院印发实施《关于完善主体功能区战略和制度的若干意见》，提出在重点生态功能区探索生态产品价值实现机制，其中包括生态系统生产总值核算。

生态系统生产总值核算在中国最早的试点是库布其沙漠项目。[44,45]亿利集团用 25 年时间在库布其沙漠投入 100 多亿元进行沙漠生态修复治理，虽然产出只有 3.2 亿元，从产出看投入难以接受，但以生态系统生产总值核算方法来核算库布其沙漠生态系统的话，5000 多 km^2 的沙漠变成绿洲，生态系统生产总值达到了 305.91 亿元，远超投入。[44,45]此后，我国多地开展了生态系统生产总值核算试点工作。2015 年，欧阳志云等[43]发表《生态系统生产总值核算：概念、核算方法与案例研究》，对 2000 年贵州省生态系统生产总值进行核算，结果显示，贵州省生态系统生产总值为 20 013.46 亿元，是当年该省人均 GDP 的 4.3 倍。在国内，深圳盐田首个发布生态系统生产总值核算，从 2015 年开始实施 GDP 和生态系统生产总值双体系的综合考核，促进 GDP 和生态系统生产总值双体系健康运行、实现 GDP 和生态系统生产总值双体系共同提升，正式在政绩考核体系和生态文明考核体系中增加了生态系统生产总值考核内容，改变过去传统政绩考核只注重 GDP 的不足。经过多年的实践，2018 年 12 月 10 日，深圳市市场和质量监督管理委员会

发布了《盐田区城市生态系统生产总值（GEP）核算技术规范》（SZDB/Z 342—2018），并于当月底开始实施，成为全国首个城市生态系统生产总值核算地方标准，标准的出台也使核算过程透明化、清晰化和规范化。[46]2016 年生态文明贵阳国际论坛期间，IUCN、国家林业局、中国科学院生态环境研究中心等多个机构和地方政府联合发布《内蒙古兴安盟阿尔山市生态系统生产总值（GEP）及生态资产核算报告》《吉林省通化市生态系统生产总值（GEP）及生态资产核算报告》及《贵州省习水县生态系统生产总值（GEP）核算报告》。在国家发展和改革委员会的组织和亚洲开发银行的资助下，在青海省、云南省和贵州省开展生态系统生产总值和生态资产的核算，并将其与生态补偿联系起来，建立了面向生态补偿制度的生态系统生产总值核算体系。[47,48]福建省作为国家生态文明试验区，在《国家生态文明试验区（福建）实施方案》中明确提出开展生态系统价值核算试点。2016 年，选取厦门市和武夷山市两个试点区域进行生态系统生产总值核算。将厦门市作为沿海城市样本，武夷山市作为山区样本，探讨构建不同生态系统、不同服务功能类型的核算方法体系和核算机制。此外，广东省在珠海市和惠州市开展生态系统生产总值核算试点；浙江省印发了《浙江（丽水）生态产品价值实现机制试点方案》；海南省海口市连续三年发布生态系统生产总值核算指标，海口市生态系统生产总值在 2015～2017 年间增加了 15.6%。海口市作为滨海型省会城市，成为全国首个探索建立生态系统生产总值核算体系的城市。

长期以来，生态系统提供的服务由于没有进入市场，且没有价格，不在传统的国家统计账户体系中予以衡量，因此被看成充裕的、取之不尽的免费公共服务。令人欣喜的是，十八大以来，以生态系统生产总值核算的视角和方法评价生态系统的价值和对人类福祉的贡献，已经不仅局限在科学界，国家及地方政府对其重视程度越来越高，形成了较多生态系统服务在实际管理决策中应用的成功案例。通过在不同区域、针对不同类型生态系统进行生态系统生产总值试点核算，为探索构建制度化的核算框架、实行标准化的核算方法、实现常态化和动态化的数据收集起到了极大的推动作用。同时，将评估结果社会化，起到了提升公众生态素养、吸引社会和舆论监督破坏生态环境的违法行为、共同保护生态环境的作用。

四、以生态系统生产总值核算推动海南生态文明建设的重大意义

《国家生态文明试验区（海南）实施方案》要求海南进一步发挥生态优势，贯彻落实党中央、国务院关于生态文明建设的总体部署，发挥先行先试和敢为人先的改革勇气和创新精神，深入开展生态文明体制改革综合实验，建设国家生态文明试验区，谱写美丽中国海南篇章。特别指出的是，海南要以国家生态价值实现

机制试验区的战略定位探索生态产品价值实现机制，努力把绿水青山所蕴含的生态产品价值转化为金山银山。生态系统生产总值核算就是对生态产品和生态服务价值进行核算，通过核算可以彰显绿水青山的价值，提升绿水青山自然资源的管理水平，帮助构建多元化的生态文明建设考核评价方式，并以绿水青山吸引最好的投资，实现生态产品价值转换。

1. 彰显绿水青山的价值

海南省拥有全国最好的生态环境。绿水青山是海南建设自由贸易试验区和中国特色自由贸易港的基础保障和特色优势。生态系统生产总值从生态产品价值和服务价值两方面核算绿水青山的价值，是对生态效益的一种全面综合反映。传统的商品价值观主要依据劳动价值论，即价值是一种人类劳动的凝结，是构成商品交换的基础。生态系统生产总值核算突破了传统的商品价值观念，将生态系统看作人类重要的资本资产，有助于使人们认识到绿水青山对人类福祉的贡献与支撑作用，进而提高公众保护绿水青山的意识。

工业文明导致了人与自然关系的破裂，触发了生态危机。海南省由于没有经历工业化的过程，因而受工业化过程的不利影响较小。海南省没有随着全国工业化的发展完成自己工业化的过程，留住了绿水青山，在短期来看经济指标不突出，生产效率不高，仍属于欠发达地区，人均 GDP 低于全国平均水平。但是，其良好的生态环境在我国进入高质量发展阶段时为海南迎来了重大的发展机遇，因为牺牲人民健康利益的发展，最终在发展上是欠账的，经济的繁荣是不可持续的。绿水青山就是海南省最普惠的民生福祉，当前提升人民群众的获得感和幸福感的途径之一就是要不断保护生态环境。以生态系统服务为基础的生态系统生产总值核算正是连接生态环境与人类福祉的桥梁，核算即关注生态服务产生的生态系统服务供给，重视以价值的形式彰显人类从中获得的惠益，为进一步以严格的措施加强保护提供了依据。

2. 提升绿水青山自然资源的管理水平

海南从提出生态省到建设国家生态文明试验区，生态保护探索使自然资源状况有了很大改善，森林覆盖率比 20 世纪 90 年代初提高了近 30%。但是，对自然生态的管理还较为粗放，所呈现出的重建设、轻管理的现象，海南省和全国其他地区类似，均较为突出。因此，这些年自然生态系统服务价值并没有提升，生态系统功能还存在退化的危险。[49, 50]建设国家生态文明试验区，需要海南省在保持生态环境质量以及资源利用效率方面达到世界领先水平，这对海南省生态系统管理提出了高标准和高要求。海南省绿水青山管理水平还有很大提升潜力，当前生态保护与管理需要尽快从"以增加面积为主"的粗放型管理阶段，向"以提高单位面积生态系统服务能力为主"的目标转变，才能在保持发展的同时使生态系统质量不断提升。区域生态系统质量的提升首先需要对区域生态系统的格局、过程和服务进行基础研究，才能制定管理目标与任务，而生态系统生产总值的核算是基于"格局与组分—过程与功能—服务—价值"的研究范式，可以起到量化生态系统管理的目标、优化管理的作用。

提升绿水青山的管理水平，还需要通过市场行为，实现市场化，建立生态补偿的多元化机制，以此通过转移支付实现对重点生态功能区的补偿激励。生态补偿的目标就是追求"绿水青山"保护者与"金山银山"受益者之间的利益平衡，以生态服务补偿激励生态建设、环境治理，鼓励当地居民承担生态保护建设项目，以生态破坏赔偿补偿遏制生态破坏行为。由于重点生态功能区等保护区域往往属于"老少边穷"地区，社会经济发展落后，生态保护与发展矛盾突出，生态补偿也可以为贫困地区的居民提供额外的收入来源，以改善他们的生计。[51]从 2005 年我国生态保护补偿政策实施以来，生态补偿工作不断推进，制度不断完善，2016 年印发了《国务院办公厅关于健全生态保护补偿机制的意见》（国办发〔2016〕31 号），2018 年中央对地方重点生态功能区转移支付金额已经达到 721.0亿元，其中海南省获得生态转移支付 19.12 亿元。[52]但在生态补偿实践中，补偿范围、标准、对象和方式还是以政府决策为主，存在补偿标准低、缺乏科学基础等问题。[53, 54]生态补偿最直接的目的和基本出发点就是要保护生态系统，提升生态系统服务功能如水源涵养、土壤保持、生物多样性保护等，因此合理评估生态系统生产总值，并以此为科学基础，研究建立基于价值核算的生态补偿机制是当前生态补偿需要发展和完善的重点任务。[55]2018 年，国家发展和改革委员会、财政部、自然资源部等 9 部门联合印发的《建立市场化、多元化生态保护补偿机制行动计划》明确指出，以生态产品产出能力为基础，健全生态保护补偿标准体系、绩效评估体系，鼓励有条件的地区开展生态系统服务价值核算试点，试点成功后全面推广。[56]在《国家生态文明试验区（海南）实施方案》中，要求海南在生态文明示范区建设中要首先建立生态保护补偿方案，在实践中逐渐形成形式多元化的、以绩效为导向的生态保护补偿机制。因此，基于生态系统生产总值估算的生态补偿政策对提升绿水青山的保护和服务功能具有突出的意义。

3. 构建多元化的生态文明建设考核评价方式

生态系统生产总值核算的初衷就是针对现行国民经济核算体系中单纯以经济核算为主的局限，希望能将"资源消耗、环境损坏、生态效益"纳入经济社会发展评价体系，建立体现生态文明要求的考核办法，以此反映生态文明建设成果。[35]生态系统生产总值核算体系和机制的构建是我国深化生态文明体制改革，推动政府实施绿色发展绩效考核的创新举措。在《国家生态文明试验区（海南）实施方案》中已经明确要求，根据考核区域主体的功能定位，确定实行的政绩考核制度，在重点生态功能区实行环境优先的绩效评价方式等差异化考核制度。在国家提出"淡化 GDP"考核后，2014 年，海南省率先取消了对中部生态核心保护区白沙县、琼中县、五指山市和保亭县四个市县的 GDP 考核。由于海南生态环境的特殊地位和生态文明范例建设在全国的责任担当，2017 年又发布了新的《海南省市县发展综合考核评价暂行办法》，从 2018 年起将分"考核 GDP"和"取消 GDP、工业、固定资产投资考核"两个平台，实施差别的市县发展综合考核，取消 GDP、工业、固定资产投资考核的市县共 12 个，包括白沙、琼中、五指山、保亭、万宁、东方、陵水、定安、屯昌、临高、乐东和昌江，进行 GDP 考核的市县仅包括海口、三亚、洋浦、儋州、文昌、琼海和澄迈，同时把生态环境保护立为负面扣分和一票否决事项。海南省改变考核指挥棒的做法，就是把精心呵护海南良好的生态环境作为首要任务来抓，充分发挥"生态立省"的优势。

《国家生态文明试验区（海南）实施方案》中要求海南构建并完善以保护优先、绿色发展为导向的经济社会发展考核评价体系，出台海南省生态文明建设目标评价考核实施细则（试行），制定符合海南省生态文明建设要求的绿色发展指标体系，制定符合国家生态文明示范区要求的生态文明建设考核目标体系。当前的生态文明建设评价方法，主要采用层次分析法，通过建立生态、环境、社会发展等多个领域的指标体系对生态文明建设进行评价[57]，评价结果以相对数的形式让决策者清晰地看到各地区生态文明建设的差异。但在生态指标的选取中，主要选取森林覆盖率、自然保护区面积所占百分比和绿地所占面积百分比等指标进行评价，这些指标可以从量的角度反映生态建设的成效，但无法体现自然生态系统服务功能的差异。实施生态系统生产总值核算评价，可以从绝对值的形式量化地区生态系统的发展和变化，评价与分析生态系统对经济社会发展支撑作用的变化趋势，也可以弥补以往没有将对自然生态系统的评价和生态文明建设的途径相结合进行评价的不足。因此，生态系统生态总值核算方法为海南省不考核 GDP 的 12 个市县提供了新的发展评价方式，也与党的十八大提出的要把"资源消耗、环境损害、生态效益纳入经济社会发展评价体系，建立体现生态文明要求的目标体系、考核办法、奖惩机制"的建设目标高度契合。[35]通过动态核算生态系统生产总值的变化，可以较为客观地评价区域生态保护工作的成效和管理的效率，也可以反映当前的土地开发利用是否降低了生态系统服务功能，使得对生态保护与资源开发利用实现双赢的研判有理有依、有据可循。因此，可以探索将不降低生态系统生产总值作为重点生态功能区发展的约束条件，扛起生态文明建设海南担当的自觉性与创新性。

4. 以绿水青山吸引最好的投资

通过生态系统生产总值核算，能充分科学验证"绿水青山就是金山银山"，把生态系统看作地区重要的资产，有利于盘活生态资产，促进生态资产资本化，用生态资本吸引更多的投资项目，拓宽资金来源，在众多项目中优中选优，以最好的资源吸引最好的投资，让优质的项目在海南落地，实现资源效益最大化。

海南建设国家生态文明试验区的战略定位之一，就是要在海南省建设生态价值实现的机制，并成为该机制的试验区。利用海南特有的热带海岛旅游资源优势，推动生态型景区和生态型旅游新业态新产品开发建设，是盘活生态资产、促进生态资产增值的有效途径。但从现有的生态旅游产品开发来看，存在较显著的空间、类型发展不平衡，质量发展不充分问题。空间不平衡主要指以三亚和海口为代表的南北两极占据约 60% 以上的旅游市场份额，中西部与这些地区的旅游发展差距不断加大，离全国首个省级全域旅游示范区创建目标还有明显的距离。类型不平衡主要指发展高度依赖滨海旅游，森林旅游、湿地旅游、地质旅游、乡村旅游规模小，尚未融合发展。质量发展不充分表现在除少数精品项目外，更多产品普遍质量不高，周边相关配套支撑不足，不能满足旅游需求品质化和中高端化的发展需求。由于质量发展不充分，森林旅游、湿地旅游等项目无法吸引多元化的社会资金进行保护的投入，资源保护的社会参与度较低。

发展的不平衡使得一些景区的生态资源被高强度使用，而一些生态价值显著的景区却"养在深闺人未识"。例如，知名度较高的三亚天涯海角景区年接待游客量突破 500 万次，三亚亚龙湾热带天堂森林公园年接待游客量约 200 万次，但一些地处中西部，生态价值较高的景区却发展很缓慢。如海南尖峰岭国家森林公园是我国现存面积最大的热带原始雨林，被生态学家誉为"热带北缘生物特种基金库"和"植物银行"，曾被《中国国家地理》评为中国十大最美的森林。生态价值如此显著的地区，生态旅游发展却较为滞后。海南省森林旅游人次由 2011 年的 292.70 万人次，下降为 2016 年的 234.19 万人次，森林公园旅游发展基本处于停滞阶段。而在该阶段，全国范围内森林旅游游客量于 2017 年突破 14 亿人次，在之前 5 年，年均增长 15.5%。[58]显然，拥有得天独厚热带雨林资源的海南还没有充分重视森林生态旅游这个潜在的巨大市场。

海南这些具有丰富生态价值的森林旅游地由于资金的缺乏，旅游产品的开发多处于初级阶段，和开发较成功的三亚热带海滨风景区相比形成了较大的反差。一边门可罗雀，而另一边游人络绎于途。对于上述的这些国家森林公园，并不是不开发就可以进行很好地保护，而是应该在严格保护的前提下因地制宜地合理开发，提升、创新森林生态产品的供给，把文化、教育等优质元素融入生态产品中，这样才能使海南更多的生态旅游景区成为在国内、国际有影响力的热带游览胜地，才能充分体现其保护的价值，拓宽保护的资金渠道，更好地保护生态产品。

生态系统生产总值核算有助于解决海南生态旅游发展中存在的不平衡、不充分问题。当前，旅游界的学者已经开始关注科学旅游，认为以地学旅游、学习旅游等为代表的科学旅游将引领旅游市场未来的发展，催生旅游新业态。借助生态系统生产总值核算对生态旅游资源的深刻认知，不仅可以将科学研究成果纳入区域发展考核评价中，还可以将核算的内容和结果融入大众科学旅游过程中。在休闲旅游过程中通过生态科普、生态教育等方式向游客生动地呈现生态系统的价值，使海南自然生态旅游地成为公众科学素质教育的活课堂和重要场所。

　　自然资源生态效益的评估成果以深入浅出、通俗易懂的方式传递给公众，寓学于游，可以激发人们热爱、探索自然的兴趣，增强人们对保护自然的责任感，形成求真唯实的科学世界观，促进生态文明成为社会主流价值观；可以让讲科学、爱科学、学科学、用科学在海南蔚然成风，使得现代人的旅游更有品质，生活更有品位，为探索旅游新业态新产品和实现生态产品价值转化找到新的闪光点。

第二节　核算方法体系

一、核算思路及指标构建

　　生态系统生产总值核算是评价生态系统为人类生存与福祉提供的产品与服务的经济价值。生态系统生产总值核算的思路是源于生态系统服务功能以及其生态经济价值评估与 GDP 核算。[18, 43]参考国内和海南地区生态系统服务功能评价的方法与经验，以欧阳志云等[43]建立的生态系统生产总值核算框架为参照，生态系统生产总值的核算由三部分构成，即生态系统产品价值、调节服务价值和文化服务价值。价值的核算是基于产品和服务的生态功能量，结合生态产品的价格和环境与生态资源的经济价值评估方法，将难以加总的各类生态产品和服务量转化为可以用货币表示的经济价值，以此达到认识生态系统状况，评估生态系统对人类社会发展支撑作用的目的。

　　生态产品是生态系统为人类提供的最终产品，所核算的生态产品需要有生物生产过程参与。通过分析区域生物生产特点，农产品、林产品、畜产品和水产品均属于生态系统产品，应列入评价指标体系。水资源和水电虽然没有生物生产过程参与，但考虑到在当前生态环境和能源利用较严峻的情况下，这些资源变得较为稀缺，因此将水资源和水电也列入到生态系统产品的评价指标体系中。这和我国发布的《国务院关于印发全国主体功能区规划的通知》（国发〔2010〕46 号）对生态产品的定义是一致的。

　　不同的研究对生态系统调节服务的评价指标选取有所差异，除涵养水源、土壤保持和空间净化外，其他服务功能的评价指标选取均有所不同。[19]本书生态系统调节服务计算指标的确定考虑了以下几个因素：第一是基于生态系统的空间特性。生态系统调节服务的类型存在空间差异性，指标的确定需要基于对生态系统结构与过程及其功能机理的深入了解，因此通过参考以往对海南生态系统服务较权威的研究和生态系统生产总值较权威的研究确定计算的指标。[22, 43, 47, 59-64]第二是基于核算的目的。核算的结果是希望服务于地方生态环境管理，反映生态环境保护成效，需要体现生态服务的稀缺性，同时易于推广，持续更新。第三是基于数据的可得性。生态系统调节服务的计算需要实际可获得的数据做支撑，数据获取技术要求高，资金需求大，根据项目的经费，对于数据获取途径过难的服务暂不计算。基于上述考虑，最终选取水源涵养功能、土壤保持功能、洪水调蓄功能、固碳释氧功能、空气净化功能、水质净化功能、气候调节功能和病虫害控制功能等几个内容来评价海南研究区域的生态系统调节服务功能。

　　生态系统提供的文化服务是人类通过精神满足、认知能力的发展、反思、娱乐以及审美体验等从生态系统中所获取的非物质收益。[8]生态系统的文化功能是连结生态系统和社会系统的重要桥梁。由于该部分价值与人的主观体验与认识密切相关，对其进行合理的量化评估一直是研究的难点。[65]研究生态系统文化服务价值的方法既有定量分析法，也有定性分析法，还有定性与定量相结合等多种方法。对其产生的美学价值、科研价值等往往采用定性描述，定量分析主要是用于核算休闲旅游产生的收益。[66]针对不同类型的生态系统，对景观、森林、城市绿地、湿地、农业系统开展的文化服务研究较为集中。[67-70]对单一的生态系统进行文化服务价值评价时，评价的方面会较为丰富。评价会考虑其产生的多种文化价值，而对区域生态系统文化价值进行评价时，更多时候是将其作为生态系统服务的一个维度去考虑，与调节服务相比受重视程度不高，评价以单方面的文化功能研究居多。本书采用了旅游人数及其产生的价值对该方面的服务进行评估。

　　生态系统生产总值核算思路见图 4.1。

二、调节服务功能量内涵及核算方法

　　生态系统调节服务功能量核算指标见表 4.1。尽管研究区域在我国生态功能区划中被定义为生物多样性生态功能区，但欧阳志云等[71]研究认为，生物多样性维持、有机质生产、土壤及其肥力形成、营养物质循环等属于支持服务，这些功能支撑了产品供给功能和生态调节功能，已经体现在产品和调节服务中，生物多样性价值的核算将会造成重复计算问题。因此，没有将生物多样性列入调节服务功能的核算范围。

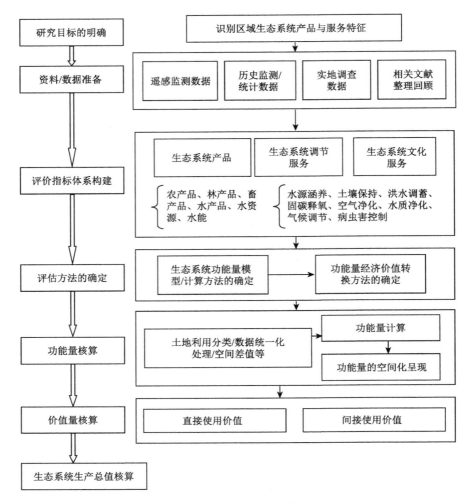

图 4.1　生态系统生产总值核算思路

表 4.1　生态系统调节服务功能量核算指标

核算项目	功能量指标	评价方法
水源涵养	水源涵养量	水量平衡法
土壤保持	土壤保持量	修正通用土壤流失方程（RUSLE）
洪水调蓄	自然植被：防洪水量	构建模型法（基于植被对暴雨降雨的拦截能力）
	湖泊\水库：可调蓄水量	构建模型法（基于可调蓄水量与湖面面积的关系）
固碳释氧	固碳量	质量平衡法
	释氧量	质量平衡法

续表

核算项目	功能指标	评价方法
空气净化	吸收、阻滤和分解大气中污染物	污染物排放量
	提供负离子	《森林生态系统服务功能评估规范》（LY/T 1721—2008）推荐公式
水质净化	水污染物进化量	污染物排放量
气候调节	植物蒸腾吸热 水面蒸发吸热	能量效应法
病虫害控制	病虫害控制量	病虫害发生率

1. 水源涵养功能

1）功能定义

水源涵养功能是生态系统通过林冠层、枯落物层、根系和土壤层拦截滞蓄降水，增强土壤下渗、蓄积，从而有效涵养土壤水分、缓和地表径流和补充地下水、调节河川流量的功能。[72, 73]水源涵养功能是生态系统服务多种功能里最重要的一项功能，可以同时为生态系统内部和外部提供对水源的需求。周佳雯等[74]指出，生态系统水源涵养功能包含了多重服务功能，不同区域由于自然环境的差别，对水源涵养功能的需求会有较大不同，如干旱区水源涵养主导效应体现在水源供给，而洪泛区体现在拦蓄洪水，水源区更多体现为水源供给和水质净化功能。

本书选用水源涵养量作为生态系统提供水源涵养功能的评价指标。

2）功能量评估方法

由于对水源涵养量内涵理解的不同，因此对其功能量的评价在方法上也有较大差异。目前，主要的评价方法包括水量平衡法、蓄水法、综合指标系统评价法、降雨储存量法、回归分析法等。[74-77]不同方法都存在研究对象和空间尺度上的适用性与局限性，其中水量平衡法适用尺度广，计算结果较为可信。[74-76]龚诗涵等[77]利用水量平衡法计算得出 2010 年我国生态系统涵养水源量为 12 224.33 亿 m^3，森林生态系统贡献量为 60.80%。

本书水源涵养量的评估方法采用水量平衡法，利用水量平衡方程（the water balance equation）计算涵养量。[76]水量平衡原理是指在一定的空间和时间范围内，水分遵循质量守恒，即输入的水量和输出的水量之间的差值等于系统内蓄水的变化量。[74-76]

$$W_{\text{water conservation}} = \sum_{i=1}^{j} (P_i - R_i - \text{EV}_i) \times A_i$$

式中，$W_{\text{water conservation}}$ 为水源涵养量（$m^3 \cdot a^{-1}$）；P_i 为降雨量（$mm \cdot a^{-1}$）；R_i 为径流量

（mm·a^{-1}）；EV$_i$ 为蒸散发量（mm·a^{-1}）；A$_i$ 为 i 类生态系统的面积（m^2）；i 为研究区第 i 类生态系统类型；j 为研究区生态系统类型个数。[76]

3）评估参数及数据获取来源

计算中涉及的气象数据如降雨量、径流量和蒸散发量数据等，通过海南省气象局与相关部门及中国科学院地理科学与资源研究所获取。数字高程模型基础地形图插值生成或网上免费下载。

2. 土壤保持功能

1）功能定义

土壤保持功能是生态系统（如森林、灌丛、草地等）利用林冠层、枯落物、根系等各个层次，消减雨水对土壤的侵蚀能量，从而通过增加土壤抗蚀性减少土壤流失，保持土壤养分的功能。[78-81]土壤保持功能是生态系统服务功能的一个重要方面，为土壤形成、植被固着、水源涵养等提供了重要基础，也为生态安全和系统服务提供了保障。[78-81]

本书选用生态系统土壤保持量作为生态系统土壤保持功能的评价指标。

2）功能量评估方法

生态系统土壤保持量即通过生态系统减少的土壤侵蚀量，为潜在土壤侵蚀量与现实土壤侵蚀量的差值。[78-81]其中，实际土壤侵蚀是指当前地表覆盖情形下的土壤侵蚀量，潜在土壤侵蚀则是指在没有地表覆盖因素情形下可能发生的土壤侵蚀量。在计算土壤侵蚀时，美国农业部研发的通用土壤流失方程及修订的通用土壤流失方程应用最为广泛，如在 GIS 和 RS 技术的支持下，我国学者肖寒等[78, 79]、蒋春丽等[80]、饶恩明等[81]、肖洋等[82]、赵明松等[83]均有利用通用土壤流失方程和修订的通用土壤流失方程计算区域土壤侵蚀。饶恩明等[81]对海南岛生态系统土壤保持功能的研究显示，海南岛土壤保持总量为 8.16×10^8 t，其中占 1/4 海南岛面积的中部山区，土壤保持量比重为海南岛的 46.74%。

本书采用的是修订的通用土壤流失方程。[84]

实际土壤侵蚀量：

$$A_{\text{actual erosion}} = R \times K \times L \times S \times C$$

潜在土壤侵蚀量：

$$A_{\text{potential erosion}} = R \times K \times L \times S$$

土壤保持量：

$$A_{\text{soil erosion}} = A_{\text{potential erosion}} - A_{\text{actual erosion}}$$
$$= R \times K \times L \times S \times (1 - C)$$

式中，$A_{\text{actual erosion}}$ 为单位面积实际土壤侵蚀量（t·hm^{-2}·a^{-1}）；$A_{\text{potential erosion}}$ 为单位面

积潜在土壤侵蚀量（t·hm^{-2}·a^{-1}）；$A_{\text{soil erosion}}$ 为单位面积土壤保持量（t·hm^{-2}·a^{-1}）[84]；R 为降雨侵蚀力因子，用多年平均年降雨侵蚀力指数表示；K 为土壤可蚀性因子，表示为标准小区下单位降雨侵蚀力形成的单位面积上的土壤流失量；L 为坡长因子（无量纲）；S 为坡度因子（无量纲）；C 为植被覆盖因子（无量纲）。[84]其中，

降雨侵蚀力因子 R：

$$R = \sum_{k=1}^{24} \overline{R}_k$$

$$\overline{R}_k = \frac{1}{n} \sum_{i=1}^{n} \sum_{j=0}^{m} \left(\alpha \cdot P_{i,j,k}^{1.7265} \right)$$

式中，R 为多年平均年降雨侵蚀力因子，单位为（MJ mm·hm^{-2}·h^{-1}·a^{-1}）；$\overline{R}_k$ 为第 k 个月的多年平均年降雨侵蚀力，单位为（MJ mm·hm^{-2}·h^{-1}·a^{-1}）。[84]土壤可蚀性因子 K 利用 Williams 和 Arnold[85]提出的 EPIC 模型中的方法进行计算：

$$K = (-0.01383 + 0.51575 K_{\text{EPIC}}) \times 0.1317$$

$$K_{\text{EPIC}} = \left\{ 0.2 + 0.3\exp[-0.0256 m_s (1 - m_{\text{silt}}/100)] \right\} \times \left[\frac{m_{\text{silt}}}{m_c + m_{\text{silt}}} \right]^{0.3}$$

$$\times \left\{ 1 - 0.25\text{org}C / \left[\text{org}C + \exp(3.72 - 2.95\text{org}C) \right] \right\}$$

$$\times \left\{ 1 - 0.7(1 - m_s/100) / \left\{ (1 - m_s/100) + \exp[-5.51 + 22.9(1 - m_s/100)] \right\} \right\}$$

式中，K 为土壤可蚀性因子，表示为标准小区下单位降雨侵蚀力形成的单位面积上的土壤流失量；m_c、m_{silt}、m_s 和 org$C$ 分别为黏粒（<0.002mm）、粉粒（0.002～0.05mm）、砂粒（0.05～2mm）和有机碳的百分含量（%）[85]；坡长因子 L 和坡度因子 S 参考 Hickey[86]和 Liu 等[87]的公式。

$$L = (\lambda/22.13)^m, \quad m = \beta/(1+\beta)$$

$$\beta = (\sin\theta/0.089) / \left\lfloor 3.0 \times (\sin\theta)^{0.8} + 0.56 \right\rfloor$$

$$S = \begin{cases} 10.8\sin\theta + 0.03, & \theta < 5.14° \\ 16.8\sin\theta - 0.5, & 5.14° \leqslant \theta < 10.20° \\ 21.91\sin\theta - 0.96, & 10.20° \leqslant \theta < 28.81° \\ 9.5988, & \theta > 28.81° \end{cases}$$

式中，L 为坡长因子（无量纲），m 为坡长指数，λ 为坡长（m）；S 为坡度因子（无量纲），θ 为坡度（°）。[86, 87]

植被覆盖因子 C 反映了不同地面植被覆盖对土壤侵蚀的影响。[82]基于遥感反映的植被覆盖度和土地覆盖类型图，通过查询修订的通用土壤流失方程中的 C 值表，将 C 值赋给对应类型的像元（表4.2）。[82]

表 4.2　不同土地覆盖类型和植被覆盖度对应的 C 值

类型	0	20%	40%	60%	80%	100%
森林	0.011	0.009	0.004	0.003	0.002	0.001
灌丛	0.331	0.189	0.126	0.08	0.041	0.011
草地	0.45	0.24	0.15	0.09	0.043	0.011
湿地	0	0	0	0	0	0
农田	0.5	0.5	0.5	0.5	0.5	0.5
城镇	0	0	0	0	0	0
裸土	1	1	1	1	1	1

3）评估参数及数据获取来源

本书气象数据、土地利用数据、土壤属性数据等由海南省气象局、海南省生态环境保护局及相关部门获得。

3. 洪水调蓄功能

1）功能定义

洪水调蓄功能是指生态系统（自然植被、湖泊、水库、基塘等）具有特殊的水文物理性质，具有强大的蓄水功能。它们就像海绵一样，通过根部系统和储存能力拦截雨水，其特有的生态结构能够吸纳大量的暴雨降水和过境水，蓄积洪峰水量，削减并滞后洪峰，以缓解汛期洪峰造成的威胁和损失。洪水调蓄功能是生态系统提供的最具价值的调节功能之一。洪水调蓄可以定义为自然植被、沼泽和水库的暴雨蓄水量，以减轻洪水的灾害影响。

2）功能量评估方法

林灌草生态系统洪水调蓄能力：森林、灌丛和草地生态系统可以调节水流，并通过临时储存水缓解洪水。其洪水调蓄量可以基于如下公式计算

$$C_{fc} = \sum_{i=1}^{j} \left(P_{hi} - R_{fi} \right) \times A_i \times 10^{-3}$$

式中，C_{fc} 为生态系统洪水调蓄量（$m^3 \cdot a^{-1}$）；P_{hi} 为暴雨降雨量（$mm \cdot a^{-1}$）；R_{fi} 为暴雨地表径流（$mm \cdot a^{-1}$），用径流系数确定；A_i 为 i 类生态系统的面积（m^2）；i 为研究区第 i 类生态系统类型；j 为研究区生态系统类型数。

湖泊洪水调蓄能力：参考饶恩明等的研究[88]，按照湖泊可调蓄水量与湖面面积关系模型，通过湖面面积与湖泊换水次数估算湖泊的洪水调蓄量。

$$\ln C_1 = 1.128 \ln A + 4.924$$

式中，C_1 为湖泊洪水调蓄量（万 $m^3 \cdot a^{-1}$），A 为对应的湖区面积（km^2）。

3）评估参数及数据获取来源

本书气象数据和土地利用数据等从海南省气象局及相关部门获得，基塘面积和进出水量通过查询水利部门统计资料获得，行政区的湖面面积和洪期湖泊面积通过海南省水务局及查询水文水资源统计资料获得。

4. 固碳释氧功能

1）功能定义

生态系统的固碳释氧功能指绿色植物通过光合作用吸收大气中的二氧化碳（CO_2），将大气中的 CO_2 以有机碳的形式固定在植物体内或土壤中，并释放出氧气（O_2）的功能。[89-91]这种功能对于调节气候、维护和平衡大气中 CO_2 和 O_2 的稳定具有重要意义，能有效减缓大气中 CO^2 浓度升高，减缓温室效应，改善生活环境。[89-91]光合作用过程称为初级生产过程，光合作用合成有机物的速率被称为总初级生产力。植物不仅进行光合作用，还通过呼吸作用不断将有机物分解为 CO_2 和水等无机物。因此，植物系统的碳素输入，需要总初级生产减去呼吸作用的部分得到植物净初级生产力。植物净初级生产力可反映绿色植被的碳素输入能力。进入绿色植被的碳素会不断流动，在流动中一部分碳素会因为土壤、动物和凋落物的分解而以 CO_2 形式进入大气。由于动物和凋落物分解释放 CO_2 的速率较慢，因此通常仅将土壤呼吸速率作为生态系统排放的速率。生态系统的固碳能力取决于碳素输入速率和输出速率的对比。[89-91]森林生态系统是保存现有碳库、增加碳汇的重要陆地生态系统，主要包括生物量碳库、土壤有机碳库和枯落物碳库。周玉荣等[90]计算出我国主要森林生态系统 1993 年的生物量碳储量为 6.20Gt，土壤碳储量为 21.02Gt，枯落物碳储量仅为 0.89Gt。李意德等[92]研究显示，海南尖峰岭热带山地雨林生态系统固定的 CO_2 量为 $1.3660t \cdot hm^2 \cdot a^{-1}$，折合成净碳量为 $0.3725t \cdot hm^2 \cdot a^{-1}$，其中植被层中碳储量最高，其次是土壤。生态系统特别是森林生态系统的固碳释氧功能，对于人类社会以及全球气候平衡都具有重要意义。

本书选用固碳量和释氧量作为生态系统固碳释氧功能的评价指标。

2）功能量评估方法

生态系统固碳释氧以净初级生产力和土壤呼吸损失的碳量为基础，通过质量平衡方程进行估算。[93]

固碳功能：

$$NEP = NPP - Rs$$

式中，NEP 为生态系统总固碳量（$g\,C \cdot a^{-1}$）；NPP 为生态系统净初级生产力（$g\,C \cdot a^{-1}$）；Rs 为土壤呼吸损失碳量（$g\,C \cdot a^{-1}$）。

释氧功能：

由于每生产 1kg 干物质能释放 1.19kg O_2，因此释氧功能公式为

$$Q_{oxygen\ production}=NPP\times 1.19$$

式中，$Q_{oxygen\ production}$ 为生态系统释氧量（g C·a^{-1}）；NPP 为生态系统净初级生产力（g C·a^{-1}）。

3）评估参数及数据获取来源

本书 NPP 等数据根据相关 CASA 模型计算获取，Rs 数据通过经验模型计算获得。

5. 空气净化功能

1）功能定义

空气净化功能一方面体现在绿色植物在其抗生范围内通过叶片上的气孔和枝条上的皮孔吸收空气中的有害物质，在体内通过氧化还原过程转化为无毒物质；另一方面体现在能依靠其表面特殊的生理结构（如绒毛、油脂和其他黏性物质），对空气粉尘具有良好的阻滞、过滤和吸附作用，从而能有效净化空气，改善大气环境。空气净化功能主要体现在吸收污染物和滞尘方面。[43]

空气净化功能还表现在以森林为主的生态系统中含有高浓度的空气负离子。由于森林中岩石和土壤含放射性物质较多，在山区高海拔地段宇宙射线和太阳紫外线较强，可产生高浓度的空气负离子，太阳光照射到森林植物枝叶上也会发生光电效应。此外，森林环境中的瀑布、溪流等水体较多，植物挥发性物质（如芬多精等）也能促进空气电离，从而增加空气负离子浓度。空气负离子被誉为"空气维生素和生长素"，可以起到杀菌和调节人体生理机能的作用，还可以刺激中枢神经和血液循环，对特别是气管炎、神经衰弱等病症有一定疗效。高含量空气负离子水平是人们在森林和城市绿地感到格外清新的重要原因。

本书在评估空气净化功能时，主要考虑生态系统净化常规的大气污染物包括二氧化硫、氮氧化物和粉尘的功能以及生态系统提供负氧离子的功能。

2）功能量评估方法

由于研究区域生态系统大气污染物净化能力远大于区域污染物排放量，在此核算空气净化功能量时，直接运用该地区研究年份氮氧化物、二氧化硫和粉尘的年排放量进行评估。[43]

在评估生态系统负离子提供功能时，主要考虑森林生态系统所产生的负离子量，利用《森林生态系统服务功能评估规范》（LY/T 1721—2008）进行计算。[43]

负离子提供量：

$$Q_{anion}=5.256\times 10^{15}\times C\times A\times H/L$$

式中，Q_{anion} 为生态系统提供负离子个数（个·a^{-1}）；C 为负离子浓度（个·cm^{-3}）；H

为林分高度（m）；L 为负离子寿命（min）；A 为生态系统的面积（hm^2）。

本书主要关注林地生态系统产生的负离子量，其他类型生态系统负离子产生量较少，和林地相比产生量可忽略。

3）评估参数及数据获取来源

本书污染物排放量数据来自《海南省统计年鉴》，林地负离子浓度取《2015 年海南省环境状况公报》中研究市县所在地的四个森林公园平均年浓度，取值为 5571 个·cm^{-3}，林分高度参考李意德等[62]的研究取 30m（原生林高度），负离子寿命为 10min。

6. 水质净化功能

1）功能定义

水质净化功能是河流、湖泊等水域湿地生态系统吸附和转化水体污染物以及净化水环境的功能。

2）功能量评估方法

由于研究区域生态系统水质净化能力远大于区域污染物排放量，在此核算水质净化功能量时，直接运用该区域研究年份 COD 和氨氮年排放量进行评估。[43]

3）评估参数及数据获取来源

污染物排放量数据来自《海南省统计年鉴》。

7. 气候调节功能

1）功能定义

气候调节功能主要是指吸热降温产生的生态效益，包括植物蒸腾和水面蒸发两方面。森林、灌丛、草地等自然生态系统通过植物的光合作用吸收大量的太阳光能，减缓了气温的升高；湿地生态系统通过蒸发作用，将水分以气体形式通过气孔扩散到空气中，使太阳光的热能转化为水分子的动能，消耗热量，降低空气温度，增加空气的湿度。[94]在进行湿地气候调节功能量估算时，往往既计算湿地降温的生态效应，也核算湿地增湿的生态效应。[93, 95]本书考虑到当地的生态结构与功能，海南主要是海洋性气候影响气候湿度，此处仅考虑湿地产生的降温效应。气候调节功能量指植物蒸腾和水面蒸发消耗的能量，因为在价值量计算时能量价值采用替代成本法，根据空调等效降温所消耗的电量乘以电费计算，所以该功能量转换为采用空调降温消耗的电量表示。[93, 96]

2）功能量评估方法

蒸散降温热能转换量：

$$E_{energy} = E_{vegatation} + E_{water}$$

$$E_{\text{vegetation}} = \frac{\sum_{i=1}^{3} \text{GPP} \times A_i \times d}{3600 \times R}$$

$$E_{\text{water}} = \frac{\text{EQ} \times \rho \times q}{3600 \times R}$$

式中，E_{energy} 为生态系统蒸散和蒸发消耗能量，即植被与水面降温效应（kW·h）；$E_{\text{vegetation}}$ 为自然植被蒸发消耗能量（kW·h），公式参考文献[93]；GPP 为不同自然植被类型单位面积蒸腾消耗热量（kJ·m^{-2}·d^{-1}），本书主要考虑林地、灌丛、草地自然植被蒸腾消耗的能量；A_i 分别为林地、灌丛和草地的面积（m^2）；d 为空调开放天数（d）；R 为空调能效比；E_{water} 为水面蒸发消耗能量（kW·h），公式参考文献[96]；EQ 为水面蒸发量（m^3）；ρ 为水的密度（kg·m^{-3}）；q 为水汽化热（kJ/kg）。

3）评估参数及数据获取来源

依据文献[97]，本书中林地的 GPP 按文献中公园绿地平均值 9.41×10^8 J·hm^{-2}·d^{-1}（94.1kJ·m^{-2}·d^{-1}）取值，灌丛的 GPP 按文献中绿地平均值 4.59×10^8 J·hm^{-2}·d^{-1}（45.9kJ·m^{-2}·d^{-1}）计算，草地的 GPP 按文献中草地平均值 2.56×10^8 J·hm^{-2}·d^{-1}（25.6kJ·m^{-2}·d^{-1}）取值。d 为空调开放天数，中部山区取 90 天。R 空调能效比取 3.2。EQ 水面蒸发量由湿地面积和海南湖泊水面多年平均水面蒸发量相乘得到。海南省湖泊水面多年平均水面蒸发量为 1200～1400mm，本书取均值 1300mm。水的密度 ρ 为 1.0×10^3kg·m^{-3}，q 取水温 100℃下 1 个标准大气压下的汽化热为 2260kJ·kg^{-1}（参数部分参考文献[93]）。

8. 病虫害控制功能

1）功能定义

大规模单一植物物种的栽培，容易导致害虫的猖獗和危害，物种多样性高的群落可以增加天敌而降低植食性昆虫的种群数量，减少病虫害导致的损失。自然复杂植物群落减少、控制病虫害的能力为生态系统病虫害控制功能。

2）功能量评估方法

病虫害主要发生在林业区域，除开人工防治外，发生病虫害的区域主要依靠生态系统的病虫害控制达到自愈。因此，采用这些自愈的面积作为生态系统病虫害控制功能量。本书主要评估森林生态系统病虫害控制功能。[43]

$$B_{\text{pest control}} = \text{NF}(\text{MF}_r - \text{NF}_r)$$

式中：$B_{\text{pest control}}$ 为病虫害自愈面积（hm^2·a^{-1}）；NF 为天然林面积（hm^2）；MF$_r$ 为人工林病虫害发病率（%·a^{-1}）；NF$_r$ 为天然林病虫害发病率（%·a^{-1}）。

3）评估参数及数据获取来源

人工林和天然林的面积来源于《中国林业统计年鉴 2016》。[98]人工林病虫害发生率根据《中国林业统计年鉴 2016》提供数据计算得到。2015 年海南林业病害发生率是 0.02%，是全国病害发生率最低的省份（全国林业平均病害发生率是0.54%）；林业虫害发生率是 0.57%，小于全国其他省份（全国林业平均虫害发生率是 3.24%）；有害植物发生率是 0.8%，是全国有害植物发生率较高的地区。综合来看，海南省全省林业病虫害发生率为 1.39%。由于天然林的病虫害发病率很低，在这里按 0%计算。根据天然林和人工林的比例计算可以得出，海南省人工林病虫害发病率为 1.92%。

三、文化服务功能量内涵及核算方法

1. 功能内涵

MEA 对生态系统文化服务功能的总结包含精神及宗教服务、休闲及生态旅游、美学价值、灵感获取、教育价值、知识系统、地方感、社会关系、文化遗产价值、文化多样性十个方面。

2. 功能量评估方法

由于生态系统文化服务产生及获取的主观性和消费过程的非消耗性，这一功能的评价和生态系统其他功能相比较没有受到足够的重视。在已有的研究中，对生态系统文化服务功能评估中出现频率最高的是，对其产生的精神和娱乐功能通过旅游的人次作为文化服务功能量进行评价。尽管该方法存在局限，没有能够充分使文化服务的多元功能得以展现，但目前在区域尺度中是较被认可的评估方式。因此，本书采用区域内年旅游人次作为文化服务功能的功能量评价指标。

3. 评估参数及数据获取来源

旅游人次数据通过地区《统计年鉴》和《国民经济和社会发展统计公报》获取。

四、价值量定价思路及核算方法

围绕环境资源和生物资源的经济价值构成与评估，20 世纪 90 年代，国外学者 Pearce 和 Turner[99]、McNeely 等[100]和 Turner[101]等就开始进行较有影响力的研究。虽然在认识上有一些不同的看法，但从总体上看，目前大多数研究者如李文华等[102]、张志强等[103]、马中[104]普遍接受环境与资源价值由使用价值和非使用价值两部分构成。

使用价值分为直接使用价值和间接使用价值。直接使用价值主要指生态系统产品所产生的价值，因为这些产品可以在市场上进行交易，如木材、药材以及肉类等，因此可以用产品的市场价格估算其价值。通常这部分价值是唯一可在国家收入账户中反映出来的价值。但是许多时候，收获的生态产品如药材，有一部分不拿到市场上销售，而是自己消费，那么单纯从市场交易额就不能判断该部分产品的全部价值。在实际计量中，如果要反映全部生态系统产品的价值，仅通过国家统计数据是无法衡量其全部的，但大多数计算由于很难将产生的全部产品都计算在内，仅以在市场交易量所产生的价值为该部分的价值。间接使用价值主要指无法以商品形式出现于市场的生态系统服务的价值，如水源涵养、土壤保持、洪水调蓄等生态系统调节服务价值均属于间接价值。在估算结果中，这部分价值远高于其产品直接价值。间接使用价值的评估通常使用替代成本法、防护费用法、恢复费用法、影子工程法、机会成本法、旅行费用法等，这些方法均是通过估算替代品的花费而代替某些生态系统服务的经济价值，一般统称为替代市场评估方法。

　　非使用价值包括选择价值、遗产价值和存在价值。选择价值指人们将来为能使用某种环境物品和生态服务而自愿预先支付的价值，就像保险费一样为不确定的将来提供保障，又被称为期权价值。选择价值在有些研究中也被纳入使用价值中，因为是潜在使用价值。遗产价值是为了环境物品和生态服务能被子孙后代利用而支付的费用。存在价值是人们出于确保环境物品和生态服务继续存在而自愿支付的费用。对三种非使用价值的评估主要使用条件价值法，通过构建假想市场，直接询问人们为使用或保护某种环境物品或生态服务而愿意支付的最大货币数量，或为某种环境物品或生态服务损失而愿意接受补偿的最大货币数量，来评估该种环境物品或生态服务的价值。[105]在实际中，由于三种非使用价值间存在一定的交叉关系，对其概念往往不易清晰界定，因此要求受访者做出明确的价值分配无疑是一个比较困难的问题。[106]

　　生态系统生产总值是生态系统产品价值、调节服务价值和文化服务价值的总和。生态系统提供的产品（包括农产品、林产品、畜产品、水产品、水资源和水能）由于具有明确的市场价格，可以进行市场交换，因此采用市场价值对其价值进行估算。表4.3体现了生态系统生产总值价值量核算的核算项目、功能量指标、价值量指标和价值核算方法。

表 4.3　生态系统生产总值价值量核算方法

功能类别	核算项目	功能量指标	价值量指标	价值核算方法
产品功能	农产品	农业产品产量	农业产品产值	市场价值法
	林产品	林业产品产量	林业产品产值	市场价值法

续表

功能类别	核算项目	功能量指标	价值量指标	价值核算方法
产品功能	畜产品	畜牧业产品产量	畜牧业产品产值	市场价值法
	水产品	渔业产品产量	渔业产品产值	市场价值法
	水资源	用水量	用水产值	市场价值法
	水能	水电发电量	水电发电产值	市场价值法
调节服务功能	水源涵养	水源涵养量	水源涵养价值	影子工程法（水库建设成本）
	土壤保持	土壤保持量	减少泥沙淤积价值	替代成本法（清淤成本）
			减少面源污染价值	替代成本法（环境工程降解成本）
	洪水调蓄	自然植被：防洪水量	洪水调蓄价值	影子工程法（水库建设成本）
		湖泊\水库：可调蓄水量	洪水调蓄价值	影子工程法（水库建设成本）
	固碳释氧	固碳量	固碳价值	替代成本法（造林成本）
		释氧量	氧气生产价值	替代成本法（工业制氧成本）
	空气净化	净化二氧化硫量	净化二氧化硫价值	替代成本法（二氧化硫治理成本）
		净化氮氧化物量	净化氮氧化物价值	替代成本法（氮氧化物治理成本）
		净化粉尘量	净化粉尘价值	替代成本法（粉尘治理成本）
		提供负离子量	提供负离子价值	替代成本法（负离子产生成本）
	水质净化	去除 COD 量	去除 COD 价值	费用支出法（污水处理厂处理 COD 成本）
		去除氨氮量	去除氨氮价值	费用支出法（污水处理厂处理氨氮成本）
	气候调节	植物蒸腾吸热	蒸散降温价值	替代成本法（空调降温成本）
		水面蒸发吸热	蒸发降温价值	替代成本法（空调降温成本）
	病虫害控制	病虫害发生面积	病虫害控制价值	防护费用法（人工防治成本）
文化服务功能	休闲与生态旅游	旅游人数	生态旅游价值	替代成本法（旅游营业收入）

价格是价值的货币表现，是商品同货币交换比例的指数。由于通货膨胀或通货紧缩的影响，同一时期的价格存在名义价格和实际价格之分。同理，生态系统生产总值（GEP）也有名义 GEP 和实际 GEP。名义 GEP 即不考虑通货膨胀因素的 GEP，按照当年的价格计算的生态系统产品和服务的经济价值总量。把以前某年的生态系统产品和服务的价格作为基准，扣除通胀因素后得到的 GEP 就是实际 GEP，也称作不变价 GEP。由于本书没有比较不同时期的生态系统生产总值，因此采用当年价格做计算。

部分生态系统所提供的产品和服务（如产品提供）有核算当年的单价，也就是名义价格，而部分生态系统产品和服务（如固碳释氧、土壤保持、洪水调蓄等）没有核算当年的单价，只有某一年或某一个时期的价格，需要进行价格折算。

在生态系统生产总值核算中，核算价值量时，具体步骤如下：①对于有当年单价的生态系统产品和服务，根据当年价格核算其当年的价值；②对于没有当年单价的生态系统产品和服务，将其在某一时期的价格，通过价格指数折算成当年的名义价格，用名义价格核算这些生态系统产品和服务当年的价值；③汇总所有生态系统产品和服务的价值，得到当年的名义 GEP。

1. 水源涵养价值

1）定价思路

生态系统的水源涵养价值是生态系统通过吸收、渗透降水，增加地表有效水的蓄积从而有效涵养土壤水分、缓和地表径流和补充地下水、调节河川流量而产生的生态效应。

水源涵养价值主要表现在蓄水保水的经济价值。在计算价值时可以运用影子工程法，即可模拟建设一座蓄水量与生态系统水源涵养量相当的水库，建设该座水库所需要的费用作为生态系统的蓄水保水价值；或是利用市场价值法，用现行水价计算价值。本书采用的是影子工程法，通过建设水库的费用成本计算生态系统的水源涵养价值。

2）定价模型

$$V_{\text{water conservation}} = Q_{\text{water conservation}} \times C_r$$

式中，$V_{\text{water conservtion}}$ 为蓄水保水价值（元·a^{-1}）；$Q_{\text{water conversation}}$ 为区域内总的水源涵养量（$m^3·a^{-1}$）；C_r 为水库单位库容的工程造价（元·m^{-3}）。

3）定价参数与数据来源

根据《森林生态系统服务功能评估规范》（LY/T 1721—2008），水库建设成本为 6.11 元·m^{-3}[107]，通过价格消费指数折算到所核算的年份即 2015 年为 8.1 元·m^{-3}。

2. 土壤保持价值

1）定价思路

生态系统土壤保持价值是指通过生态系统减少土壤侵蚀产生的生态效应，包括减少泥沙淤积和减少面源污染两个指标。

减少泥沙淤积：土壤侵蚀使大量的泥沙淤积于水库、河流、湖泊中，造成水库、河流、湖泊淤积，在一定程度上增加了干旱、洪涝灾害发生的机会。如果未采取任何水土保持措施，需要人工清淤作业进行消除。根据土壤保持量和淤积量，可以运用替代成本法，通过采取水库清淤工程所花费的费用计算减少泥沙淤积价值。

减少面源污染：土壤营养物质（主要是氮和磷）在土壤侵蚀的冲刷下大量流失，进入受纳水体（包括河流、湖泊、水库和海湾等），造成的面源污染。如果未采取任何水土保持措施，需要通过环境工程降解受纳水体中的过量的营养物质减少面源污染。根据土壤保持量和土壤中氮和磷的含量，可以运用替代成本法，通过环境工程降解成本计算减少面源污染价值。

2）定价模型

$$V_{\text{soil conservation}} = V_{\text{silt decreasing}} + V_{\text{diffused pollution decreasing}}$$

式中，$V_{\text{soil conservation}}$ 为生态系统土壤保持价值（元·a^{-1}）；$V_{\text{silt decreasing}}$ 为减少泥沙淤积价值（元·a^{-1}）；$V_{\text{diffused pollution decreasing}}$ 为减少面源污染价值（元·a^{-1}）。

减少泥沙淤积价值：

$$V_{\text{silt decreasing}} = \lambda \times \frac{A_{\text{soil conservation}}}{\rho} \times C_{\text{silt}}$$

式中，$V_{\text{silt decreasing}}$ 为减少泥沙淤积价值（元·a^{-1}）；$A_{\text{soil conservation}}$ 为土壤保持量（t·a^{-1}）；C_{silt} 为水库清淤工程费（元·m^{-3}）；ρ 为土壤容重（t·m^{-3}）；λ 为泥沙淤积系数。

减少面源污染价值：

$$V_{\text{diffused pollution decreasing}} = \sum_{i=1}^{2} A_{\text{soil conservation}} \times c_i \times P_i$$

式中，$V_{\text{diffused pollution decreasing}}$ 为减少面源污染价值（元·a^{-1}）；$A_{\text{soil conservation}}$ 为土壤保持量（t·a^{-1}）；c_i 为土壤中氮、磷的纯含量（%）；P_i 为环境工程降解成本（元·t^{-1}）。

3）定价参数与数据来源

水库清淤工程费 C_{silt} 为挖取和运输单位土方所需费用，根据《森林生态系统服务功能评估规范》（LY/T 1721—2008）中清淤成本，通过居民价格消费指数折算到所核算的年份即 2015 年为 17.88 元·m^{-3}[107]；泥沙淤积系数 λ 按照我国流域的泥沙运动规律，土壤侵蚀流失泥沙的 24%淤积于水库、河流、湖泊中，需要清淤作业消除影响，取值为 0.24[43]；土壤容重、氮、磷含量等数据来源于当地《土壤志》，环境工程降解成本采用治理水体中氮、磷的成本，氮的降解成本为 1750 元·t^{-1}，磷的降解成本为 2800 元·t^{-1}。

3. 洪水调蓄价值

1）定价思路

生态系统的洪水调蓄价值是自然生态系统（自然植被、湖泊、水库等）通过蓄积洪峰水量，削减洪峰从而减轻河流水系洪水威胁产生的生态效应。

洪水调蓄价值主要体现在减轻洪水威胁的经济价值。生态系统的洪水调蓄功能与水库的作用非常相似，可以运用影子工程法，通过建设水库的费用成本计算生态系统的洪水调蓄价值。

2）定价模型

$$V_{\text{flood mitigation}} = C_{\text{flood mitigation}} \times C_r$$

式中：$V_{\text{flood mitigation}}$ 为减轻洪水威胁价值（万元·a^{-1}）；$C_{\text{flood mitigation}}$ 为湿地（湖泊、水库、沼泽）洪水调蓄量（m^3·a^{-1}）；C_r 为水库单位库容的工程造价（元·m^{-3}）。

3）定价参数与数据来源

根据《森林生态系统服务功能评估规范》（LY/T 1721—2008），水库建设成本为 6.11 元·m^{-3}[107]，通过价格消费指数折算到所核算的年份即 2015 年为 8.1 元·m^{-3}。

4. 固碳释氧价值

1）定价思路

生态系统固碳释氧价值指生态系统通过植被光合作用固定二氧化碳并释放氧气，实现大气中二氧化碳与氧气的稳定产生的生态效应，体现在固碳价值和释氧价值两个方面，采用替代成本法，通过造林成本和工业制氧成本评估生态系统固碳释氧的经济价值。

2）定价模型

固碳价值：

$$V_{\text{C fixation}} = \text{NEP} \times \text{CM}$$

式中，$V_{\text{C fixation}}$ 为生态系统固碳价值（元·a^{-1}）；NEP 为生态系统固碳总量（t·a^{-1}）；CM 为造林成本（元·t^{-1}）。

释氧价值：

$$V_{\text{oxygen production}} = Q_{\text{oxygen production}} \times C_{\text{oxygen}}$$

式中，$V_{\text{oxygen production}}$ 为生态系统释氧价值（元·a^{-1}）；$Q_{\text{oxygen production}}$ 为生态系统氧气释放量（t·a^{-1}）；C_{oxygen} 为制氧成本（元·t^{-1}）；

3）定价参数与数据来源

造林成本为 386 元·t^{-1}，制氧成本为 732 元·t^{-1}。[93]

5. 空气净化价值

1）定价思路

生态系统污染物净化价值是指生态系统通过一系列物理、化学和生物因素的共同作用，吸收、过滤、阻隔和分解降低大气污染物（如二氧化硫、氮氧化物、粉尘等），使大气环境得到改善产生的生态效应。可以采用替代成本法，通过工业治理大气污染物成本评估生态系统空气净化价值。

生态系统提供负离子价值，可以采用替代成本法，通过负离子发生器产生负离子的成本得出负离子生态价值。

2）定价模型

生态系统污染物净化价值模型：

$$V_{\text{air purification}} = \sum_{i=1}^{n} Q_{\text{air } i} \times C_{\text{air } i}$$

式中，$V_{\text{air purification}}$ 为生态系统大气净化价值（元·a^{-1}）；$Q_{\text{air } i}$ 为生态系统第 i 种大气污染物的净化量（t·a^{-1}）；$C_{\text{air } i}$ 为第 i 类大气污染物的治理成本（元·t^{-1}）；i 为大气污染物类别，无量纲。

生态系统提供负离子价值模型：

$$V_{\text{anion}} = 5.256 \times 10^{15} \times K \times A \times H \times (C - 600) / L$$

式中，V_{anion} 为生态系统提供负离子价值（元·a^{-1}）；K 为负离子生产费用（元·个$^{-1}$）；A 为林地生态系统的面积（hm^2）；H 为林分高度（m）；C 为负离子浓度（个·cm^{-3}）；L 为负离子寿命（min）。

3）定价参数与数据来源

二氧化硫、氮氧化物的单位治理成本来自《中国环境经济核算技术指南》。根据价格指数，2015 年二氧化硫治理成本为 1170 元·t^{-1}，氮氧化物治理成本为 3363 元·t^{-1}。[108]根据《森林生态系统服务功能评估规范》（LY/T 1721—2008），降尘清理推荐费用为 150 元·t^{-1}[107]，通过价格消费指数折算到所核算的年份即 2015 年为 177 元·t^{-1}。

根据《森林生态系统服务功能评估规范》（LY/T 1721—2008），2008 年负离子生产费用为 5.8185 × 10^{-18} 元·个$^{-1}$。[107]林地负离子浓度取《2015 年海南省环境状况公报》中研究市县所在地的四个森林公园平均年浓度，取值为 5571 个·cm^{-3}，林分高度参考李意德等[62]的研究取 30m（原生林高度），负离子寿命为 10min。

6. 水质净化价值

1）定价思路

生态系统水质净化价值是河流、湖泊稀释、沉积、分解或转化污染物过程改善水质产生的价值。本书重点考虑对水体 COD、氨氮的稀释净化作用。通过费用支出法，以污水处理厂处理单位 COD 和氨氮成本评估生态系统水质净化价值。

2）定价模型

$$V_{\text{water purification}} = \sum_{i=1}^{n} Q_{\text{water } i} \times C_{\text{water } i}$$

式中，$V_{\text{water purification}}$ 为生态系统水质净化价值（元·a^{-1}）；$Q_{\text{water } i}$ 为生态系统第 i 种

水体污染物的净化量（t·a^{-1}）；$C_{\text{water }i}$ 为第 i 类水体污染物的治理成本（元·t^{-1}）；i 为水体污染物类别，无量纲。

3）定价参数与数据来源

COD 与氨氮治理成本来自《中国环境经济核算技术指南》，根据价格指数，2015 年 COD 治理成本为 21.84 元·kg^{-1}，氨氮治理成本为 8.02 元·kg^{-1}。[94]

7. 气候调节价值

1）定价思路

气候调节的价值主要是指吸热降温产生的价值，包括植物蒸腾和水面蒸发两方面，运用替代成本法，采用空调降温所需的耗电量价值估算植物蒸腾吸热和水面蒸发吸热所产生的气候调节价值。

2）定价模型

蒸散降温热能转换量：

$$V_{\text{climate regulation}} = E_{\text{energy}} \times P_{\text{r}}$$

式中，$V_{\text{climate regulation}}$ 为气候调节功能价值；E_{energy} 为自然生态系统蒸散过程提供的热能消耗作用，即植被与水面温度降低效应（kW·h·a^{-1}）；P_{r} 为海南省的电价 [元·(kW·h)$^{-1}$]。

3）定价参数与数据来源

P_{r} 为海南省的电价，根据海南电网销售电价，2015 年居民生活用电电价为 0.59 元·(kW·h)$^{-1}$。

8. 病虫害控制价值

1）定价思路

病虫害控制价值体现在人工林病虫害发生率高于天然林病虫害发生率所产生的防治费用。

2）定价模型

$$V_{\text{b}} = \text{NF} \times (\text{MF}_{\text{r}} - \text{NF}_{\text{r}}) \times C_{\text{b}}$$

式中，V_{b} 为病虫害控制功能价值（元·a^{-1}）；NF 为区域天然林面积（hm^2）；MF_{r} 为人工林病虫害发病率（%·a^{-1}），NF_{r} 为天然林病虫害发病率（%·a^{-1}），C_{b} 为单位面积病虫害防治的费用（元·hm^{-2}）。

3）定价参数及数据来源

天然林面积来源于海南省林业科学研究所提供数据。

单位面积病虫害防治费用计算方式如下：海南省 2015 年森林病害、虫害、有害植物发生面积共计 25 623hm^2，防治面积共计 7019hm^2（其中病害防治面积 103hm^2，虫害防治面积 4789hm², 有害植物防治面积 2127hm²), 防治费用共计 2148 万元。单位面积病虫害防治费用 C_b 为 3060.3 元·hm⁻²。

第三节　核算区域的选取

本书选取海南省中部山区的四个市县, 分别是白沙县、琼中县、五指山市和保亭县, 进行生态系统生产总值核算。该区域是海南省乃至全国范围内生态系统服务功能极重要区域, 对维护区域生态安全发挥着重要作用。2000 年, 《国务院关于印发全国生态环境保护纲要的通知》(国发〔2000〕38 号)首次提出建立生态功能保护区任务。海南省中部山区 2001 年 11 月就作为全国第二批建设试点地区被列为国家级生态功能保护区(环函〔2001〕265 号)。2005 年, 海南省批准实施《海南中部山区国家级生态功能保护区规划》。2007 年的《全国生态功能区划》和 2015 年的《全国生态功能区划(修编版)》中均将海南省中部山区列入全国重要生态功能区。该区域共涉及海南省 12 个市县, 面积为 11 206km²。区内植被类型主要有热带雨林、季雨林和山地常绿阔叶林, 生物多样性极其丰富, 其中特有植物多达 630 种, 国家一、二级保护动物 102 种。同时, 该区域是海南省三大河流的发源地和重要水源地。[109]因此, 该区域被认定为我国水源涵养和生物多样性保护功能极重要区域, 也是土壤保持功能较重要区域。2010 年发布的《国务院关于印发全国主体功能区规划的通知》(国发〔2010〕46 号)将白沙县、琼中县、五指山市、保亭县四个市县所在的海南岛中部山区列为国家重点生态功能区, 该区域以保护和修复生态环境、提供生态产品为首要任务。

党的十八大以来, 划定生态保护红线成为推进生态文明制度建设的重要内容, 成为贯彻落实主体功能区制度的重要举措。海南省在全国最早开展省域"多规合一", 统筹主体功能区规划、生态保护红线规划、城镇体系规划、土地利用总体规划、林地保护利用规划、海洋功能区划六类空间性规划, 形成全省统一的空间规划蓝图, 空间规划蓝图将生态保护红线作为重要基础, 是国土空间开发的底线。中部四个市县是海南陆域生态保护红线面积占比最高的区域。五指山市生态保护红线划定面积占其总面积的 77.37%, 白沙县为 58.47%, 琼中县为 55.99%, 保亭县为 49.23%。因此, 通过选取海南中部白沙县、琼中县、五指山市和保亭县四个市县进行生态系统生产总值核算, 对反映海南省生态文明建设的成效、发挥生态优势具有突出的典型意义, 一方面能更好地体现海南省绿水青山的生态价值, 可以起到推动区域生态系统保护与管理的作用, 也可以为建立并实施差别化的政绩考核制度提供实践场所; 另一方面, 对推进生态产品价值实现具有重要的现实意义。

第四节　研究区域自然和社会经济发展概况

一、白沙县

1. 自然概况

1）地理位置

白沙县位于海南岛中部偏西，地处东经 109°02′～109°42′、北纬 18°56′～19°29′之间，东西宽 68km，南北长 63km，土地面积 2117.73km²，占海南省土地总面积的 5.99%，是海南省人均土地面积最多的县。白沙县东邻琼中县，南接乐东县，西连昌江县，北抵儋州市，县政府所在地距海口市 255km，距三亚市 172km。

2）地形与地貌

白沙县坐落在黎母山脉中段西北麓，地势陡峻，全县地势从东向西、自南向北倾斜，东南部为山地，中部为盆地，北部为丘陵，西北部大多为山地。境内山地占 59.22%，丘陵占 26.68%，台地占 7.31%，其他河流谷底占 6.79%（图 4.2）。境内地形起伏较大，500～1000m 的山峰有 440 座，其中海拔 1000m 以上的山峰有 22 座，包括马域岭、斧头岭、红卖岭、白石岭等。境内最高峰位于马域岭，其海拔为 1546m；最低点位于荣邦乡境内，海拔仅 12m。

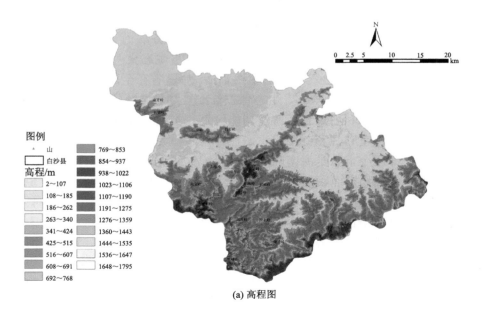

图例

▲　山

□　白沙县

高程/m

2～107	769～853
108～185	854～937
186～262	938～1022
263～340	1023～1106
341～424	1107～1190
425～515	1191～1275
516～607	1276～1359
608～691	1360～1443
692～768	1444～1535
	1536～1647
	1648～1795

0　2.5　5　　10　　15　　20
km

(a) 高程图

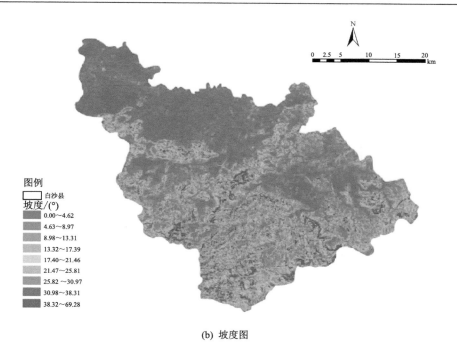

图例
□ 白沙县
坡度/(°)
■ 0.00~4.62
■ 4.63~8.97
■ 8.98~13.31
■ 13.32~17.39
■ 17.40~21.46
■ 21.47~25.81
■ 25.82~30.97
■ 30.98~38.31
■ 38.32~69.28

(b) 坡度图

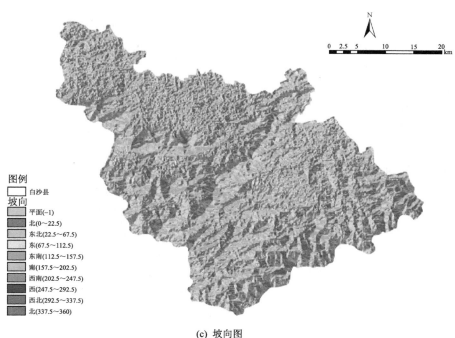

图例
□ 白沙县
坡向
■ 平面(-1)
■ 北(0~22.5)
■ 东北(22.5~67.5)
■ 东(67.5~112.5)
■ 东南(112.5~157.5)
■ 南(157.5~202.5)
■ 西南(202.5~247.5)
■ 西(247.5~292.5)
■ 西北(292.5~337.5)
■ 北(337.5~360)

(c) 坡向图

图4.2　白沙县地形高程图、坡度图、坡向图

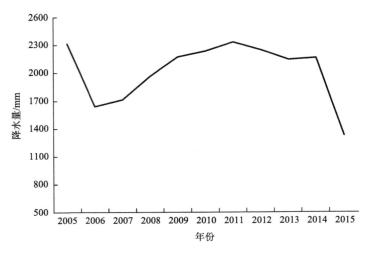

图 4.3　白沙县 2005～2015 年年均降水量情况

3）气候

白沙县气候属热带季风性气候，高温多雨，光热充足，山地气候特点突出。白沙县 2005～2015 年平均气温为 23.8℃，2015 年平均气温为 24.7℃，低温月 1月份月平均气温为 16.9℃，高温月 5 月份月平均气温为 29.6℃，年平均日照时间为 2380.3h。2005～2015 年年平均降水量见图 4.3，期间年降水量最高的 2011 年，达到 2331.2mm，最低年份即 2015 年降水量为 1326.4mm。[110]

4）土壤与植被

白沙县土壤类型多样，既有地带性土壤，也有非地带性土壤。土壤类型主要有砖红壤、红壤、赤红壤、山地黄壤、紫色土、水稻土等类型。砖红壤主要分布于海拔 350m 以下的丘陵、台地，有机质差异较大，风化层较厚，土壤肥沃，适宜发展热带经济林木和其他热带作物，或开垦为旱地和水田。赤红壤分布于 350～750m 之间的低山（少部分高丘），水热条件较差，大部分适宜发展用材林或林牧结合。

白沙县境内植物有明显的垂直分布带谱。1000～1300m 为山地常绿阔叶林带；750～1000m 为山地雨林或沟谷雨林带；500～750m 为常绿季雨林带；500m 以下为落叶季雨林和稀疏灌丛及人工植被。森林植被种类丰富，约有 3000 多种。森林以热带常绿阔叶乔木树种为主，约有 800 多种。主要珍贵木材有花梨、母生、子京、坡垒、石梓、青梅、油丹、绿楠、陆均松、乌墨、山荔枝等。药用植物约有200 余种，包括海南榧粗、见血封喉、青天葵、益智、杜仲、沉香、降香、丁香、槟榔等。[111, 112]全县列入国家一级重点保护野生植物有 8 种，列入国家二级重点保护野生植物有 40 种。[113]2015 年，白沙县森林覆盖率达 83.47%，活立木总蓄量为 1466 万 m³。

5）河流水系

白沙县境内大小河流有 30 条，水系分布图见 4.4。其中，南溪河、珠碧江、石碌河、南美河、南湾河、南叉河 6 条河流在县境内的流程较长，水力资源蕴藏量为 7.49 万 kW（见图 4.4）。

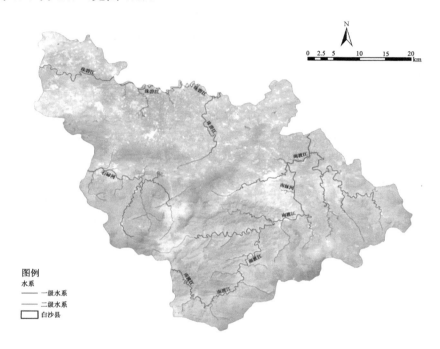

图 4.4　白沙县水系分布图

南溪河为南渡江（海南省第一大河流）主流，发源于白沙县南部南开乡南峰山，自西南向北贯穿东部，经牙叉镇注入松涛水库，再向东流经 6 个市县注入大海，全长 311.3km，流域面积为 1149.7km²。

石碌河发源于青松乡的斧头岭，自南向北流经青松乡，折向西经金波乡注入石碌水库，继续西流汇合昌化江入海。县境内河流全长 39.2km，流域面积为315.5km²。

珠碧江发源于中部的南高岭，流经西北部进入儋州市境海头镇注入北部湾。县境内河流全长 78km，流域面积为 639.4km²。

6）水资源量

白沙县 2015 年和 2016 年地表水资源量分别为 9.320 亿 m³ 和 32.87 亿 m³，多年平均地表水资源量为 19.02 亿 m³。2016 年水资源总量为 32.87 亿 m³，产水系数 0.614，人均水资源量为 19 155m³。[114, 115]

2. 社会经济发展概况

1）行政区划与人口

白沙县下辖牙叉镇、打安镇、七坊镇、邦溪镇、南开乡、元门乡、细水乡、阜龙乡、青松乡、金波乡、荣邦乡 11 个乡镇以及白沙农场、龙江农场和邦溪农场。2015 年末，全县总人口为 194 690 人，城镇人口比重为 42.62%。有黎族、苗族、壮族、回族、满族、瑶族、傣族等少数民族，占总人口的 65.1%，其中黎族人口约占 60%。

2）经济发展概况

2015 年，白沙县生产总值为 399 637 万元，城乡居民人均可支配收入为 12 553 元。2016 年，生产总值达到 434 502 万元，城乡居民人均可支配收入达到 13 926 元，三次产业比例为 46.5∶10.8∶42.7。2011～2016 年全县生产总值及结构见图 4.5。[116]

2015 年，白沙县共接待游客 31.5 万人次，实现旅游收入 1.48 亿元，其中过夜游客 27.38 万人次。2016 年，全县共接待游客 47.4 万人次，同比增长 50.47%，实现旅游收入 2.06 亿元，同比增长 38.81%，其中，过夜游客 33.20 万人次，同比增长 21.26%，乡村旅游接待游客 25.65 万人次。旅游收入对地区经济的贡献约为 5.2%。[113]

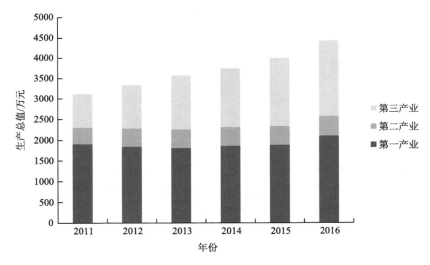

图 4.5　2011～2016 年白沙县生产总值及结构

二、琼中县

1. 自然概况

1）地理位置

琼中县位于海南岛中部五指山北麓，地处东经 109°31′～110°09′、北纬 18°14′～

19°25′，东连琼海市、万宁市，西接白沙县，南与五指山市、保亭县、陵水县毗邻，北和屯昌县、澄迈县、儋州市交界，东西宽79km，南北长77km，土地面积为2704.16km²，占海南省土地总面积的7.6%。[117]县政府所在地距海口市255km，距三亚市172km。

2）地形与地貌

琼中县地形西南高、东北低，地势自西南向东北倾斜。地貌呈穹窿形，由高山、低山、丘陵、台地、河流阶地等组成，山地占总面积的57%，丘陵占24%，台地占13%，河流阶地占6%（图4.6）。县境内海拔1000m以上的山峰有52座，100多座500～1000m的山峰。西南部与五指山市交界处的五指山峰海拔1867m，是全岛的最高峰。西部的鹦歌岭海拔1811m，北部的黎母岭海拔1412m，南部的吊罗山海拔1290m。县境内最低点位于东北部的白马岭采伐场，海拔仅25m。[117, 118]

3）气候

琼中县属热带海洋季风区北缘，雨水充沛，气候温和，四周群山环抱，形成昼热夜凉的山区气候特征。累年（1981～2016年）平均气温为23.2℃，累年（1981～2016年）平均降水量为2361.1mm，其中2015年平均气温为25.6℃，年平均日照时间为2100.9h。2000～2015年年平均降水量见图4.7，期间年降水量最高的2001年达到3023.4mm，最低年份2015年降水量为1412.0mm。从多年平均折合降水量来看，琼中县是海南省各市县中降水量最多的市县。[119]

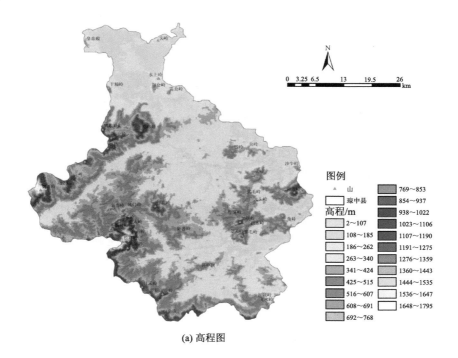

（a）高程图

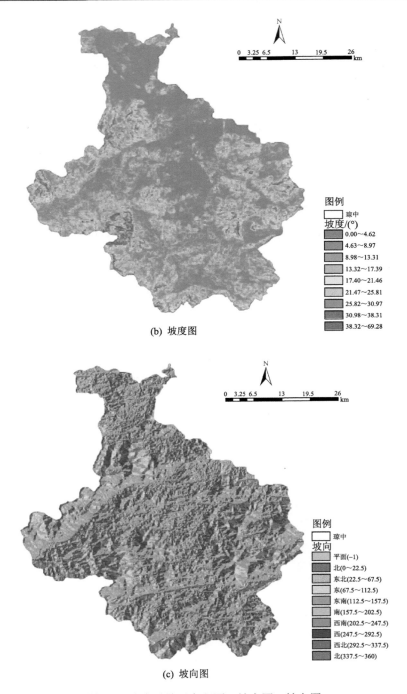

(b) 坡度图

(c) 坡向图

图 4.6　琼中县地形高程图、坡度图、坡向图

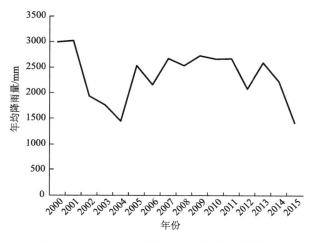

图 4.7 2000～2015 年琼中县年均降水量情况

4）土壤与植被

琼中县的土壤分为南方山地灌丛草甸土、黄壤土、赤红壤土、砖红壤土、红色石灰土、紫色土和水稻土 7 个土类。南方山地灌丛草甸土类分布于海拔 1600m 以上的高山顶部，占自然土壤的 0.12%，自然植被为高山灌木草甸；黄壤土类分布于海拔 750～1600m 山地，占自然土壤的 7%，自然植被为森林或草坡；赤红壤土类分布于海拔 400～750m 的山地，占自然土壤的 28.7%，自然植被主要是灌木草坡和沟谷季雨林，黄色赤红壤区主要被开垦利用种植茶叶和菠萝；砖红壤土类分布于海拔 400m 以下的低丘和台地缓坡，占自然土壤的 60.4%，自然植被多为灌草群落，是琼中县发展热带作物的重要生产基地，缓坡种植旱粮和豆类作物，陡坡种植橡胶、茶叶等；红色石灰土类分布于什运乡西部一带山丘，占自然土壤的 0.05%，自然植被为灌木草群落，绝大多数被开垦种植玉米、黑豆、黄豆等农作物；紫色土类分布于北部低矮山丘地带，占自然土壤的 1.3%，自然植被大多为灌木草本植物，被用作种植花生、豆类、番薯，以及松树和营造速生林；水稻土类零星分布在各乡镇的丘陵、台地，占自然土壤的 2.43%。[118, 119]

琼中县仅乔木树种就有 700 多种，属二类以上的树种和野生油料植物有 70 多种，森林覆盖率为83.74%，活立木蓄积量为3411.74 万 m³，林业资源主要集中在五指山、黎母山、鹦哥岭、加铁岭、白马岭等 8 座主要山岭。

5）河流水系

琼中县的山涧溪多，境内共有大小河溪 27 条，海南省三大河流——昌化江、万泉河、南渡江支流（干流在白沙县境内，支流在琼中县境内）均过境琼中县，支流密如蛛网，呈放射状向四周奔流，河网密度系数为 1.32km·km⁻²。主要支流有乘坡河、大边河、什运河、腰子河，总集雨面积为 2706km²。

昌化江是海南岛第二大河流，发源于琼中县黎母山林区的空示岭，横贯海南岛中西部，全长 231.6km，琼中县境内河长 58km。万泉河是海南岛第三大河流，南支乘坡河发源于琼中县五指山风门岭，北支安定河，源于黎母岭南，两水在琼海市汇合，全长 156.6km。南渡江发源于白沙县，在琼中县境内的主要支流是腰子河，境内河长 38.5km（见图 4.8）。

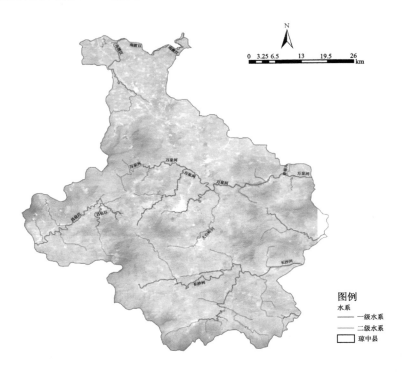

图 4.8　琼中县水系分布图

6）水资源量

琼中县 2015 年和 2016 年地表水资源量分别为 16.78 亿 m^3 和 57.45 亿 m^3，多年平均地表水资源量为 39.15 亿 m^3。2016 年水资源总量为 57.45 亿 m^3，产水系数为 0.718，人均水资源量为 32 330m^3。[114, 115]

2. 社会经济发展概况

1）行政区划与人口

琼中县设有营根镇、湾岭镇、黎母山镇、红毛镇、长征镇、中平镇、和平镇、什运乡、上安乡、吊罗山乡 10 个乡镇，还管辖加钗农场、新市农场 2 个县属农场和百花岭林场、松涛林场 2 个县属林场，县境内有乌石农场、阳江农场和长征农场 3 个国营农场。2015 年末,全县总人口 226 062 人,城镇人口比重为 50.40%。其中,黎族占全县总人口的 50.6%,汉族占 38.4%,苗族占 7.0%,其他民族占 4.0%。

2)经济发展概况

2015 年琼中县生产总值为 390 958 万元,城乡居民人均可支配收入为 13 217 元。2016 年生产总值达到 434 172 万元,城乡居民人均可支配收入达到 14 579 元,三次产业比例为 42.1∶15.0∶42.9。2011~2016 年全县生产总值及结构见图 4.9。[116]

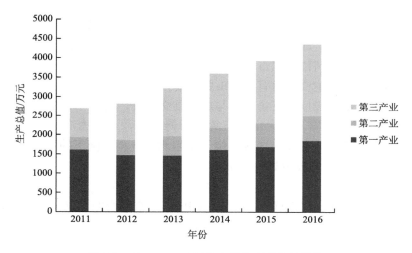

图 4.9 2011~2016 年琼中县生产总值及结构

2015 年和 2016 年旅游业总收入分别为 1.74 亿元和 3.79 亿元,同比增长 117%,其中 2016 年乡村旅游收入 1.67 亿元,同比增长 172%,旅游人次达到 80 万人次,过夜人数 57.46 万人次。[120]旅游收入对地区经济的贡献约为 9.7%。琼中县"奔格内"(黎语"来这里")乡村旅游品牌影响力持续增强,乡村休闲旅游初具规模;依托八个生态旅游区(百花岭风景名胜区、上安仕阶温泉旅游度假区、红岭水库环湖旅游度假区、长兴飞水岭热带雨林度假区、黎母山国家森林公园、鹦哥岭森林旅游区、红毛什运红色文化旅游区、乘坡河谷生态旅游区)为重点的生态旅游格局基本形成,生态旅游成为新经济增长点。

三、五指山市

1. 自然概况

1)地理位置

五指山市位于海南岛中南部,地处东经 109°19′~109°44′、北纬 18°38′~19°02′

之间，东西宽 43.1km，南北长 45.0km，土地面积 1129km²，占海南省土地总面积的 3.19%。[121]五指山市东邻琼中县，西接乐东县，南倚保亭县，北濒白沙县和琼中县，北距海口市 223km，南距三亚市 88km。市区坐落在阿陀岭脚下，四周群山环抱，遍地绿植，风景秀丽，夏无酷暑，气候舒适，被称为"华夏养生之都""翡翠山城"和"南国夏宫"。

2）地形与地貌

五指山市地貌呈盆凹山地状，地势总体四周高、中心低，东北高、西南低，以市区为中心，由内往外，地势呈现逐渐增高趋势。地形以山地、丘陵为主，含少量河流阶地和山前盆地。其中，中山、低山面积占 26.1%，丘陵面积占 65.2%，低丘、台地、河流及其他面积占 7.4%（图 4.10）。[122]

五指山市辖区内主要山脉有五指山脉，境内海拔高度 800m 以上的山峰有 24 座。最高峰五指山二峰位于五指山市与琼中县交界处，海拔 1867m，素有"海南屋脊、森林公园"之称。境内山岭连绵，群峰竞秀，森林密布。市区平均海拔 328.5m，是海南省海拔最高的城区；位于市东北部五指山脚下的水满乡，平均海拔 631.5m，是海南省海拔最高的乡镇。

3）气候

五指山市地处热带气候区。海拔高，纬度低，森林密布，气候温和，光、热、水资源丰富。多年平均气温为 22.4℃，2015 年平均气温为 24.1℃，低温月 12 月

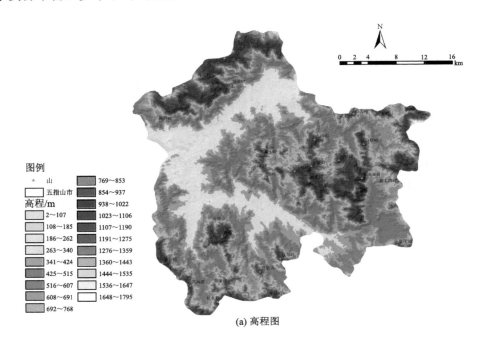

(a) 高程图

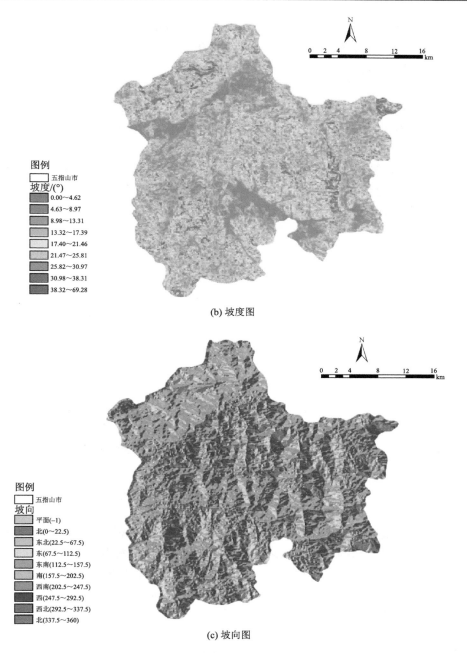

图 4.10　五指山市地形高程图、坡度图、坡向图

份月平均气温为 20.9℃，高温月 5 月份月平均气温 28.1℃，年平均日照时间为
1985.2h。2000～2015 年五指山市年平均降水量见图 4.11，期间年降水量最高的

2005 年达到 2536.3mm，最低年份 2015 年降水量为 992.8mm。极端最大年降水量 2810.4mm，极端最少年降雨量 992.8mm。[122]

4）土壤与植被

五指山市土壤类型多样，既有地带性土壤，也有非地带性土壤。垂直分布规律为：海拔 1200m 以上为草甸土；海拔 750～1200m 为山地黄壤；海拔 400～750m 为赤红壤；海拔 150～400m 为砖红壤。非地带性土壤有水稻土，分为潴育型水稻土、淹育型水稻土、沼泽型水稻土、潜育型水稻土、渗育型水稻土 5 个亚类。

境内植物种类繁多，分布有海南岛最典型、最齐全的热带山地森林，具有常绿、复层、混交、异龄、多树种组成等特点。2015 年，森林蓄积量增量为 10 万 m³，森林蓄积量的净增量达 9.3 万 m³，森林覆盖率达 86.44%。

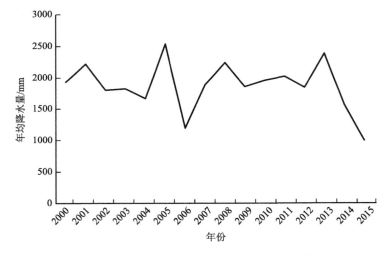

图 4.11　2000～2015 年五指山市年均降水量情况

据不完全统计，五指山地区记录野生维管束植物 2146 种，其中蕨类植物 31 科 85 属 216 种、种子植物 177 科 825 属 1930 种（含变种、亚种及变型），集中了海南岛绝大部分野生植物物种。保护区维管束植物中有国家重点保护物种 I 级 3 种（全部为种子植物）、II 级 36 种（其中种子植物 29 种，蕨类植物 7 种）。

天然植被主要有：①青皮、荔枝群落。青皮群落最能反映海南地带性生态特点，被认为是海南岛的地带性典型植被类型。②山地常绿阔叶林以热带和亚热带科属植物为主，如山毛榉、樟科、金缕梅科等种类。还有少量的温带科属，如榛木科的海南鹅耳枥、槭树科的十蕊槭、粗框科的粗框属和杜鹃花科的杜鹃属等。主要群落有陆均松和黄背栎群落，是海南特区的主要热带植被。③山顶矮林受山顶、山脊地形作用影响形成。群落外貌特征为乔木比较低矮，分枝多，弯曲而密集，枝干上常有苔藓植物附生。主要群落有栎子绸、厚皮香、海南杜鹃群落和南亚松、五裂木、微毛山矾群落。④草本植被有芒箕、粽叶芦、五节芒、钩藤、铺地蜈蚣、飞机草等。

人工植被由热带区系植物的各种栽培种组成，如橡胶树、马占相思、加勒比松、桉树、龙眼、荔枝、芒果、椰子、槟榔、杨桃、香蕉等，还有小面积的杉树、竹、花梨木、沉香、黄胆木等，其中橡胶树、马占相思的比例较大。[123]

5）河流水系

五指山市境内共有河流120条，主要河流有昌化江及其支流毛阳河、南圣河。主要河流信息如表4.4。

表4.4　五指山市境内主要河流特征指标

序号	河流	级别	发源地	河长/km	流域面积/km²
1	昌化江干流	0	五指山市空示岭	32	254
2	毛阳河	1	水贤岭	36.3	177
3	南圣河	1	青春岭	61.8	390
4	茂信河	1	番寨村	14.3	53
6	牙益河	2	报马岭	24	126
7	毛庆河	2	什托岭	26	121
8	草头河	2	番寨岭	15	23.4

注：干流流域面积不包含表中所列支流流域面积

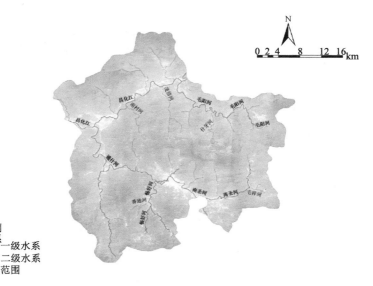

图4.12　五指山市水系分布图

昌化江是海南岛第二大河流，发源于琼中县五指山空示岭，是五指山市最大的河流。五指山市内的干流总长 32km，除两大支流外，干流流域面积为 254km²。

毛阳河发源于五指山市东部五指山脉，向西流经水满乡永训村、毛阳镇什苗村至番阳镇番阳村与昌化江干流汇合，全长 36.3km，流域面积为 177km²。

南圣河又称通什河（通什水），发源于五指山市东部青春岭，向西流经南圣镇至市区，出口番阳流入昌化江，全长 61.8km，流域面积 660km²，沿途有支流草头河、陡水河、牙益河、毛庆水等流入，其中陡水河主要在保亭县境内。

五指山市水系分布图见图 4.12。

6）水资源量

五指山市 2015 和 2016 年地表水资源量分别为 3.950 亿 m³ 和 21.57 亿 m³，多年平均地表水资源量为 11.28 亿 m³。2016 年水资源总量为 21.57 亿 m³，产水系数为 0.718，人均水资源量为 20 349m³。[114, 115]

2. 社会经济发展概况

1）行政区划与人口

五指山市下辖通什镇、毛阳镇、南圣镇、番阳镇、畅好乡、毛道乡和水满乡 7 个乡镇。2015 年末，全市总人口 109 720 人，城镇人口比重为 55.01%。有黎族、苗族、壮族、回族、瑶族、京族、仫佬族、土家族、彝族等 28 个少数民族，占总人口的 65.55%，其中黎族和苗族人口最多。

2）经济发展概况

2015 年，全市生产总值为 222 781 万元，城乡居民人均可支配收入为 15 241 元。2016 年，生产总值达到 244 786 万元，城乡居民人均可支配收入达到 16 793 元，三次产业比例为 24.6∶21.3∶54.1。2011～2016 年全市生产总值及构成见图 4.13。[116]

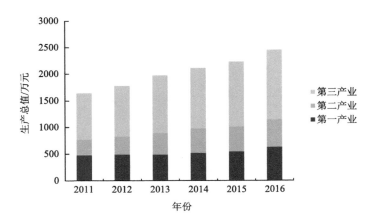

图 4.13　2011～2016 年五指山市生产总值及结构

2015 和 2016 年旅游业总收入分别为 2.2 亿元和 2.53 亿元，对五指山市经济的贡献约 10%。全年接待游客从 2015 年的 145 万人次提高到 160.7 万人次。[124] 该市的主要旅游资源和线路包括以五指山国家级自然保护区景区、五指山热带雨林风景区（3A）为中心，以热带雨林、茶园、漂流等为主体的热带雨林体验线路；以毛阳牙胡梯田、水满毛纳村、南圣新民村、毛阳初保原始村落、水满新村等乡村旅游点为支撑，以黎祖祭祀、黎族苗族婚庆、黎族苗族歌舞、黎锦苗绣等为内容打造的黎族苗族民族文化旅游线路；以五指山革命根据地纪念园为中心，以番阳琼崖公学旧址、琼崖司令部旧址等为连接点建设的红色旅游线路。

四、保亭县

1. 自然概况

1）地理位置

保亭县位于海南岛中部五指山南麓，地处东经 109°21′～109°48′、北纬 18°23′～18°53′之间，东接陵水县，南邻三亚市，西连乐东县，北依五指山市、琼中县，东西宽 49km，南北长 54km，土地面积 1153.24km²，占海南省土地总面积的 3.3%。[125]县政府所在地距海口市 255km，距三亚市 172km。保亭县至东线高速公路段 48km，南下三亚市 76km，北上五指山市 39km。

2）地形与地貌

保亭县为五指山脉的南延部分。地势西北部高，东南部低，由中山、低山、高丘、低丘、台地和河谷阶地等组成（图 4.14）。区域内中部及东南部地区坡度较小，大部分在 10°以下，北部、西部及西南部坡度相对较大。坡向以东南、南向为主。海拔 500m 以上的山地约有 712km²，占全县总面积的 38.7%，主要分布在西北部；海拔 100～500m 的丘陵地约有 689.7km²，占 37.5%；海拔 100m 以下的有 276.4km²，占 15%；河谷阶地约有 161.7km²，占 8.8%。主要山岭有 122 座，均为五指山脉向南放射延伸，其中海拔 1000m 以上的山脉有 10 余座，主要有：七仙岭、牙日岭、甘蔗岭、好把钼岭、尖岭、同安岭、鹅灶岭、仙安岭、国岭和红土岭。[125-127]

3）气候

保亭县属热带季风性气候，具有日照长、热量丰富、雨量充沛、蒸发量大、季风变化明显等特点。2015 年平均气温为 25.6℃，年平均降水量为 1153.9mm，年平均日照时间为 2100.9h。2016 年平均降水量为 2844.0mm，折合降水总量 33.02 亿 m³，2016 年比 2015 年折合降水量增长 141.7%，多年平均折合降水量 21.80 亿 m³。[127]

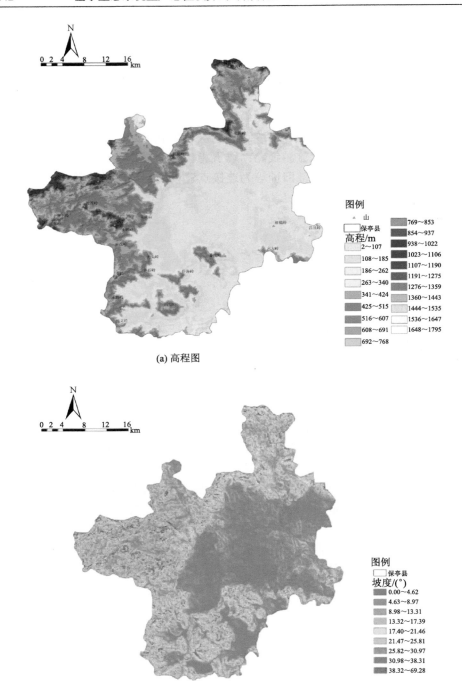

(a) 高程图

(b) 坡度图

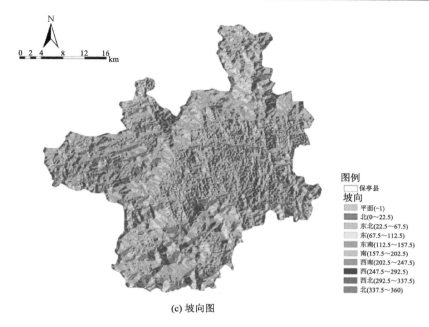

图例
保亭县
坡向
平面(−1)
北(0～22.5)
东北(22.5～67.5)
东(67.5～112.5)
东南(112.5～157.5)
南(157.5～202.5)
西南(202.5～247.5)
西(247.5～292.5)
西北(292.5～337.5)
北(337.5～360)

(c) 坡向图

图4.14　保亭县地形高程图、坡度图、坡向图

4）土壤与植被

保亭县的土壤垂直分布的主要特征如下：山地黄壤处于 630m 以上，主要分布在该地区的西北部，属于南亚热带森林气候土壤；砖红壤处于 500m 以下，主要在该地区的东南部，属于热带地区性土壤；山地赤红壤在两者之间，面积不大，在保亭县零星分布。

保亭县拥有 1100 多种热带雨林常绿乔木，全省 430 种珍稀植物种类在保亭县几乎都有分布，其中包含海南特有珍稀植物树种，如海南子京、红花天料木（母生）、白木香（沉香）、降香黄檀（花梨）、青皮、坡垒、海南粗榧（红壳松）、见血封喉等。保亭县南药资源丰富，有各类南药 6.22 万亩，包括槟榔、砂仁、益智、巴戟、五指山参五大南药，共 148 个品种。2015 年保亭县森林覆盖率达 85.2%，活立木总蓄量 643.67 万 m^3。

5）河流水系

保亭县境内共有河流 78 条，主要河流有宁远河、陵水河、藤桥河、藤桥西河、保亭水、脚下河、陡水河、合口河、南昌河等（图4.15）。其中，宁远河是海南第四长河流，发源于保亭县西部毛感乡仙安石林南麓，于三亚市崖城镇注入南海，干流全长 93.87km，流域面积 1020km^2，在保亭县境内流经长度为 24.16km（表4.5）。

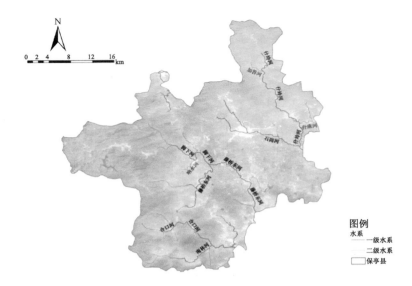

图 4.15　保亭县水系分布图

表 4.5　保亭县境内主要河流特征指标

名称	长度/km	集水面积/km^2
通什河	56.32	652.8
南改河	18.57	129.01
藤桥东河	45.28	368.3
响水河	28.22	106.64
藤桥西河	23.16	213.98
什玲河	38	158.2
保亭河	24.5	224

注：河流长度为该县境内里程

6）水资源量

保亭县 2015 年和 2016 年地表水资源量分别为 4.010 亿 m^3 和 22.10 亿 m^3，多年平均地表水资源量为 11.07 亿 m^3。2016 年水资源总量为 22.10 亿 m^3，产水系数为 0.669，人均水资源量为 14 655m^3。[114, 115]

2. 社会经济发展概况

1）行政区划与人口

保亭县境内辖保城镇、什玲镇、加茂镇、响水镇、新政镇、三道镇、六弓乡、南林乡、毛感乡 9 个乡镇，2 个县管农场（新星农场、七仙岭农场）和 5 个农场居（热作居、金江居、茶场居、南茂居、三道居）。2015 年末，全县总人口 171 084 人，城镇人口比重为 33.68%。黎族、苗族为世居民族，其中，黎族占全县总人口的 62.5%，汉族占 30.5%，苗族占 4.3%，其他民族占 2.7%。

2）经济发展概况

2015 年，保亭县生产总值为 385 633 万元，城乡居民人均可支配收入为 13 510 元。2016 年，地区生产总值达到 415 671 万元，城乡居民人均可支配收入达到 14 954 元，三次产业比例为 39.1：12.5：48.4。2011～2016 年全县生产总值及构成见图 4.16。[116]

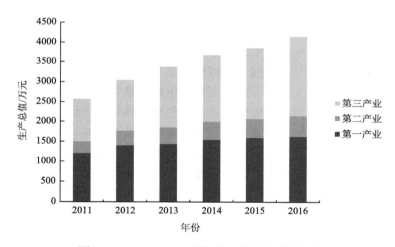

图 4.16　2011～2016 年保亭县生产总值及结构

近年，保亭县以建设"雨林温泉谧境，国际养生家园"为发展目标，确立了旅游服务产业的龙头领跑地位。2015 年和 2016 年旅游业总收入分别为 8.2 亿元和 9.68 亿元，旅游人次分别为 445.6 万人次和 504.6 万人次，对保亭县经济的贡献约 22.5%。[128]境内主要的旅游景区有呀诺达热带雨林文化旅游区（5A 级）、甘什岭槟榔谷黎苗文化旅游区（5A 级）、七仙岭温泉国家森林公园（4A 级）、仙安石林地址公园和什进村布隆赛乡村文化旅游区，缘真岛神玉文化园旅游区、常青雨林茶溪谷景区和绿水八村画廊美丽乡村等景区正在开发建设完善中，是全省乃至全国唯一一个拥有两个 5A 级景区的少数民族自治县。此外，以黎苗三月三、温泉嬉水节和重阳登高节等活动为代表的民俗节庆文化旅游活动也日渐规模与影响。其中，七仙温泉嬉水节 2010 年被评为中国十大著名节庆品牌，2011 年入选中央电视台乡土盛典最具人气民间节庆活动。

第五节　研究区域生态系统格局特征

一、总体状况

　　生态系统类型图主要以 30m 分辨率的 Landsat TM 和国产环境灾害卫星（HJ-1A/B）数据为信息源，采用面向对象的分类技术遥感解译得到 2015 年研究区生态类型图。[129-132]数据源自中国科学院地理科学与资源研究所。生态系统类型划分采用"全国生态环境十年变化（2000～2010 年）遥感调查评估"项目中的生态系统分类体系，分为八大类一级生态系统类型（森林生态系统-1、灌丛生态系统-2、草地生态系统-3、湿地生态系统-4、农田生态系统-5、城镇生态系统-6、荒漠生态系统-7、冰川/永久积雪，裸地-8），包含 22 个二级生态系统类型和 43 个三级生态系统类型。[71, 133]由于园地和城市绿地在立地条件和人类干预方式上都与自然的森林和灌丛有较大区别，而分别与农田和城镇生态系统更为类似，因此将乔木园地和灌丛园地都归为农田生态系统，将城市绿地归为城市生态系统。该划分方式以遥感数据所识别的土地覆盖类型为基础，结合气候、地形等生物地理参量以及类别内部的生态系统特征进行划分，保证了各生态系统在不同级别上具有较大的自然相似性以及类型之间的独立性，有利于进行生态系统价值的估算。根据海南省的土地覆盖划分精度，一级类精度可达 93%，能够满足研究的精度要求。

　　海南岛受水分、气温和地形的影响，具有丰富多样的生态系统类型，其分布具有明显的经纬度地带性特征。按照上述划分方式，四个市县生态系统类型以森林生态系统为主，森林覆盖面积达到研究区域总面积的 54.55%，其次为农田生态系统类型和灌丛生态系统类型，分别约占研究区总面积的 41.25%和 2.26%。农田生态系统中园地占比较大，园地占 85.2%。研究区域不同生态系统面积与比例见表 4.6①。

表 4.6　研究区域不同生态系统面积与比例

生态系统类型	面积/km²	百分比/%
森林	3889.85	54.55
灌丛	161.17	2.26

---

　　① 此处土地利用类型划分与面积统计是依据遥感数据，按照"全国生态环境十年变化（2000～2010 年）遥感调查评估"项目中的生态系统分类体系进行的划分。在计算时，由于不同林型生态系统服务价值差别较大，特别是自然森林的服务价值要较高于经济林地，该项目在划分识别森林系统时充分考虑了这个因素，因此采用的是该划分方式，经济林统计为农田生态系统类型。该划分方式对森林面积的统计与《海南省统计年鉴》公布的森林面积数据有所差别，特此指出。

续表

生态系统类型	面积/km²	百分比/%
草地	10.69	0.15
湿地	83.05	1.16
农田	2941.72	41.25
城镇	36.03	0.51
裸土	8.52	0.12

　　总体而言，研究区域中部山区分布着大面积的森林，东北、西北部和东南部集中分布着农田，其中以经济林园地占比较多，城镇生态系统零星地分布在各平原和谷地内，特别集中分布在水系集中的区域（图4.17）。

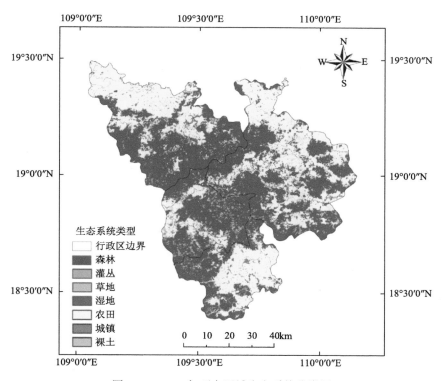

图 4.17　2015 年研究区域生态系统分类图

二、区域特征

　　从市级和县级行政分区来看，五指山市的森林生态系统类型面积比例最高，约为 71.3%，白沙县、琼中县和保亭县森林面积比例分别为 54.15%，51.52%和 45.44%。除了森林生态系统面积分布较多外，农田生态系统所占面积比例也较大。保亭县的农田生态系统类型面积比例最高，约为 48.87%。琼中县、白沙县和五指山市农田面积比例分布依次为 45.62%、42.87%和 20.64%（表 4.7）。

表 4.7　2015 年研究区域各市县各类生态系统面积与比例

区域	生态系统类型	面积/km²	百分比/%
白沙县	森林	1165.31	54.15
	灌丛	14.33	0.67
	草地	5.34	0.25
	湿地	31.95	1.48
	农田	921.88	42.83
	城镇	11.14	0.52
	裸土	2.24	0.10
琼中县	森林	1383.67	51.52
	灌丛	33.96	1.26
	草地	4.87	0.18
	湿地	24.64	0.92
	农田	1225.26	45.62
	城镇	9.90	0.37
	裸土	3.55	0.13
五指山市	森林	819.85	71.32
	灌丛	72.17	6.28
	草地	0.03	0.00
	湿地	12.08	1.05
	农田	237.22	20.64
	城镇	6.15	0.53
	裸土	2.08	0.18
保亭县	森林	516.69	45.44
	灌丛	40.56	3.57
	草地	0.45	0.04
	湿地	14.13	1.24
	农田	555.65	48.87
	城镇	8.85	0.78
	裸土	0.64	0.06

注：分市县统计的面积之和与区域总面积之和有一定误差，属于利用软件分区统计时产生的误差。此误差会影响调节服务功能量中区域总功能量和分市县功能量数据之间的略微差异

　　总体而言，森林生态系统较为丰富，各市县的森林分布较为广泛。白沙县的森林生态系统主要分布在东南部，琼中县的森林生态系统主要分布在东部和西部的山区，五指山市的森林生态系统几乎分布在全市境内，保亭县的森林生态系统主要分布在西部山区（图4.18）。

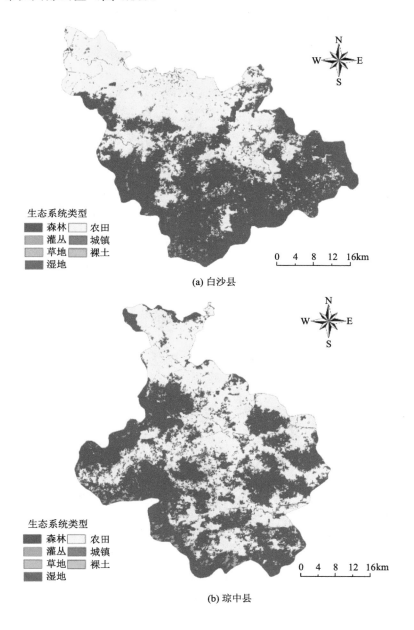

(a) 白沙县

(b) 琼中县

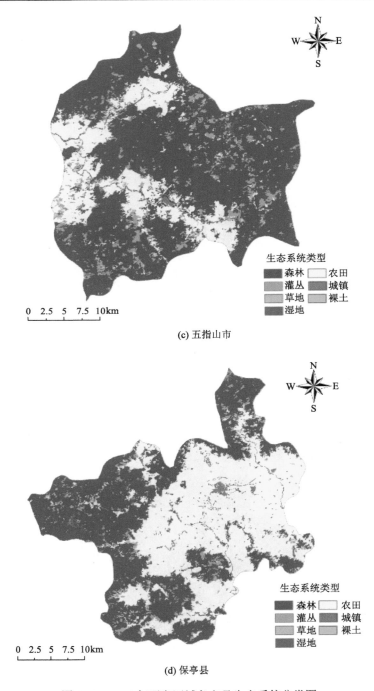

图 4.18　2015 年研究区域各市县生态系统分类图

三、2015 年与 2010 年生态系统格局特征对比

为了揭示海南岛中部山区生态系统格局变化，该部分以同样的方式对该区域 2010 年生态系统格局进行了分析。

图 4.19 是四个市县 2010 年的生态系统分类图。比较 2010 年与 2015 年，对生态系统生产总值核算较为重要的森林、灌丛、草地、湿地和农田生态系统面积的变化均较少，森林生态系统的面积基本没有变化，草地、湿地和农田变化也均小于 1%，灌丛略高为 1.34%。由于格局变化较少，也决定了生态系统调节服务功能的变化会较小。在刘慧明等[134]最新研究中也显示，海南岛中部山区热带雨林生态功能区的生态系统服务价值 2010～2015 年的变化幅度小于 1%，处于基本持衡状态。表明 2010 年国家重点生态功能区实施转移支付以来，生态环境保护较好，遏制了生态系统服务功能退化的局面，使生态系统服务呈现出稳定略有提升的状态。由于变化较小，加之获取数据对于社科研究项目存在较大的难度，本书仅计算 2015 年生态系统生产总值的数值，没有进行动态的比较。

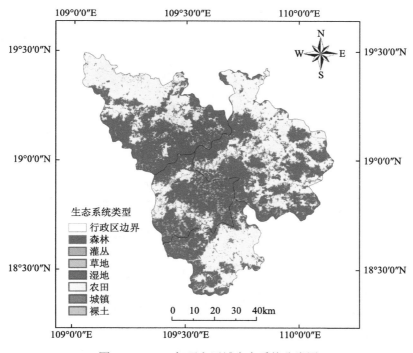

图 4.19　2010 年研究区域生态系统分类图

第六节　研究区域生态系统服务特征

一、水源涵养

研究区域生态系统水源涵养总体上呈现东高西低、由东向西逐渐递减的特征，东部降水量较高地区的森林、灌丛和草地生态系统发挥着重要的水源涵养功能（图 4.20）。水源涵养量较高的区域主要集中在东部的森林和南北部的园地，而西部地区由于多年降水量偏低的影响，导致该地区水源涵养量较低。

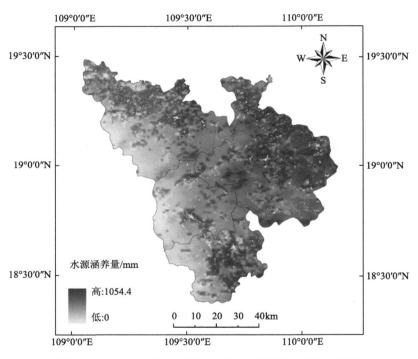

图 4.20　2015 年研究区域生态系统水源涵养空间分布特征

研究区域生态系统水源涵养总量为 483 356.60 万 m³，单位面积水源涵养量为 5490.4m³·hm⁻²。其中，各生态系统中，森林是生态系统水源涵养功能的主体，其水源涵养量为 261 441.30 万 m³，约占水源涵养总量的 54.09%；其次为农田生态系统，其水源涵养量为 203 972.60 万 m³，占总量的 42.20%（表 4.8）。从单位面积水源涵养量来看，水源涵养能力最强的是湿地和草地生态系统，其次是农田和森林生态系统（图 4.21）。

表 4.8　2015 年研究区域各类典型生态系统水源涵养功能状况

生态系统类型	总量/(万 m³)	百分比/%
森林	261 441.30	54.09
灌丛	10 142.66	2.10
草地	774.68	0.16
湿地	6 449.93	1.33
农田	203 972.60	42.20
城镇	535.16	0.11
裸土	40.27	0.01
合计	483 356.60	100

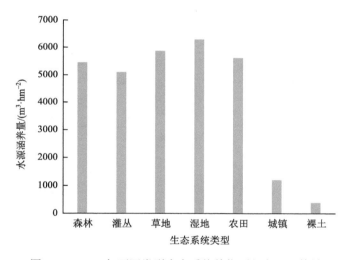

图 4.21　2015 年不同类型生态系统单位面积水源涵养量

从市级和县级行政分区来看，见表 4.9，琼中县的生态系统水源涵养比例最高，约为 42.21%，白沙县、保亭县和五指山市的比例分别为 28.08%、15.53% 和 14.18%。从单位面积水源涵养量来看，琼中县的生态系统水源涵养能力最强，约为 6148.9 m³·hm⁻²。

表 4.9　2015 年研究区域各市县生态系统水源涵养功能状况

区域	单位面积水源涵养量/(m³·hm⁻²)	总量/万 m³	百分比/%
白沙县	5 104.7	135 717.12	28.08
琼中县	6 148.9	204 021.18	42.21
五指山市	4 827.0	68 526.57	14.18
保亭县	5 335.5	75 091.78	15.53

　　总体而言，白沙县的生态系统水源涵养高值区主要分布在东北部，琼中县的水源涵养高值区主要分布在整个山区，五指山市的水源涵养高值区主要分布在东部山区，保亭县的水源涵养高值区主要分布在东部地区（图4.22）。

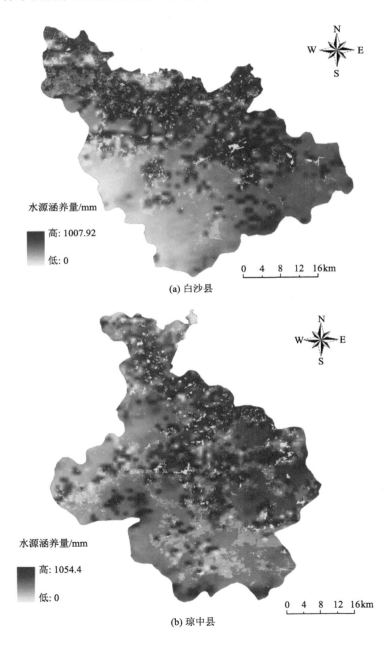

水源涵养量/mm

高: 1007.92

低: 0

0　4　8　12　16km

(a) 白沙县

水源涵养量/mm

高: 1054.4

低: 0

0　4　8　12　16km

(b) 琼中县

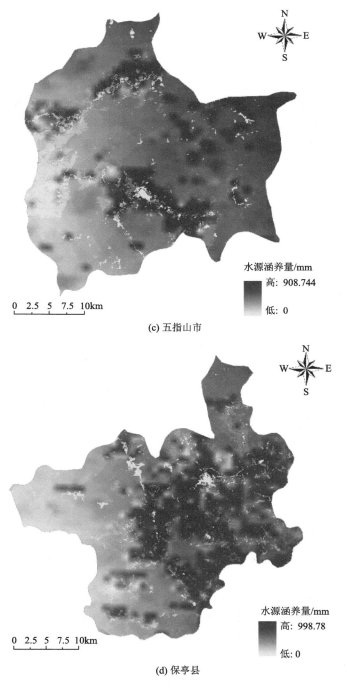

(c) 五指山市

(d) 保亭县

图 4.22 2015 年研究区域各市县生态系统水源涵养特征

二、土壤保持

研究区域生态系统土壤保持总体上呈现中部高四周低、由中部到四周逐渐递减的特征，中部海拔高、坡度陡地区的森林、灌丛和草地生态系统发挥着重要的土壤保持功能（图4.23）。土壤保持量较高的区域主要集中于中部坡度陡峭的高植被覆盖度的森林生态系统，而四周地区由于植被覆盖度较低和地形缓和影响，导致该地区土壤保持量较低。

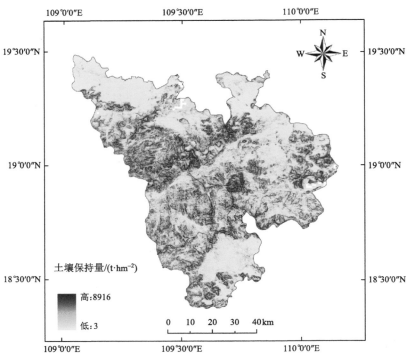

图4.23　2015年研究区域生态系统土壤保持空间分布特征

研究区域生态系统土壤保持总量为 124 584.7 万 t，单位面积土壤保持量为 1420.5t·hm⁻²。其中，各生态系统中，森林是生态系统土壤保持功能的主体，其土壤保持量为 97 265.30 万 t，约占土壤保持总量的 78.07%；其次为农田生态系统，其土壤保持量为 22 670.40 万 t，占总量的 18.20%（表4.10）。从单位面积土壤保持量来看，土壤保持能力最强的是森林和灌丛生态系统，土壤保持量分别为 2028.4t·hm⁻² 和 2047.4t·hm⁻²（图4.24）。

表 4.10　2015 年研究区域各类典型生态系统土壤保持功能状况

生态系统类型	总量/t	百分比/%
森林	97 265.30	78.07
灌丛	4 073.49	3.27
草地	47.24	0.04
湿地	349.73	0.28
农田	22 670.40	18.20
城镇	92.72	0.07
裸土	85.78	0.07
合计	124 584.70	100

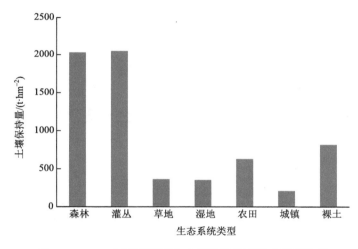

图 4.24　2015 年不同类型生态系统单位面积土壤保持量

从市级和县级行政分区来看，见表 4.11，琼中县的生态系统土壤保持比例最高，约为 36.48%，白沙县、五指山市和保亭县的比例分别为 28.72%、20.42% 和 14.38%。从单位面积土壤保持量来看，五指山市的生态系统土壤保持能力最强，约为 1791.62t·hm^{-2}。

表 4.11　2015 年研究区域各市县生态系统土壤保持功能状况

区域	单位面积土壤保持量/(t·hm^{-2})	总量/万 t	百分比/%
白沙县	1 355.79	35 780.60	28.72
琼中县	1 375.64	45 454.00	36.48
五指山市	1 791.62	25 434.90	20.42
保亭县	1 272.93	17 915.20	14.38

　　总体而言，白沙县的生态系统土壤保持高值区主要分布在西南部山区，琼中县的土壤保持高值区主要分布南部森林覆盖集中区域，五指山市的土壤保持高值区主要分布在东北部山区，保亭县的土壤保持高值区主要分布在西部山区（图4.25）。

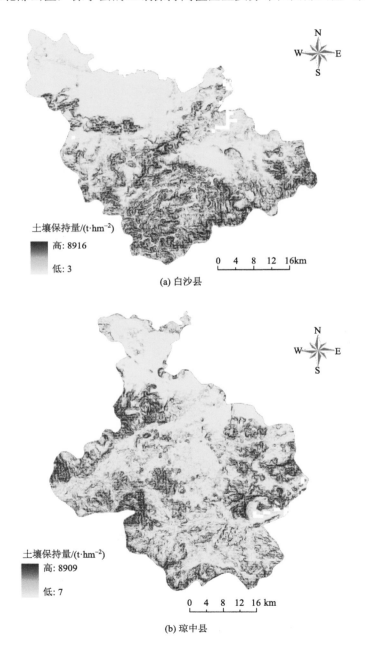

土壤保持量/(t·hm⁻²)

高: 8916

低: 3

0　4　8　12　16km

(a) 白沙县

土壤保持量/(t·hm⁻²)

高: 8909

低: 7

0　4　8　12　16 km

(b) 琼中县

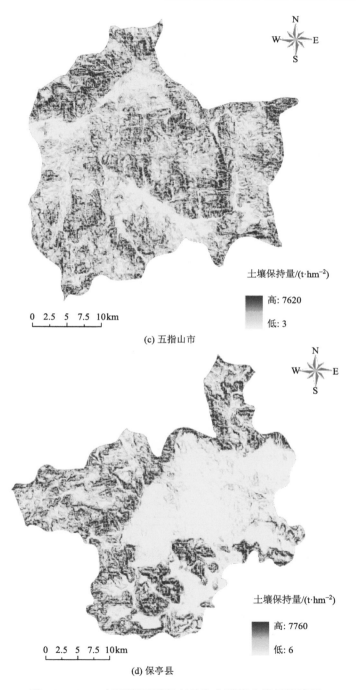

(c) 五指山市

土壤保持量/(t·hm⁻²)

高: 7620

低: 3

0 2.5 5 7.5 10km

土壤保持量/(t·hm⁻²)

高: 7760

低: 6

0 2.5 5 7.5 10km

(d) 保亭县

图 4.25 2015 年研究区域各市县生态系统土壤保持特征

三、洪水调蓄

研究区域生态系统洪水调蓄总体上呈现东高西低、由东向西逐渐递减的特征，中东部暴雨降水量较高地区的森林、灌丛和草地生态系统发挥着重要的洪水调蓄功能（图 4.26）。洪水调蓄量较高的区域主要集中在东部的森林和园地生态系统，而西部地区由于多年暴雨降水量偏低的缘故，导致该地区洪水调蓄量较低。

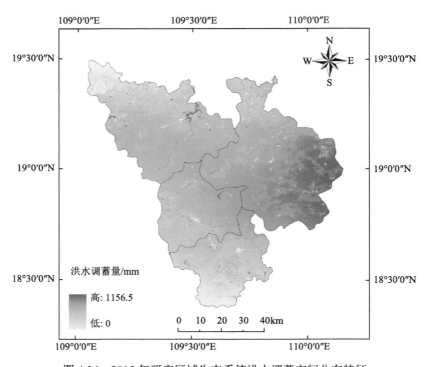

图 4.26　2015 年研究区域生态系统洪水调蓄空间分布特征

研究区域生态系统洪水调蓄总量为 326 653.30 万 m³，单位面积洪水调蓄量为 3710.4m³·hm⁻²。其中，各生态系统中，森林是生态系统洪水调蓄功能的主体，其洪水调蓄量为 187 986.42 万 m³，约占洪水调蓄总量的 57.55%；其次为农田生态系统，其洪水调蓄量为 123 658.65 万 m³，占总量的 37.86%（表 4.12）。从单位面积洪水调蓄量来看，洪水调蓄能力最强的是湿地和森林生态系统，洪水调蓄量分别为 6409.4m³·hm⁻² 和 3914.5m³·hm⁻²（图 4.27）。

表 4.12　2015 年研究区域各类典型生态系统洪水调蓄功能状况

生态系统类型	总量/万 m³	百分比/%
森林	187 986.42	57.55
灌丛	7 241.85	2.22
草地	455.17	0.14
湿地	6 571.60	2.01
农田	123 658.65	37.86
城镇	565.25	0.17
裸土	174.38	0.05
合计	326 653.30	100

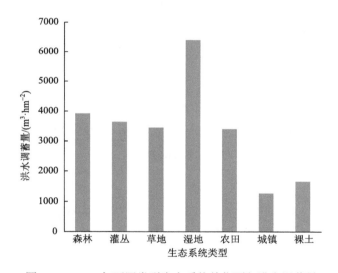

图 4.27　2015 年不同类型生态系统单位面积洪水调蓄量

从市级和县级行政分区来看，琼中县的生态系统洪水调蓄比例最高，约为 44.21%，白沙县、五指山市和保亭县的比例分别为 27.22%、15.73% 和 12.84%。从单位面积洪水调蓄量来看，琼中县的生态系统洪水调蓄能力也是最强的，约为 4352.41m³·hm⁻²（表 4.13）。

表 4.13　2015 年研究区域各市县生态系统洪水调蓄功能状况

区域	单位面积洪水调蓄量/(m³·hm⁻²)	总量/万 m³	百分比/%
白沙县	3 344.79	88 926.66	27.22
琼中县	4 352.41	144 414.09	44.21
五指山市	3 619.84	51 389.48	15.73
保亭县	2 978.72	41 922.52	12.84

　　总体而言，白沙县的生态系统洪水调蓄高值区主要分布在南部山区，琼中县的洪水调蓄高值区主要分布在东南部山区，五指山市的洪水调蓄高值区主要分布在东部山区，保亭县的洪水调蓄高值区主要分布在北部地区（图4.28）。

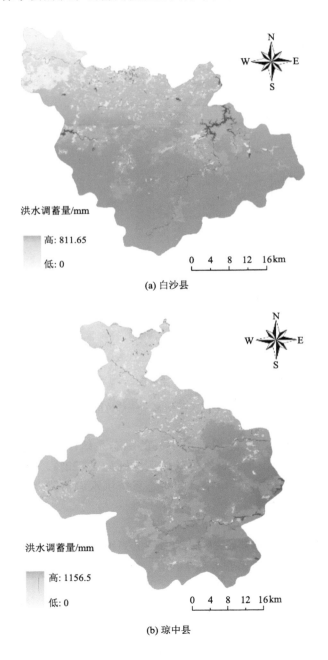

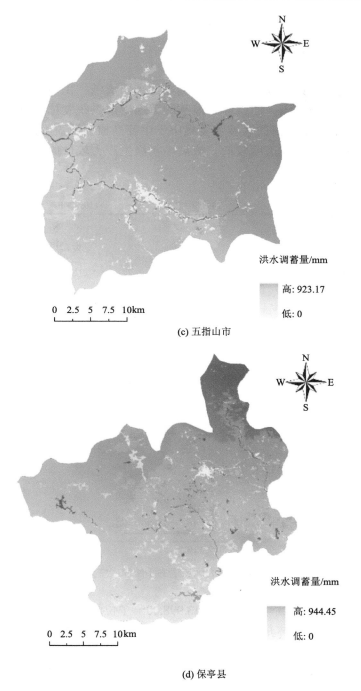

(c) 五指山市

(d) 保亭县

图 4.28　2015 年研究区域各市县生态系统洪水调蓄特征

四、固碳

研究区域生态系统固碳总体上呈现中部高四周低、由中部到四周逐渐递减的特征，中部海拔高山区的森林、灌丛和草地生态系统发挥着重要的固碳功能（图 4.29）。碳滞留量较高的区域主要集中于中部高植被覆盖度的森林生态系统，而四周地区由于植被覆盖度较低、植被净初级生产力较低的影响，导致该地区碳滞留量较低。

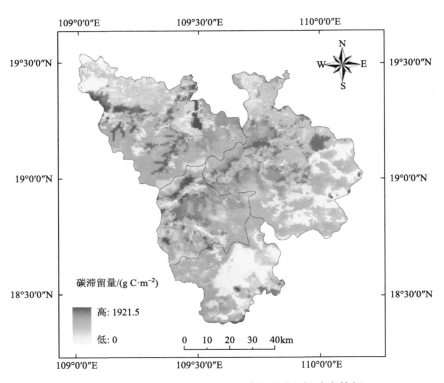

图 4.29　2015 年研究区域生态系统固碳空间分布特征

研究区域生态系统固碳总量为 3 313 998.00t，单位面积固碳量为 376g C·m^{-2}。其中，各生态系统中，森林是生态系统固碳功能的主体，其固碳量为 2 468 337.30t，约占固碳总量的 74.48%；其次为农田生态系统，其固碳量为 761 130.27t，占总量的 22.97%（表 4.14）。从单位面积固碳量来看，固碳能力最强的是森林和灌丛生态系统，固碳量分别为 634g C·m^{-2} 和 502g C·m^{-2}（图 4.30）。

表 4.14　2015 年研究区域各类典型生态系统固碳功能状况

生态系统类型	固碳量/t	百分比/%
森林	2 468 337.30	74.48
灌丛	81 038.07	2.44
草地	3 259.83	0.10
湿地	0	0
农田	761 130.27	22.97
城镇	178.57	0.01
裸土	54.02	0
合计	3 313 998.00	100

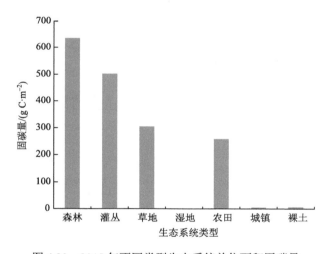

图 4.30　2015 年不同类型生态系统单位面积固碳量

从市级和县级行政分区来看，见表 4.15，琼中县的生态系统固碳比例最高，约为 36.31%，白沙县、五指山市和保亭县的比例分别为 32.13%、19.09% 和 12.47%。从单位面积固碳量来看，五指山市的生态系统固碳能力最强，约为 550.11g C·m⁻²。

表 4.15　2015 年研究区域各市县生态系统固碳功能状况

区域	单位面积固碳量/(g C·m⁻²)	总量/t	百分比/%
白沙县	494.47	1 064 858.40	32.13
琼中县	447.77	1 203 433.20	36.31
五指山市	550.11	632 580.03	19.09
保亭县	362.39	413 120.25	12.47

　　总体而言，白沙县的生态系统固碳高值区主要分布在西南部山区，琼中县的固碳高值区主要分布在西部山区，五指山市的固碳高值区主要分布在东北部山区，保亭县的固碳高值区主要分布在西部山区（图4.31）。

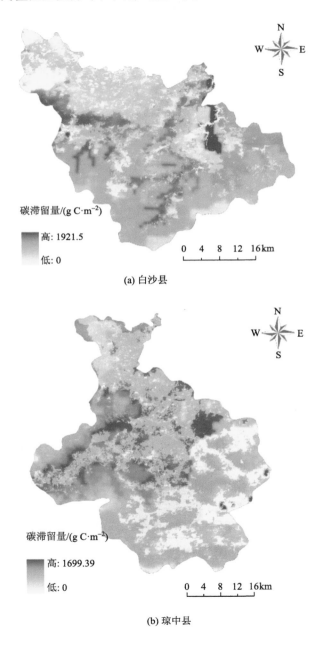

碳滞留量/(g C·m⁻²)

高: 1921.5

低: 0

0　4　8　12　16km

(a) 白沙县

碳滞留量/(g C·m⁻²)

高: 1699.39

低: 0

0　4　8　12　16km

(b) 琼中县

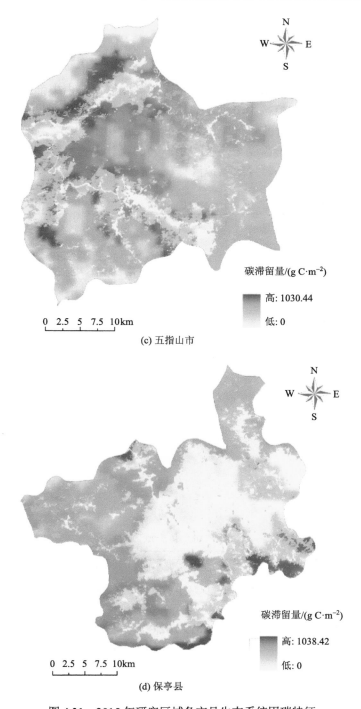

图 4.31　2015 年研究区域各市县生态系统固碳特征

五、释氧

研究区生态系统释氧功能总体上呈现中部高四周低、由中部到四周逐渐递减的特征，中部海拔高、植被生产力高的地区森林、灌木和草地生态系统发挥着重要的释氧功能，产氧功能量分布与固碳分布较接近（图 4.32）。释氧量较高的区域主要集中于中部高植被覆盖度与高植被生产力的森林生态系统，而四周地区由于植被净生产力较低的影响，导致该地区释氧量较低。

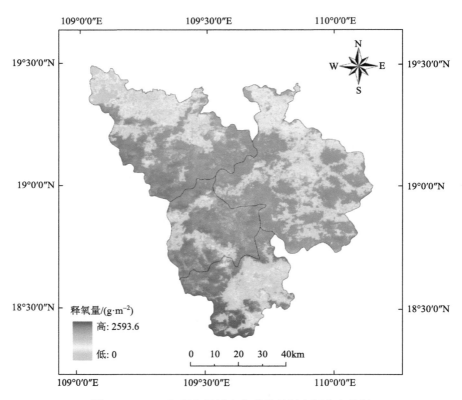

图 4.32　2015 年研究区域生态系统释氧空间分布特征

研究区域生态系统释氧总量为 14 619 162.00t，单位面积释氧量为 16.61t·hm^{-2}。其中，各生态系统中，森林是生态系统释氧功能的主体，其释氧量为 9 109 341.00t，约占释氧总量的 62.31%；其次为农田生态系统，其释氧量为 5 088 120.30t，占总量的 34.80%（表 4.16）。从单位面积释氧量来看，释氧能力最强的是森林和灌丛生态系统，释氧量分别为 2341.81g·m^{-2} 和 2203.17g·m^{-2}（图 4.33）。

表 4.16　2015 年研究区域各类典型生态系统释氧功能状况

生态系统类型	总量/t	百分比/%
森林	9 109 341.00	62.31
灌丛	355 092.66	2.43
草地	18 567.95	0.13
湿地	0	0
农田	5 088 120.30	34.80
城镇	37 676.83	0.26
裸土	10 363.63	0.07
合计	14 619 162.00	100.00

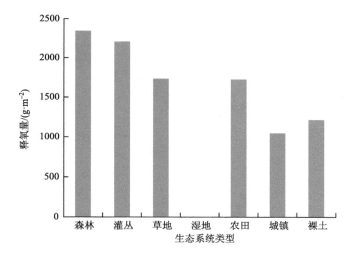

图 4.33　2015 年不同类型生态系统单位面积释氧量

从市级和县级行政分区来看，见表 4.17，琼中县的生态系统释氧比例最高，约为 37.32%，白沙县、五指山市和保亭县的比例分别为 29.38%、17.18% 和 16.12%。从单位面积释氧量来看，五指山市的生态系统释氧能力最强，约为 2183.85g·m^{-2}。

表 4.17　2015 年研究区域各市县生态系统释氧功能状况

区域	单位面积释氧量/(g·m^{-2})	总量/t	百分比/%
白沙县	1 994.24	4 294 636.20	29.38
琼中县	2 030.15	5 456 216.70	37.32
五指山市	2 183.85	2 511 267.30	17.18
保亭县	2 067.57	2 357 019.00	16.12

　　总体而言，白沙县的生态系统释氧高值区主要分布在南部山区，琼中县的释氧高值区主要分布在整个山区，五指山市的释氧高值区主要分布在东北部和西南部山区，保亭县的释氧高值区主要分布在西部山区（图4.34）。

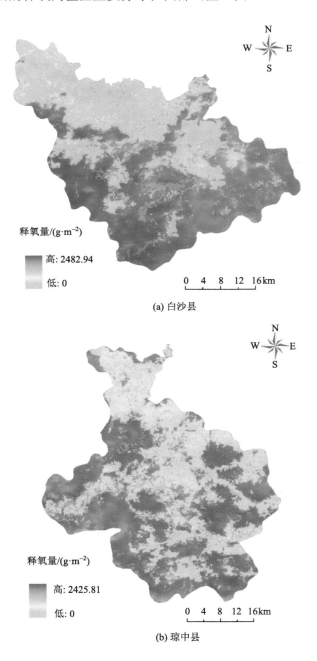

(a) 白沙县

(b) 琼中县

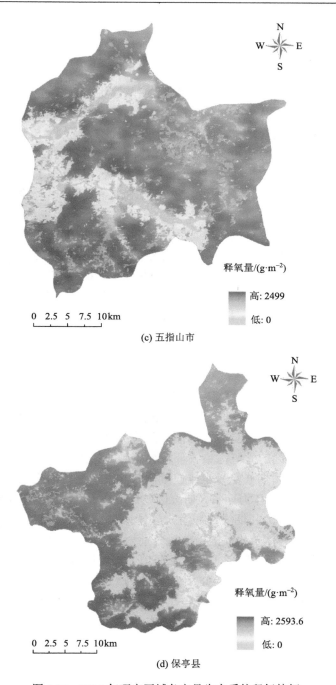

图 4.34　2015 年研究区域各市县生态系统释氧特征

六、空气净化

空气净化功能首先体现在森林、草地、灌丛等生态系统对大气污染物的吸收、沉降净化作用，其中森林生态系统的吸附能力远高于其他生态系统。由于硫、氮等元素是植物的营养元素之一，因此植物可以通过气孔吸收 SO_2、NO_x 等气态污染物净化空气。植物也能使粉尘和颗粒物沉降，通过树木的屏障作用使风速缓解达到自然沉降。另外，由于植物枝叶外面凸凹起伏，且有绒毛或分泌黏性物质，还可以吸附粉尘和颗粒物。[135]在此，选用对 SO_2 和 NO_x 以及粉尘的净化能力衡量生态系统净化大气的物质量。

生态系统生产总值核算是对生态系统服务流量价格的核算，而不是生态系统生态资产价值量的核算。因此，在计算时不是计算生态系统的大气净化能力与潜力，而是核算当年从生态系统当中所获取的生态环境效益。当一个地区污染物排放超过环境容量的时候，按照文献[94]一般选用大气环境容量对环境净化功能进行计算。如果没有超过环境容量，按照文献[43]采用污染物排放量进行计算。表 4.18 列出了海南省及研究市县 2015 年主要大气污染物排放浓度，SO_2、NO_2、PM_{10}、CO浓度符合国家一级排放标准，$PM_{2.5}$、O_3 浓度符合国家二级排放标准。全省环境空气质量优良天数比例为 97.9%。研究区域处于海南绿心，空气质量在海南省各市县中排序靠前。白沙县、琼中县、五指山市、保亭县全年优良天数占比分别为98.8%、99.2%、99.7%和98.0%，均高于全省平均值，污染物中仅有个别地区 O_3和 CO 的年排放浓度略高于全省平均值，其他类型的大气污染物浓度均低于全省平均水平。由于该地区的大气污染物环境容量高于排放量，因此直接运用研究区域 2015 年 SO_2、NO_x、烟（粉）尘排放量反映其生态系统的空气净化功能量。

表 4.19 列出了 2015 年海南省及研究区域各市县大气污染物年排放量。2015 年海南省共排放 SO_2、NO_x 和烟（粉）尘排放量为 3.23 万 t、8.95 万 t 和 2.04 万 t；研究区域 SO_2、NO_x 和烟（粉）尘排放量分别为 297.05t、1482.94t、1054.55t。[116]根据黄春等[136]的文章计算显示，海南省理想大气环境容量 SO_2、NO_x 和烟（粉）尘分别为 14.45 万 $t·a^{-1}$、22.4 万 $t·a^{-1}$ 和 16.45 万 $t·a^{-1}$。由此计算 2015 年海南全省SO_2、NO_x 和烟（粉）尘剩余容量所占比例为 77.6%、60.0%和 87.6%，大气环境容量还较充裕，从生态系统获取的空气净化效益有较大的上升空间。

表 4.18　2015 年海南全省及研究区域大气污染物年排放浓度

	SO_2/($\mu g·m^{-3}$)	NO_2/($\mu g·m^{-3}$)	PM_{10}/($\mu g·m^{-3}$)	$PM_{2.5}$/($\mu g·m^{-3}$)	O_3/($\mu g·m^{-3}$)	CO/($mg·m^{-3}$)
一级排放标准	20	40	40	15	100	4
二级排放标准	60	40	70	35	160	4

续表

	SO$_2$/(μg·m^{-3})	NO$_2$/(μg·m^{-3})	PM$_{10}$/(μg·m^{-3})	PM$_{2.5}$/(μg·m^{-3})	O$_3$/(μg·m^{-3})	CO/(mg·m^{-3})
海南省	5	9	35	20	118	1.1
白沙县	5	6	32	19	124	1.3
琼中县	4	8	34	18	100	1.2
五指山市	3	4	30	15	109	1.0
保亭县	2	7	30	17	120	0.8

表 4.19　2015 年研究区域各市县大气污染物排放量

区域	SO$_2$/t	NO$_x$/t	烟（粉）尘/t
海南省	32 300.06	89 518.24	20 400.00
白沙县	144.41	390.73	395.83
琼中县	107.40	320.69	169.61
五指山市	43.35	487.98	289.27
保亭县	1.89	283.54	199.84
研究区域合计	297.05	1 482.94	1 054.55

　　生态系统空气净化功能还体现在森林生态系统提供负离子的功能。《2015年海南省环境统计公报》显示，2015 年位于海南中部研究市县的五指山、七仙岭、吊罗山、呀诺达 4 个森林旅游区空气负离子年均浓度分别为 4625 个·cm^{-3}、5933 个·cm^{-3}、5990 个·cm^{-3} 和 5735 个·cm^{-3}[137]，远超世界卫生组织清新空气 1000～1500 个·cm^{-3} 标准，对人体健康极有利。根据《森林生态系统服务功能评估规范》（LY/T 1721—2008）提供公式[107]，计算出白沙县、琼中县、五指山市、保亭县2015 年森林生态系统提供的负离子量分别为 1.0236×10^{25} 个、1.2155×10^{25} 个、7.2019×10^{24} 个和 4.5388×10^{24} 个，共计约 3.4132×10^{25} 个。

　　此处计算的负离子产生量均为森林生态系统产生的功能量。其他类型生态系统如灌丛、园地、农田、城市绿地也可以产生负离子，如曾曙才等[138]，李意德等[63]和尹为治等[139]研究中均有分析，但负离子浓度较森林生态系统低许多，因此，此处仅计算森林生态系统产生的负离子功能量。

七、水质净化

　　水质净化功能主要考虑湿地生态系统对水体污染物的净化作用。在此，选用列入国家总量控制的 2 项污染物 COD 和氨氮的净化情况衡量湿地生态系统产生的水质净化量。海南省河流水质状况总体较好，2015 年总评价河长 1985km，其中Ⅰ～Ⅲ类水河长占总评价河长的 94.4%。《五指山市水资源综合规划》中利用一维水质模型计算得出该市 3 条主要河流 5 个水功能区 COD 和氨氮的纳污能力远高于 COD 和氨氮的入河量，其具体数值见表 4.20。研究区域其他市县的地表水资源量均大于五指山市，可以认为研究区域的湿地生态系统的纳污能力均高于污染物入河量。参考文献[43]，直接运用研究区域 2015 年 COD 和氨氮排放量反映其湿地生态系统的水质净化功能量。

表 4.20　五指山市主要河流水功能区纳污能力计算

河流		COD/(t·a⁻¹)			氨氮/(t·a⁻¹)		
		现状入河量	纳污能力	剩余容量	现状入河量	纳污能力	剩余容量
昌化江	干流	0	0	0	0	0	0
	毛阳河	0	1015.9	1015.9	0	33.9	33.9
	南圣河	495.4	1745.2	1249.8	52.0	69.9	17.9
合计		495.4	2761.1	2265.7	52.0	103.8	51.8

表 4.21 列出了 2015 年海南省及研究区域各市县废水主要污染物排放情况。四个市县中五指山市 COD 和氨氮排放量最少，分别为 2408.4t 和 233.8t，也是海南省所有市县（三沙市除外）排放量最少的地区。琼中县、白沙县和保亭县也分别是海南省仅次于五指山市 COD 和氨氮排放量依次最少的地区。

表 4.21　2015 年研究区域各市县废水主要污染物排放量

区域	COD 排放量/t	氨氮排放量/t
海南省	187 938.5	21 027.6
白沙县	4 268.4	415.7
琼中县	3 441.6	363.6
五指山市	2 408.4	233.8
保亭县	4 647.2	476.2
研究区域合计	14 765.6	1 489.3

八、气候调节

研究区年均蒸散量较高，蒸散的水分吸收的热量也就多，能够给地区产生夏季降温效益。森林、灌丛、草地和湿地具有显著的降温效益，对缓解城市热岛效应起到了重要的作用。森林、灌丛和草地生态系统提供的年气候调节功能量为 $2919.58×10^6kW·h$，占比约为 12.11%，湿地生态系统提供的气候调节功能量为 $21\,180.63×10^6kW·h$，占到 87.89%，湿地生态系统发挥了主导作用（表 4.22）。

该区域地势崎岖，河流众多，水库遍布。虽然不包含海南岛湿地类型中典型的近海和海岸湿地，但其河流湿地和库塘湿地有着重要的代表作用。永久性河流湿地在该区域占比为 51.06%，库塘湿地占比为 41.85%，其余部分为泛红平原湿地和水产养殖湿地等。[140]湿地生态系统具有饱和的含水量,在强烈的蒸腾作用下，会不断向大气输送水蒸气，从而大大降低周边气温，增加大气湿度。

表 4.22　2015 年研究区域各类典型生态系统气候调节功能状况

气候调节功能	生态系统类型	功能量/($×10^6kW·h$)	百分比/%
植物气温调节	森林	2 859.65	11.87
	灌丛	57.79	0.24
	草地	2.14	0
水面气温调节	湿地	21 180.63	87.89
合计		24 100.21	100

从市级和县级行政分区来看，白沙县的生态系统气候调节功能量所占比例最高，约为 37.50%，琼中县、保亭县和五指山市的比例分别为 30.44%、16.63% 和 15.43%（表 4.23）。白沙县总体湿地面积最大，虽然永久性河流面积较琼中县小，但库塘类湿地占地比较大，因此该地区湿地发挥的气候调节功能较为显著。琼中县森林面积最大，植被气候调节功能最突出，占到区域植被调节功能量的 35.3%。

表 4.23　2015 年研究区域各市县生态系统气候调节功能状况

区域	植被气候调节功能/($×10^6kW·h$)	湿地气候调节功能/($×10^6kW·h$)	总量/($×10^6kW·h$)	百分比/%
白沙县	862.89	8148.36	9011.25	37.50
琼中县	1030.37	6284.06	7314.43	30.44
五指山市	628.60	3080.82	3709.42	15.43
保亭县	394.48	3603.34	3997.82	16.63

九、病虫害控制

根据《中国林业统计年鉴 2015》数据，海南省天然林面积为 51.57 万 hm^2，人工林的面积是 136.30 万 hm^2。海南人工林的发展有 30 多年的历史，主要以种植桉树、木麻黄、马占相思、大叶相思、松树等树种为主。人工林由于树种单一，年龄一致，层次结构简单，并且大多为演替早期阶段的树种，在病虫害抵制能力方面，远低于树种多样、林木遗传变异性大、结构复杂、生境异质性大的天然林。[141] 椰心叶甲害虫 2002 年在海南岛被发现，曾严重危害棕榈科植物。[142, 143]

根据病虫害功能量计算方法，生态系统的病虫害功能量为区域生态系统依靠自身物种多样性水平控制病虫害而自愈的面积。结合区域天然林的面积（数据来源于海南省森林资源二类调查成果）和人工林及天然林病虫害发生率 1.92%，得到病虫害控制功能量见表 4.24。

表 4.24 2015 年研究区域各市县生态系统控制病虫害状况

区域	天然林面积/hm^2	病虫害控制功能量	
		总量/hm^2	百分比/%
白沙县	74 946	1 439.0	25.7
琼中县	105 395	2 023.6	36.1
五指山市	64 472	1 237.9	22.1
保亭县	46 799	898.5	16.1
合计	291 612	5 599.0	100

琼中县由于无论是森林面积还是天然林面积均高于其他市县，因此病虫害控制功能量最高，占地区控制总量的 36.1%，白沙县和五指山市该功能量较为接近，保亭县该功能量为最小。

第七节　研究区域生态系统生产总值核算结果

生态系统生产总值核算内容包括产品供给价值、调节服务价值及文化服务价值。

一、生态系统产品供给价值

生态系统提供给人类包括具有食用、医用、药用价值的物质和能源，以满足人类生活与生产的需要。这些产品的供给功能与人类密切相关，产品的短缺对人类福祉产生直接和间接的不利影响。将生态系统产品提供分为农产品、林产品、畜产品、水产品、水资源、生态能源六个类别。根据研究区域 2015 年上述产品产量及当年产品市场单价，计算得出各类生态系统产品的产值。

从三次产业产值情况来看，白沙县、琼中县和保亭县的产业结构比较接近。2015 年，白沙县、琼中县和保亭县三次产业产值占地区生产总值的比重分别为 47.2：11.2：41.6、42.9：15.6：41.5、41.3：12.4：46.3。三个地区第一产业产值占比较全省平均水平 23.1%高出约 20 个百分点，工业比重均较低，第三产业和第一产业产值较为接近。五指山市的三次产业结构比为 24.3：20.9：54.8，第一产业较其他三个地区低 20%左右，第三产业占地区产值的比重高于第一产业和第二产业的总和，该地区和海南省总体产业结构特点较为类似。

1. 农产品生产及价值

《国务院关于推进海南国际旅游岛建设发展的若干意见》中的海南六大战略定位之一就是将海南建设成为"国家热带现代农业基地"，充分发挥海南热带农业资源优势，大力发展热带现代农业，使海南成为全国冬季菜篮子基地、热带水果基地。海南省"十三五"期间确定了十二大重点产业，热带高效农业是其中重点产业之一。

该部分计算的农产品是指从农业生态系统中获取的初级产品，包括粮食作物、油料作物、糖类作物、烟叶、中草药材、蔬菜及瓜菜、水果、坚果以及茶叶和香料作物。2015 年研究区域各市县主要农产品产量和农产品价值情况见表4.25 和表4.26。白沙县、琼中县、五指山市和琼中县农产品价值分别为 110 472 万元、145 528.4 万元、42 107.0 万元和 139 835.1 万元，农产品价值共计 437 942.5 万元。该地区农业基础较海南省其他地区而言相对薄弱，生产规模小，又由于其生态功能的重要性，因此以发展生态保育型农业为主攻方向。

表 4.25　2015 年研究区域各市县生态系统农产品产量

指标	白沙县	琼中县	五指山市	保亭县
一、粮食作物/t	31 152	45 129	21 685	29 976
1.谷物/t	22 440	38 277	17 753	27 693
稻谷/t	22 440	38 277	17 063	27 643
2.豆类/t	252	724	276	54
大豆/t	0	724	51	1
杂豆/t	252	—	225	53
3.薯类(番薯)/t	8 460	5 740	3 656	2 221
二、油料作物(花生)/t	350	4 058	1 091	1 021
三、糖类(甘蔗)/t	399 340	31 961	422	2 036
四、烟叶/t	5	0	0	0

指标	白沙县	琼中县	五指山市	保亭县
五、中草药材/t	22 977	—	2 594	2 041
六、蔬菜(含菜用瓜)/t	52 620	45 413	28 538	106 413
七、水果/t	41 823	50 397	27 101	48 048
菠萝/t	63	1 021	178	1 737
荔枝/t	2 651	2 176	2 021	5 146
柑橘类/t	180	25 943	642	—
香蕉/t	30 842	11 023	16 757	7 897
龙眼/t	2 843	3 554	1 554	7 732
芒果/t	957	89	1 663	10 067
石榴/t	103	0	265	0
八、坚果、香料和饮料作物种植/t	2 481	28 611	3 407	17 144.5
椰子/万个	37	268	98	1 018
槟榔/t	2 004	27 772	2 906	16 035
胡椒/t	136	434	262	39.5
茶叶/t	263	117	141	52
咖啡/t	41	20	0	0

表 4.26　2015 年研究区域各市县生态系统农产品价值　　（单位：万元）

指标	白沙县	琼中县	五指山市	保亭县
一、粮食作物	19 061	18 412.6	9 667.0	10 289.8
1.谷物	8 855	11 010.6	6 832.3	8 519.5
稻谷	8 855	10 917.9	6 079.6	8 374.7
2.豆类	168	389.3	116.0	24.5
3.薯类	10 038	7 012.7	2 718.7	1 745.8
二、油料作物	220	1 757.5	446.1	821.6
三、糖类	18 331	1 641.9	219.9	289.3
四、烟叶	135	0	0	0
五、中草药材	20 208	9 817.4	6 620.8	2 041.5
六、蔬菜（含菜用瓜）	19 991	15 613.1	8 775.1	50 116.9
七、水果坚果饮料香料作物	28 925	94 590.9	13 164.0	74 853.4
1.水果	21 411	26 021.8[①]	10 071.9[②]	35 208.3

续表

指标	白沙县	琼中县	五指山市	保亭县
2.食用坚果	2 971	66 364.6	—	38 407.6
3.茶叶、香料及其他	4 543^③	2 204.5	3 092.1	1 237.5
八、其他农作物	3 601	3 695.0	3 214.1	1 422.6
农产品产值^④	110 472	145 528.4	42 107.0	139 835.1

注：①琼中县水果类中绿橙产值为 15 422.0 万元；②五指山市水果和坚果类合计产值为 10 071.9 万元；③白沙茶叶、香料及其他类中茶叶产值为 3 818 万元；④琼中县、五指山市、保亭县的数据保留 1 位小数，白沙县提供的数据为整数。

　　具体来看，各市县农产品生产方面各具特色。白沙县传统的农业产品是甘蔗和木薯，但近年甘蔗和木薯市场价格低迷，因此白沙县在不断调整甘蔗、木薯的种植面积，加快培育壮大绿茶、南药等新型农产品，同时发展咖啡、雪茄、山兰米等特色产品。白沙绿茶是中国国家地理标志产品，产自白沙陨石坑境内，独特的土壤条件、优良的生态环境造就了高品质白沙绿茶，曾在中国名优绿茶评比中荣获金奖。2015 年，白沙绿茶销售收入为 3800 万元。在南药种植方面，白沙县已累计种植南药 4.5 万亩，正努力建成中国南药牛大力主产区。

　　琼中县农产品产值在四个市县中排名第一。其中，槟榔是琼中县传统农业支柱产业之一，其产量 2015 年达到 27 771.9t，是海南省槟榔产量除琼海、万宁外最多的市县。此外，琼中绿橙是琼中特色农业的第一品牌。20 世纪 80 年代后期从广东引进种植，自 2008 年以来，通过实施"琼中绿橙标准化高产栽培技术示范推广"项目和"琼中绿橙国家级农业标准化示范区"项目等推动，使琼中绿橙迅速走上了产业化、标准化发展的道路。琼中绿橙先后获国家农业部无公害农产品认证、国家绿色食品 A 级认证，并成为海南省首个国家地理标志产品。2015 年，琼中绿橙的收购价约每斤 8～9 元，绿橙产值达到 15 422 万元。绿橙价格连年攀升，2018 年收购价达到每斤 13 元。除传统优势产业，南药、灵芝等已经成为琼中新兴特色农产品。南药益智的产量达到 2337t，产值约 1.2 亿元，铁皮石斛产鲜条 4 万斤（1kg=2 斤），产值约 1200 万元。在粮食种植方面，山兰稻种植历史悠久，是海南黎族先人在长期生产实践中筛选出来适宜干旱山地种植的旱稻品种，主要分布在琼中县、白沙县、五指山市和保亭县。其中，琼中县约 229hm^2，白沙县约 120hm^2，五指山市约 95hm^2，保亭县约 65hm^2。琼中县已经将其独具特色的砍山种植方式申请为中国重要农业文化遗产。

　　五指山市耕地面积是海南省最少的市县。建设热带山地特色农业区是其发展战略定位"两市两区"（热带雨林养生度假旅游城市、黎族苗族文化中心城市、热带山地特色农业区、国家重点生态功能区）中的重要一区。该地区农产品目前围绕无公害、绿色、有机农产品和地理标志农产品"三品一标"进行建设。近年来，五指山市茶叶、槟榔和蔬菜产量增长幅度较大，稻谷的产量处于下降趋势。茶产业是五指山市农业的支柱产业和重点发展产业之一。五指山高山茶获得国家有机食品认证，五指山红茶获国家地理标志农产品保护认证。2015 年，茶叶种植面积约 287hm^2，产量达到 141t，2017 年产量已经增长到 219t，种植主要集中布局在东部的水满乡。此地一些茶园开发的高山云雾茶，主要走红茶高端市场，市场均价每斤在 3000～4000 元。此外，五指山市大力推广种植忧遁草，忧遁草又称接骨草，全株入药，具有清热解毒等作用，其产业规模不断扩大，种植面积超过 67hm^2。

保亭县农产品产值仅次于琼中县。热带特色农业的发展不断提高，以四棱豆、苦瓜、树仔菜、黄秋葵、茄子、朝天椒为主的冬季瓜菜，以早熟荔枝、龙眼、芒果、红毛丹、山竹为主的热带水果，以槟榔为主的热带作物具有一定的知名度。保亭县红毛丹、益智 2018 年获得国家地理标志认证。在全省的农业发展布局中，保亭县属于琼南区，借助于大三亚圈的旅游发展优势，发展壮大休闲观光农业是其农业发展的定位之一，目标是形成生态、观光、休闲为特色的农业生态旅游产业体系，达到农旅结合，使农业的发展具有旅游资源价值。

2. 林产品生产及价值

该部分计算的林产品包括育种、育苗、造林、竹木产品和林下产品等。2015 年，研究区域各市县林产品价值情况见表 4.27。白沙县、琼中县、五指山市和琼中县林产品产值分别为 66 712 万元、58 428.3 万元、12 559.8 万元和 31 918.3 万元，林产品价值共计 169 618.4 万元。林产品产值中橡胶产值是主要部分，占林产品产值的 90.4%。2015 年，白沙县、琼中县、五指山市和保亭县的橡胶（干胶）产量分别为 48 975t、37 742t、9 134t 和 19 234t，共计 115 085t，四个市县橡胶产量占海南省橡胶产量的 31.9%。

表 4.27　2015 年研究区域各市县生态系统林产品价值　　（单位：万元）

指标	白沙县	琼中县	五指山市	保亭县
一、林木的培育和种植	389	525.9	81.0	85.1
1.育种和育苗	34	58.8	0	8
2.造林	355	467.1	81.0	77.1
二、竹木采运	7 270	5 402.5	0	2 590.4
三、林产品	59 053	52 499.9	12 478.8	29 242.8
橡胶（干胶）	58 770	41 516.6	10 960.8	29 242.8
其他野生植物采集	283	10 983.3	1 518.0	0
林产品产值	66 712	58 428.3	12 559.8	31 918.3

海南省在"十三五"期间将按照"稳定产能、提高单产、调整布局、提升综合效益"的思路适度地调整橡胶产业。逐步淘汰东部易受台风影响、产能偏低的胶园,推动橡胶产业向中西部集中,积极发展林苗、林药、林菌、林鸡、林畜、林蜂等林下经济。天然橡胶在白沙县、琼中县和五指山市均是支柱产业,特别是山区贫困农户的主要收入。以白沙县为例,白沙县橡胶人均种植面积在海南省排名第一,全国排名第二,胶农近 10 万人,橡胶收入占农民纯收入的七成。作为国家战略物资,海南省橡胶种植面积占全国种植面积的 60%,曾被誉为海南省农民的"绿色银行",但近年因为价格持续低迷,农民从中获取的收益越来越少。为了保证胶农的收入,目前,海南省开始采用"保险+期货+扶贫"方式为橡胶收入保险投保。胶农收割橡胶的收入一旦低于双方约定的保险金额,将按收入的差额给予胶农经济赔偿,而投保费用政府给予 90% 补贴,胶农自费 10%。

3. 畜牧产品生产及价值

该部分计算的畜牧产品包括用放牧、圈养或者两者结合的方式,饲养牲畜家禽所取得的肉类产品、禽蛋、奶类产品和蜂蜜等。2015 年,研究区域各市县畜牧产品产量及价值情况分别见表 4.28 和表 4.29。白沙县、琼中县、五指山市和琼中县畜产品价值分别为 60 390 万元、53 016.4 万元、23 829.4 万元和 41 155.9 万元,畜牧产品价值共计 178 391.7 万元。

表 4.28 2015 年研究区域各市县生态系统畜牧产品产量

指标	白沙县	琼中县	五指山市	保亭县
一、牲畜家禽出栏量				
牛/万头	0.57	0.62	0.41	0.21
羊/万头	1.10	1.35	0.15	1.60
猪/万头	17.81	14.55	5.54	14.02
鸡/万只	184.83	98.45	38.78	76.90
鸭/万只	21.50	22.35	4.50	26.83
鹅/万只	4.60	19.95	6.40	24.43
二、肉类产量	18 296	16 517	6 023	14 987
牛肉/t	537	587	379	205
羊肉/t	154	179	20	204
猪肉/t	14 376	12 587	4 334	11 143
禽肉/t	3 215	2 707	816	2 404
三、禽蛋产量/t	235	290	148	948
四、蜂蜜产量/t	74	313	8	12

表 4.29　2015 年研究区域各市县生态系统畜牧产品价值　（单位：万元）

指标	白沙县	琼中县	五指山市	保亭县
一、牲畜饲养	5 336	4 710.6	1 977.1	2 949.8
牛	4 673	4 210.8	1 895.6	2 230.5
羊	663	499.8	81.5	719.3
二、猪的饲养	18 296	33 981.3	11 328.3	31 722.1
三、肉禽	10 762	8 890.0	2 571.7	4 567.3
四、禽蛋	218	495.0	124.3	952.1
五、捕捉动物、其他畜牧业	9 260	4 939.5	7 828.0	964.7
畜牧产品价值	60 390	53 016.4	23 829.4	41 155.9

目前，各市县畜牧业仍以养猪业的规模最大，但海南省"十三五"优化养殖产业结构的主要思路是"稳猪、促禽、增牛羊"。在畜禽生产布局方面，由于受环境的限制，中部地区不是畜禽规模养殖发展的主要区域。中部地区通过适度规模化养殖，主要利用山地优势通过放养的方式发展品牌畜禽产品。白沙细水黑羊、白沙山鸡、白沙邦溪黑养、琼中白莲鹅、琼中小黄牛、五指山五脚猪、五指山小黄牛、五指山野山鸡、保亭六弓鹅、保亭什玲鸡、保亭七仙岭山猪、香猪等都是广受消费者喜爱的产品。此外，琼中蜂蜜在全省各市县中产量最高，约占全省产量的 1/3。2005 年，琼中县开始推广养蜂业，由于有良好的品质做保证，农民收益较好，近几年发展速度再快，2017 年琼中蜂蜜的产量已经突破 90 万斤，养蜂农户达到 4000 多户。当前，琼中县着力创建"全国蜂蜜产品安全与标准化生产基地"和"蜂情小镇"，为做大做强蜂蜜产业打下了基础。

4. 水产品生产及价值

湿地生态系统提供的产品之一是水产品，指人工养殖的水产品和自然生长的水产品，主要包括养殖和野生的鱼类、虾蟹类、贝类等水产品。从水产品获取方式来看，主要以养殖为主，约占 95%；从水产品品类来看，主要以鱼类为主，占总产量的 99%。鱼类品种主要为罗非鱼附带混养一些鳙鱼、草鱼、鲮鱼、鲳鱼、田螺等，基本以散养为主。白沙县水产养殖面积为 1352hm^2，琼中县水产养殖面积为 1027hm^2，五指山市的水产养殖面积为 329hm^2，保亭县水产养殖面积为 745hm^2。水产养殖面积和湿地的总面积是成正相关的，河流湿地和库塘湿地都是有效的水产养殖地。

海南省 2015 年水产品产量为 2 072 912t，比 2010 年增长 38.7%。海南省主要水产品产地在西部沿海的临高县、儋州市、澄迈县和东部的文昌市、琼海市和陵水县。研究区域的各市县是海南省水产品产量较低的区域，2015 年四个市县水产量共计 35 105t，仅占当年海南省水产品产量的 1.7%，见表 4.30。可以通过用渔业产值（不包含渔业服务业）的指标计算湿地生态系统提供农业产品的价值。根据产品当年价格计算，2015 年白沙县、琼中县、五指山市和保亭县的水产品产值如下：白沙县水产品产值为 15 765 万元，琼中县水产品产值为 11 558 万元，五指山市水产品产值为 2019 万元，保亭县水产品产值为 3883 万元。研究区域湿地生态系统提供水产品的价值即渔业产值为 33 225 万元。

表 4.30 2015 年研究区域各市县水产品产量　　　　　（单位：t）

区域	水产品总产量	按捕捞和养殖分类		按品类分类			
		捕捞	养殖	鱼类	虾蟹类	贝类	藻类及其他
海南省	2 072 912	1 396 011	676 901	1 643 749	212 106	78 825	138 232
白沙县	16 070	0	16 070	16 070	0	0	0
琼中县	12 296	1 290	11 006	12 057	159	80	0
五指山市	2 171	190	1 981	2 129	14	28	0
保亭县	4 568	139	4 429	4 552	0	16	0
研究区域合计	35 105	1 619	33 486	34 808	173	124	0

5. 水资源利用及价值

湿地生态系统提供的产品之一是水资源，包含提供的生活用水、农业用水、工业用水和生态用水。根据 2015 年海南省水资源公报显示，2015 年海南全省用水量为 45.84 亿 m^3，其中农业用水量 34.32 亿 m^3，占总用水量 74.9%；工业用水量 3.24 亿 m^3，占总用水量 7.1%；生活用水量 7.95 亿 m^3，占总用水量 17.3%；生态环境用水量 0.33 亿 m^3，占总用水量 0.7%。研究区域四个市县的用水量见表 4.31。四个市县是海南省用水量最少的地区，分别仅占到全省用水总量的 1.9%、2.0%、1.1% 和 1.7%，而且人均水资源量属于海南省较高的地区，特别是琼中县和白沙县的人均水资源约为全省平均值的 4.4 倍和 2.5 倍。但由于农业用水占比较大，均占到总用水量的 80% 以上，因此万元 GDP 用水量要高出全省平均水平。

表 4.31 2015 年研究区域各市县用水量

区域	农业/亿 m^3	工业/亿 m^3	生活/亿 m^3	生态环境/亿 m^3	用水总量/亿 m^3	人均水资源量/m^3	万元 GDP 用水量/m^3
海南省	34.32	3.24	7.95	0.33	45.84	2176	123.8
白沙县	0.737	0.027	0.103	0.005	0.872	5450	218.5
琼中县	0.765	0.009	0.101	0.020	0.895	9468	229.4

区域	农业/亿 m³	工业/亿 m³	生活/亿 m³	生态环境/亿 m³	用水总量/亿 m³	人均水资源量/m³	万元 GDP 用水量/m³
五指山市	0.411	0.006	0.077	0.016	0.510	3742	228.7
保亭县	0.684	0.009	0.081	0.005	0.779	2667	202.9
研究区域合计	2.597	0.051	0.362	0.046	3.056	5639	218.4

水资源产品的生态价值的计算采用市场价值法。生活用水和工业用水的价格分别采取当前自来水公司供水的居民用水和非居民用水的价格。根据白沙县物价局 2015 年开始执行的自来水价格文件，居民生活用水价格为 1.60 元·m⁻³（第一阶梯），非居民生活用水价格为 2.60 元·m⁻³。根据琼中县物价局 2015 年执行的文件，居民生活用水价格为 1.40 元·m⁻³（第一阶梯），非居民生活用水价格为 2.50 元·m⁻³。根据五指山市物价局 2014 年以来开始执行的自来水价格文件，居民生活用水价格为 1.53 元·m⁻³（第一阶梯），非居民生活用水价格为 2.83 元·m⁻³。根据保亭县物价局 2015 年执行的文件，居民生活用水价格为 1.45 元·m⁻³（第一阶梯），非居民生活用水价格为 2.10 元·m⁻³。农业用水主要采用的是地表水，根据海南省物价局、财政厅、水利厅联合下发的《关于调整水资源费征收标准的通知》（琼价费管〔2013〕621 号），农业取用地表水的水资源费为 0.05 元·m⁻³。生态用水采取农业取用地表水的水资源费为 0.05 元·m⁻³ 计算价值。依据上述地区当年不同用水的市场价格，得出研究区域水资源价值为 8021.9 万元（表 4.32）。白沙县虽然总用水量均低于琼中县，但由于各地市水价略有差异，白沙县水价要略比其他地区高，同时单位价格较高的工业用水量大于其他地区，因此体现在水资源的市场价值是四个市县最高的。

表 4.32　2015 年研究区域各市县水资源产品价值　　（单位：万元）

区域	农业	工业	生活	生态用水	总计
白沙县	368.5	702.0	1648.0	2.5	2721.0
琼中县	382.5	225.0	1414.0	10.0	2031.5
五指山市	205.5	169.8	1178.1	8.0	1561.4
保亭县	342.0	189.0	1174.5	2.5	1708.0
合计	1298.5	1285.8	5414.6	23.0	8021.9

6. 水能利用及价值

海南岛独流入海河流有 197 条，流域面积在 100km² 及以上的河流有 95 条，海南岛大小河流水电资源理论蕴藏量为 1512.69MW（《海南省水电开发规划报告》）。虽然水量充沛，但流域面积小，水电资源总规模不大。主要河流天然落差大，但落差大部分集中于上游，因流域面积较小，上游梯级电站的规模也不大。单独入海的中小河流，多数河道较短，落差又较小，水电资源开发以小型为主。中型水电站仅 3 座，无大型水电站。3 座中型水电站的装机占总水电装机规模的 45.7%，剩余的 386 座小水电站占总装机规模的 54.3%。

2015 年，海南省水电装机规模为 870.5MW，占电力装机规模的 12.99%，水电发电量约 13.833 亿 kW·h，占比为 5.3%，水电上网电量为 6.0446 亿 kW·h。研究区域四个市县 2015 年水电上网量共计 2.167 亿 kW·h，占海南省水电上网量的 35.9%。其中，琼中县利用万泉河水系、昌化江水系、南渡江水系，共建小水电站 66 座，是海南省小水电站数量最多的地区；其次是保亭县，利用陵水河、藤桥河、宁远河水系，建有小水电站 33 座。

海南省水电站执行上网电价 0.36 元·$(kW·h)^{-1}$，根据 2015 年研究区域水电上网电量得出研究区域生态能源价值为 7801.2 万元。其中，琼中县的生态能源价值最大，为 3733.2 万元；其次为保亭县，为 2088.0 万元；五指山市为 1332.0 万元；白沙县为 648.0 万元（表 4.33）。

表 4.33　2015 年研究区域各市县水能利用价值 （单位：万元）

区域	小（1）型电站		小（2）型电站		上网电量/(亿 kW·h)	生态能源价值/万元
	装机/MW	数量/座	装机/MW	数量/座		
白沙县	0	0	13.7	11	0.18	648.0
琼中县	0	0	72.585	66	1.037	3733.2
五指山市	20	2	63.755	24	0.37	1332.0
保亭县	0	0	25.625	33	0.58	2088.0
合计	20	2	175.665	134	2.167	7801.2

综合生态系统提供的农产品、林产品、畜产品、水产品、水资源、水能等产品供给价值，2015 年研究区域产品供给价值共计 834 989 万元，其中产品供给价值最高的地区是琼中县，产品供给价值为 274 295 万元，白沙县、保亭县和五指山市分别为 256 708 万元、220 588 万元和 83 398 万元（表 4.34）。在该区域六类生态系统产品中，农产品价值占比最高，接近 53%；畜产品和林产品价值接近，分别约占 21% 和 20%；水产品、水资源和水能三项占比约为 6%（图 4.35）。

表 4.34　2015 年研究区域各市县生态系统产品价值

区域	农产品/万元	林产品/万元	畜产品/万元	水产品/万元	水资源/万元	水能/万元	总价值/万元	百分比/%
白沙县	110 472	66 712	60 390	15 765	2 721	648	256 708	30.74
琼中县	145 528	58 428	53 016	11 558	2 032	3 733	274 295	32.85

续表

区域	农产品/万元	林产品/万元	畜产品/万元	水产品/万元	水资源/万元	水能/万元	总价值/万元	百分比/%
五指山市	42 107	12 560	23 829	2 019	1 561	1 322	83 398	9.99
保亭县	139 835	31 918	41 156	3 883	1 708	2 088	220 588	26.42
合计	437 942	169 618	178 391	33 225	8 022	7 791	834 989	100

注：在计算中，由于部分产品价值数值保留了 1 位小数，部分数值为整数，未保留小数，为了统一，此处均按四舍五入未保留小数进行汇总

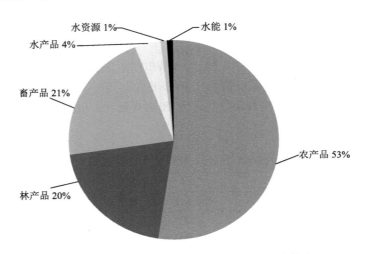

图 4.35　2015 年研究区域生态系统产品价值构成

二、生态系统调节服务价值

2015 年，研究区域内四个市县生态系统调节服务总价值 976.81 亿元。其中，水源涵养价值 391.52 亿元，占总价值的 40.08%；土壤保持价值 53.46 亿元，占总价值的 5.47%；洪水调蓄价值 264.58 亿元，占总价值的 27.09%；气候调节价值 142.20 亿元，占总价值的 14.56%；固碳释氧价值 119.71 亿元，占总价值的 12.26%；空气净化、水质净化和病虫害控制价值相对较少，分别为 1.83 亿元、3.34 亿元和 0.17 亿元（表 4.35）。

从各市县来看，2015 年琼中县的生态系统调节服务价值最高，达到了 390.68 亿元，其次是白沙县，为 287.48 亿元，五指山市和保亭县分别为 151.73 亿元和 146.23 亿元（表 4.36）。琼中县单位面积的生态系统调节服务价值约为 1454.59 万元·km^{-2}，白沙县次之，为 1335.76 万元·km^{-2}，五指山市和保亭县分别为 1319.87 万元·km^{-2} 和 1286.14 万元·km^{-2}。

表 4.35　2015 年研究区域生态系统调节服务价值

核算项目	核算科目	功能量	价值量/亿元	价值量小计/亿元	价值量比例/%
水源涵养	水源涵养量	483 356.70 万 m³	391.52	391.52	40.08
土壤保持	土壤保持量	124 584.70 万 t	53.46	53.46	5.47
洪水调蓄	洪水调蓄量	326 653.30 万 m³	264.58	264.58	27.09
固碳释氧	固碳量	331.40 万 t	12.77	119.71	12.25
	释氧量	1 461.92 万 t	106.94		
空气净化	SO₂ 净化量	297.05t		1.83	0.19
	NOₓ 净化量	1 482.94t	0.06		
	粉尘净化量	1 054.55t			
	提供负离子量	3.413 2×10²⁵ 个	1.77		
水质净化	去除 COD 量	14 765.6t	3.22	3.34	0.34
	去除氨氮量	1 489.3t	0.12		
气候调节	植物蒸腾降温	2 919.58×10⁶kW·h	17.23	142.20	14.56
	水面蒸发降温	21 180.63×10⁶kW·h	124.97		
病虫害防治	病虫害控制面积	5 599.0hm²	0.17	0.17	0.02
合计/亿元				976.81	100

表 4.36　2015 年各市县生态系统调节服务价值

市县	核算项目	核算科目	功能量	价值量/亿元	价值量小计/亿元	价值量比例/%
白沙县	水源涵养	水源涵养量	135 717.12 万 m³	109.93	109.83	38.20
	土壤保持	土壤保持量	35 780.60 万 t	15.35	15.35	5.34
	洪水调蓄	洪水调蓄量	88 926.66 万 m³	72.03	72.03	25.06
	固碳释氧	固碳	106.48 万 t	4.11	35.55	12.37
		释氧	429.46 万 t	31.44		
	空气净化	SO₂ 净化量	144.41t	1.55×10⁻²	0.55	0.19
		NOₓ 净化量	390.73t			
		粉尘净化量	395.83t			
		提供负离子量	1.02×10²⁵ 个	0.53		
	水质净化	去除 COD 量	4 268.4t	0.93	0.96	0.33
		去除氨氮量	415.7t	3.33×10⁻²		
	气候调节	植物蒸腾降温	862.89×10⁶kW·h	5.09	53.17	18.50
		水面蒸发降温	8 148.36×10⁶kW·h	48.08		

市县	核算项目	核算科目	功能量	价值量/亿元	价值量小计/亿元	价值量比例/%
白沙县	病虫害控制	病虫害控制面积	1 439.0hm²	4.40×10^{-2}	0.04	0.01
	总计/亿元				287.48	100
琼中县	水源涵养	水源涵养量	204 021.18 万 m³	165.26	165.26	42.27
	土壤保持	土壤保持量	45 454.00 万 t	19.51	19.51	4.99
	洪水调蓄	洪水调蓄量	144 414.09 万 m³	116.98	116.98	29.92
	固碳释氧	固碳	120.34 万 t	4.65	44.59	11.40
		释氧	545.62 万 t	39.94		
	空气净化	SO₂ 净化量	107.4t	1.23×10^{-2}	0.64	0.16
		NOₓ 净化量	320.69t			
		粉尘净化量	169.61t			
		提供负离子量	1.22×10^{25} 个	0.63		
	水质净化	去除 COD 量	3 441.6t	0.75	0.78	0.20
		去除氨氮量	363.6t	2.92×10^{-2}		
	气候调节	植物蒸腾降温	$1\ 030.37\times10^{6}$kW·h	6.08	43.16	11.04
		水面蒸发降温	$6\ 284.06\times10^{6}$kW·h	37.08		
	病虫害控制	病虫害控制面积	2 023.6hm²	6.19×10^{-2}	0.06	0.02
	总计/亿元				390.68	100
五指山市	水源涵养	水源涵养量	68 526.57 万 m³	55.50	55.50	36.58
	土壤保持	土壤保持量	25 434.90 万 t	10.91	10.91	7.19
	洪水调蓄	洪水调蓄量	51 389.48 万 m³	41.63	41.63	27.44
	固碳释氧	固碳	63.25 万 t	2.44	20.82	13.72
		释氧	251.12 万 t	18.38		
	空气净化	SO₂ 净化量	43.35t	1.74×10^{-2}	0.39	0.26
		NOₓ 净化量	487.98t			
		粉尘净化量	289.27t			
		提供负离子量	7.20×10^{24} 个	0.37		
	水质净化	去除 COD 量	2 408.4t	0.53	0.55	0.36
		去除氨氮量	233.8t	1.88×10^{-2}		
	气候调节	植物蒸腾降温	628.60×10^{6}kW·h	3.71	21.89	14.43
		水面蒸发降温	$3\ 080.82\times10^{6}$kW·h	18.18		
	病虫害控制	病虫害控制面积	1 237.9hm²	3.79×10^{-2}	0.04	0.02
	总计/亿元				151.73	100

续表

市县	核算项目	核算科目	功能量	价值量/亿元	价值量小计/亿元	价值量比例/%
保亭县	水源涵养	水源涵养量	75 091.78 万 m³	60.82	60.82	41.59
	土壤保持	土壤保持量	17 915.20 万 t	7.69	7.69	5.26
	洪水调蓄	洪水调蓄量	41 922.52 万 m³	33.96	33.96	23.22
	固碳释氧	固碳	41.31 万 t	1.59	18.84	12.89
		释氧	235.70 万 t	17.25		
	空气净化	SO_2 净化量	1.89t	0.99×10^{-2}	0.25	0.17
		NO_x 净化量	283.54t			
		粉尘净化量	199.84t			
		提供负离子量	4.54×10^{24} 个	0.24		
	水质净化	去除 COD 量	4 647.2t	1.01	1.05	0.72
		去除氨氮量	476.2t	3.82×10^{-2}		
	气候调节	植物蒸腾降温	$394.48 \times 10^6 kW \cdot h$	2.33	23.59	16.13
		水面蒸发降温	$3 603.34 \times 10^6 kW \cdot h$	21.26		
	病虫害控制	病虫害控制面积	898.5hm²	2.75×10^{-2}	0.03	0.02
总计/亿元					146.23	100

注：区域部分调节功能价值和各市县该调节功能价值之和略有一些差异，是由于区域总面积和各市县面积之和略有差异造成。原因在表4.7注中已说明

三、生态系统文化服务价值

研究区域旅游资源较为丰富，在自然旅游资源主类上，地貌风景、水域风景、森林景观、天象山林景观、动植物景观均有分布，资源风景质量高，开发潜力巨大，是开展观光、登山、探险、科普、科考、避暑、避寒、休闲、疗养、度假等森林生态旅游活动的胜地。该区域也是海南黎族、苗族同胞聚居区，少数民族至今保留着许多质朴敦厚的民俗民风和独特的生活方式，特色文化、田园耕作、传统民居、热带果园构筑的热带村落与自然景观相融合，丰富了区域旅游资源类型。热带山水与黎苗人文的双重原生态使得该区域同时成为开展热带休闲农业与乡村旅游、民俗旅游的目的地。

在四个市县中，2015～2018 年旅游收入及旅游人次见表 4.37。保亭县抢抓"大三亚旅游经济圈的机遇"，充分利用黎苗民俗风情资源、热带山地雨林资源和地热温泉资源，旅游业发展规模与质量最为突出。2018 年，该县境内的三大景区呀诺达雨林文化旅游区、槟榔谷黎苗文化旅游区和七仙岭温泉国家森林公园分别接待

游客达 184.0 万、168.8 万和 10.9 万人次,占全县旅游人次的 54.5%。2019 年文化和旅游部公布首批 71 个国家全域旅游示范区名单,保亭县成功入选。

表 4.37　研究区各域市县 2015～2018 年旅游人次及收入

年份	指标	白沙县	琼中县	五指山市	保亭县
2015	旅游人次/万人次	31.5	71.0	145.0	445.6
	旅游收入/亿元	1.48	3.23	2.24	8.2
2016	旅游人次/万人次	47.4	86.0	160.7	504.6
	旅游收入/亿元	2.06	3.78	2.53	9.68
2017	旅游人次/万人次	46.6	132.0	180.4	596.7
	旅游收入/亿元	2.01	5.10	3.26	13.7
2018	旅游人次/万人次	51.8	148	197.4	667.5
	旅游收入/亿元	2.39	5.90	4.13	16.64

琼中县在"奔格内"乡村旅游品牌的带动下,旅游发展速度最快。2018 年,乡村生态旅游接待人次占全县旅游人次的 45.2%,收入达到了 2.54 亿元。位于黎母山和鹦哥岭之间高山盆地中的什寒村,被群山环抱、溪流缠绕,在生态优势没有转化为发展优势前,曾是琼中县最偏远、贫困的村庄,被琼中县定为全县第一个"奔格内"乡村生态旅游示范点后,依托生态旅游产业成功扶贫的模式已经入选国务院扶贫办脱贫典范案例。2018 年,什寒村接待旅游人次达 12.9 万人次,实现旅游收入 1419.7 万元,农民人均收入由 2009 年不足 1000 元增至 15000 元,从昔日的贫困小村庄蜕变为"最美中国乡村"。

五指山市是海南省热带山地旅游资源最丰富的地区,位于五指山市水满乡的五指山热带雨林风景区是我国热带山地雨林和热带沟谷雨林景观的典型集聚地,景区内的观山平台可正面眺望海南屋脊五指山。五指山在国内有着较高的知名度,一首《我爱五指山,我爱万泉河》唱响全国。在 20 世纪 90 年代,五指山市是海南省较为热门的旅游目的地,游客络绎不绝,因此旅游饭店等服务设施的建设起步较早。但由于三亚、海口和东部市县滨海旅游的发展,五指山市并没有充分利用其知名度和独特的自然资源打造出品牌化的旅游产品,旅游产品仍处于浅层开发阶段,尚未形成发展优势。因此,在所研究的四个市县中,虽然旅游人次较高,但旅游收入相对偏低。

白沙县自然旅游资源颇为丰富,包括陨石坑、松涛水库、霸王岭、鹦哥岭、邦溪保护区、黎母岭、雅加达岭、阜喜温泉、南开谷地、细水谷地、细水溶岩洞穴、南渡江漂流河段、珠碧江漂流河段、红坎瀑布、白沙冷泉等天文奇观、水体、热带雨林及其动植物栖息地、温泉及山体。但旅游开发起步晚,整体旅游资源开发层级较低。2018 年，旅游人次为 51.8 万人次，过夜游客仅 16.50 万人次，入境过夜游客仅 196 人次。

研究区域拥有独特的热带雨林自然地理景观和完整的植被垂直带谱，而且是海南岛主要江河源头，是海南生态安全的制高点，但同时也是黎、苗少数民族传统聚居区地。在把握生态保护与经济发展的关系中，中部山区不应是发展格局中的孤岛，应该视之为发展中的绿色资本、生态资本的区域代言，这里的绿水青山应该是区域发展的动力之源。目前，分散在不同市县的国家和省级自然保护区承担保护和恢复热带雨林森林生态系统的重要作用。同时，适度地开发生态旅游活动，可以起到发挥生态系统文化服务功能，并且提升当地居民福祉的作用。但从保护的角度来看，当前分散的自然保护区管理模式不利于自然生态系统整体保护与系统修复；从发展的角度来看，旅游产品开发仍处于粗放型阶段，游憩、美学、教育等功能未得到发挥。此外，在保护区周边的旅游景区、乡村景点虽然借助于良好的自然生态优势和人文资源进行旅游活动开发，但除少数精品项目外，整体区域特色不够突出，旅游业态不够丰富，不能满足旅游需求品质化和中高端化的发展需求，旅游产业的区域带动效应还没有充分显现。这些致使森林旅游、乡村旅游等项目无法吸引多元化的社会资金进行保护的投入，资源保护的社会参与度较低。

2019 年 1 月 23 日，中央深改委第六次会议审议通过的《海南热带雨林国家公园体制试点方案》（简称《试点方案》），为解决上述保护与发展的问题带来全新的理念。《试点方案》划定包括五指山市、琼中县、白沙县、保亭县在内的海南 9 个市县约 4400km² 的面积设立热带雨林国家公园体制试点区，将原有的五指山、鹦哥岭、霸王岭、吊罗山、尖峰岭 5 个国家自然保护区及 3 个省级自然保护区、黎母山等国家和省级森林公园均纳入国家公园范围，建立大尺度的生态保护体系，进行统一的管理，使得热带雨林生态系统的原真性、完整性和生物多样性得到更有效的保护，受损生态系统得以修复。国家公园将同时兼具科研、教育、游憩等综合功能。国家公园旅游应不同于一般的大众旅游活动，而是通过国家公园内壮美的景观、良好的自然生态系统及人文遗产这样的物证展示国家的资源价值和历史脉络，成为塑造国家认同的"神圣空间"。因此，国家公园在提供独特的生态体验的过程中，将提供专业的生态知识教育、激发旅游者的生态保护意识，使其成为滋养心灵，增加国家意识和民族自豪感的示范区。周边地区的发展也应以国家公园品牌为依托，受益于国家公园的生态服务功能，发展与之保护目标相协调的生态友好产业，以最好的生态吸引通过特色村镇建设、生态景区建设使中部山区生态系统的文化服务价值得以充分发掘，解决当前生态旅游粗放发展的现状。

在计算中部四个市县生态系统文化服务价值时，本书用地区旅游收入近似代替。中部山区的旅游活动主要依托热带雨林自然资源，在乡村旅游活动中，融合山谷、河川、热带田园、地质遗迹的乡村自然生态景观资源点，乡村田园景观资源点和乡村遗产与建筑资源点也占到海南乡村旅游资源点总数的 80%，因此使用 2015 年四个市县的旅游收入对生态系统文化服务价值进行估算。

四、生态系统生产总值

基于对四个市县生态系统产品供给价值、调节服务价值和文化服务价值的估算，研究区域 2015 年生态系统生产总值为 1074.77 亿元（表 4.38）。与研究区域 2015 年 GDP 139.90 亿元相比，生态系统生产总值约为 GDP 的 7.68 倍。从生态系统生产总值构成来看，生态系统调节服务价值占主导，占比达到区域生态系统生产总值的 90.82%。其次是生态系统产品供给价值，占比为 7.77%，生态文化系统价值占比约 1.41%。从行政区划来看，四个市县中琼中县生态系统生产总值最高，为 421.34 亿元，白沙县为 314.63 亿元，保亭县和五指山市分别为 176.49 亿元和 162.31 亿元。

表 4.38　2015 年研究区域生态系统生产总值构成　　（单位：亿元）

地区	产品供给价值	调节服务价值	文化服务价值	总计
白沙县	25.67	287.48	1.48	314.63
琼中县	27.43	390.68	3.23	421.34
五指山市	8.34	151.73	2.24	162.31
保亭县	22.06	146.23	8.20	176.49
合计	83.50	976.12	15.15	1074.77

注：为统一数据，此表区域生态系统调节服务价值是按四个市县各调节服务价值之和计算，与表 4.35 区域总调节服务价值略有差异。原因在表 4.7 注中已说明

白沙县 2015 年生态系统产品供给价值占比为 8.16%，调节服务价值占比为 91.37%，文化服务价值占比为 0.47%，生态系统生产总值约为 GDP 的 7.87 倍。琼中县 2015 年生态系统产品供给价值占比为 6.51%，调节服务价值占比为 92.72%，文化服务价值占比为 0.77%，生态系统生产总值约为 GDP 的 10.78 倍。五指山市 2015 年生态系统产品供给价值占比为 5.14%，调节服务价值占比为 93.48%，文化服务价值占比为 1.38%，生态系统生产总值约为 GDP 的 7.29 倍。保亭县 2015 年生态系统产品供给价值占比为 12.50%，调节服务价值占比为 82.85%，文化服务价值占比为 4.65%，生态系统生产总值约为 GDP 的 4.58 倍。

第八节　结　　论

海南岛中部山区是海南乃至全国范围内生态系统服务功能极重要区域，对维

护区域生态安全发挥着重要作用。为反映该地区生态系统格局、服务功能及其价值，为推动生态补偿、开展生态保护工作提供科学依据，20 世纪 90 年代开始就有学者在该地区围绕生态系统服务功能及价值评价、生态功能区划、生态补偿、水源涵养等方面进行持续研究。[17, 60, 79, 144-146]2010 年之后，作为国家级重点生态功能区，随着中央生态转移支付资金投入的加大，天然林保护和造林绿化工程、水土流失防治工程、生态示范创建等工程的实施，该地区的生态服务功能得以保护。

为彰显中部山区生态文明建设成效，体现绿水青山的生态价值，本章节托生态服务功能物理量和价值量两大概念及其核算体系与核算方法，计算得出中部山区 2015 年生态系统生产总值。通过研究结果表明，海南岛中部山区生态资产供给状况良好，对于区域社会经济发展具有重要的支撑作用。

当前，海南省生态文明建设升级加速，《国家生态文明试验区（海南）实施方案》提出要把海南建设成为生态文明体制改革样板区、陆海统筹保护发展实践区、生态价值实现机制试验区和清洁能源优先发展示范区。海南岛中部山区的生态优势和地位决定其在生态文明建设中具有示范引领作用，肩负着生态文明体制改革破题探路先行先试的任务，是海南省生态优势转变为生态价值的重要实践地。生态系统生产总值的核算是基于"格局与组分—过程与功能—服务—价值"的研究范式，构建可操作、规范化的核算方法体系并开展核算，通过核算可以起到量化生态系统管理目标、优化管理的作用。该方法也是国家较为推荐认可的以绿色发展为导向的生态文明评价考核方式，可以起到完善地区发展成果考核，纠正单纯以经济增长速度评定政绩的偏向。此外，对自然资源价值进行评估，才能推动自然资源资产有偿使用实践的开展，才能拓宽生态产品价值实现路径。因此，生态系统生产总值核算对升级海南省生态文明建设具有颇为重要的意义，既可以起到以其不降低作为管理约束条件，又可以起到从正面激发将区域生态优势转换为发展优势的作用。

参 考 文 献

[1]　United Nations. System of national accounts 1993[R]. New York：United Nations Publication，1994.

[2]　杨华. 环境经济核算体系介绍及我国实施环境经济核算的思考[J]. 调研世界，2017，（11）：3-11.

[3]　张长江，温作民. 森林生态会计研究述评与展望[J]. 财会通讯，2009，（10）：8-10.

[4]　FAO. Manual for environmental and economic accounts for forestry：a tool for cross-sectoral policy analysis[S]. Rome，Italy：Forestry Department，FAO，2004.

[5]　Ehrlich P R，Ehrlich A. Extinction：the cause and consequences of the disappearance of species[M]. New York：Random House，1981.

[6]　Daily G C. Nature's services：societal dependence on natural ecosystems[M]. Washington D C：Island Press，1997.

[7]　Costanza R，d'Arge R，de Groot R，et al. The value of the world's ecosystem services and natural capital[J].

Nature，1997，387（6630）：253-260.

[8] Millennium Ecosystem Assessment. Ecosystems and human well-being：a framework for assessment[M]. Washington D C：Island Press，2003.

[9] 杜乐山，李俊生，刘高慧，等. 生态系统与生物多样性经济学（TEEB）研究进展[J]. 生物多样性，2016，24（6）：686-693.

[10] IPBES. Global assessment report on biodiversity and ecosystem services[EB/OL]. （2019-11-25）[2020-01-12]. https://ipbes.net/global-assessment.

[11] 马世骏，王如松. 社会-经济-自然复合生态系统[J]. 生态学报，1984，4（1）：1-9.

[12] 吕永龙，王一超，苑晶晶，等. 可持续生态学[J]. 生态学报，2019，39（10）：3401-3415.

[13] 王金南，杨金田，陆新元，等. 市场机制下的环境经济政策体系初探[J]. 中国环境科学，1995，（3）：183-186.

[14] 谢剑，王金南，葛察忠. 面向市场经济的环境与资源保护政策[J]. 环境保护，1999，（11）：16-19.

[15] 王金南，曹东. 可持续发展战略与环境成本内部化[J]. 环境科学研究，1997，（1）：41-46.

[16] 薛达元，包浩生，李文华. 长白山自然保护区森林生态系统间接经济价值评估[J]. 中国环境科学，1999，（3）：247-252.

[17] 欧阳志云，王效科，苗鸿. 中国陆地生态系统服务功能及其生态经济价值的初步研究[J]. 生态学报，1999，（5）：19-25.

[18] 李文华，等. 生态系统服务功能价值评估的理论、方法与应用[M]. 北京：中国人民大学出版社，2008.

[19] 李文华，张彪，谢高地. 中国生态系统服务研究的回顾与展望[J]. 自然资源学报，2009，24（1）：1-10.

[20] Zhang B，Li W，Xie G. Ecosystem services research in China: progress and perspective[J]. Ecological Economics，2010，69：1389-1395.

[21] Jiang W. Ecosystem services research in China：a critical review[J]. Ecosystem Services，2017，26：10-16.

[22] Ouyang Z，Zheng H，Xiao Y，et al. Improvements in ecosystem services from investments in natural capital[J]. Science，2016，352（6292）：1455-1459.

[23] 谢高地，张彩霞，张雷明，等. 基于单位面积价值当量因子的生态系统服务价值化方法改进[J]. 自然资源学报，2015，30（8）：1243-1254.

[24] 杨光梅，李文华，闵庆文. 生态系统服务价值评估研究进展：国外学者观点[J]. 生态学报，2006，（1）：205-212.

[25] 刘焱序，傅伯杰，赵文武，等. 生态资产核算与生态系统服务评估：概念交汇与重点方向[J]. 生态学报，2018，38（23）：8267-8276.

[26] 傅伯杰，周国逸，白永飞，等. 中国主要陆地生态系统服务功能与生态安全[J]. 地球科学进展，2009，24（6）：571-576.

[27] 周彬，余新晓，陈丽华，等. 基于 InVEST 模型的北京山区土壤侵蚀模拟[J]. 水土保持研究，2010，17（6）：9-13，19.

[28] 白杨，郑华，庄长伟，等. 白洋淀流域生态系统服务评估及其调控[J]. 生态学报，2013，33（3）：711-717.

[29] Hu H T，Fu B J，Lü Y H，et al. SAORES：A spatially explicit assessment and optimization tool for regional ecosystem services[J]，Landscape Ecology，2015，30（3）：547-560.

[30] 金羽，欧阳志云，林顺坤. 海南省绿色 GDP 核算框架的初步研究[J]. 生态经济，2008，（3）：48-53，64.

[31] 国家环境保护总局，国家统计局. 中国绿色国民经济核算研究报告 2004[R]. 北京：国家环境保护总局，国家统计局，2006.

[32] 潘勇军. 基于生态 GDP 核算的生态文明评价体系构建[D]. 北京：中国林业科学研究院，2013.

[33] 冯喆，高江波，马国霞，等. 区域尺度环境污染实物量核算体系设计与应用[J]. 资源科学，2015，37（9）：1700-1708.

[34]　封志明，杨艳昭，陈玥. 国家资产负债表研究进展及其对自然资源资产负债表编制的启示[J]. 资源科学，2015，37（9）：1685-1691.

[35]　马国霞，赵学涛，吴琼，等. 生态系统生产总值核算概念界定和体系构建[J]. 资源科学，2015，37（9）：1709-1715.

[36]　蒋洪强，吴文俊. 生态环境资产负债表促进绿色发展的应用探讨[J]. 环境保护，2017，45（17）：23-26.

[37]　陈仲新，张新时.中国生态系统效益的价值[J]. 科学通报，2000，（1）：17-22，113.

[38]　王红霞，王兵，李保玉，等. 退耕还林工程不同林种生态效益评估[J]. 林业资源管理，2014，（3）：150-155.

[39]　U S Environmental Protection Agency. Ecological benefits assessment strategic plan[R]. Washington D C EPA，2006.

[40]　王效科，杨宁，吴凡，等. 生态效益及其特性[J]. 生态学报，2019，39（15）：5433-5441.

[41]　刘胜涛，牛香，王兵，等. 陕西省退耕还林工程生态效益评估[J]. 生态学报，2018，38（16）：5759-577.

[42]　陈仲新，张新时. 中国生态系统效益的价值[J]. 科学通报，2000，（1）：17-22，113.

[43]　欧阳志云，朱春全，杨广斌，等. 生态系统生产总值核算：概念、核算方法与案例研究[J]. 生态学报，2013，33（21）：6747-6761.

[44]　IUCN. IUCN China organises gross ecosystem product workshop at IUCN world conservation congress[EB/OL]. （2016-09-23）[2020-01-12]. https://www.iucn.org/news/china/201609/iucn-china-organises-gross-ecosystem-product-workshop-iucn-world-conservation-congress.

[45]　刘伟华. 库布其 GEP 核算项目对我国生态文明建设的促进作用[J]. 前沿，2014，（Z7）：119-120.

[46]　深圳市市场和质量监督管理委员会. 《盐田区城市生态系统生产总值（GEP）核算技术规范》（SZDB/Z　342—2018）政策解读[EB/OL]. （2019-03-20）[2020-01-12]. http://www.sz.gov.cn/zfgb/zcjd/content/post_4978000. html.

[47]　欧阳志云，靳乐山，等. 面向生态补偿的生态系统生产总值（GEP）和生态资产核算[M]. 北京：科学出版社，2017.

[48]　白杨，李晖，王晓媛，等. 云南省生态资产与生态系统生产总值核算体系研究[J]. 自然资源学报，2017，32（7）：1100-1112.

[49]　隋磊，赵智杰，金羽，等. 海南岛自然生态系统服务价值动态评估[J]. 资源科学，2012，34（3）：572-580.

[50]　欧阳志云. 我国生态系统面临的问题与对策[J]. 中国国情国力，2017，（3）：6-10.

[51]　赵雪雁，张丽，江进德，等. 生态补偿对农户生计的影响：以甘南黄河水源补给区为例[J]. 地理研究，2013，32（3）：531-542.

[52]　国家财政部. 财政部关于印发《中央对地方重点生态功能区转移支付办法》的通知（财预〔2018〕86 号）[Z]. 2018-06-25.

[53]　王金南，刘桂环，文一惠，等. 构建中国生态保护补偿制度创新路线图：《关于健全生态保护补偿机制的意见》解读[J]. 环境保护，2016，44（10）：14-18.

[54]　欧阳志云，郑华，岳平. 建立我国生态补偿机制的思路与措施[J]. 生态学报，2013，33（3）：686-692.

[55]　赵越，刘桂环，马国霞，等. 生态补偿：迈向生态文明的"绿金之道"[J]. 中国财政，2018，（2）：17-19.

[56]　国家发展和改革委员会，财政部，自然资源部，等. 关于印发《建立市场化、多元化生态保护补偿机制行动计划》的通知（发改西部〔2018〕1960 号）[Z]. 2018-12-28.

[57]　严耕，吴明红，樊阳程，等. 中国省域生态文明建设评价报告（ECI 2016）[M]. 北京：社会科学文献出版社，2017.

[58]　国家林业局. 2010—2016 年度森林公园建设经营情况统计表[EB/OL].[2020-01-20]. http://hyfz.forestdata. cn:8080/News/Sjzy.aspx.

[59]　肖寒. 区域生态系统服务功能形成机制与评价方法研究[D]. 北京：中国科学院生态环境研究中心，2001.

[60] 宋爱云. 海南中部山区生态系统服务价值与生态补偿机制研究[D]. 北京：中国科学院生态环境研究中心，2008.

[61] 周亚东. 基于景观格局与生态系统服务功能的海南岛森林生态安全研究[D]. 海口：海南大学，2014.

[62] 李意德，杨众养，陈德详，等. 海南生态公益林生态服务功能价值评估研究[J]. 北京：中国林业出版社，2016.

[63] 傅伯杰，于丹丹，吕楠. 中国生物多样性与生态系统服务评估指标体系[J]. 生态学报，2017，37（2）：341-348.

[64] 王金南，马国霞，於方，等. 2015 年中国经济-生态生产总值核算研究[J]. 中国人口·资源与环境，2018，（2）：1-7.

[65] Hernández-Morcillo M，Plieninger T，Bieling C. An empirical review of cultural ecosystem services indicators[J]. Ecological Indicators，2013，29（29）：434-444.

[66] 董连耕，朱文博，高阳，等. 生态系统文化服务研究进展[J]. 北京大学学报（自然科学版），2014，50（6）：1155-1162.

[67] Nesbitt L，Hotte N，Barron S，Cowan J，et al. The social and economic value of cultural ecosystem services provided by urban forests in North America：a review and suggestions for future research[J]. Urban Forestry and Urban Greening，2017，25：103-111.

[68] 霍思高，黄璐，严力蛟. 基于 SolVES 模型的生态系统文化服务价值评估：以浙江省武义县南部生态公园为例[J]. 生态学报，2018，38（10）：3682-3691.

[69] 张颖，张彩南. 青海省祁连山国家公园生态文化服务价值评价[J]. 环境保护，2019，47（14）：56-60.

[70] 李想，雷硕，冯骥，等. 北京市绿地生态系统文化服务功能价值评估[J]. 干旱区资源与环境，2019，33（6）：33-39.

[71] 欧阳志云，张路，吴炳方，等. 基于遥感技术的全国生态系统分类体系[J]. 生态学报，2015，35（2）：219-226.

[72] 孙立达，朱金兆. 水土保持林体系综合效益研究与评价[M]. 北京：中国科学技术出版社，1995.

[73] 曹云，欧阳志云，郑华，等. 森林生态系统的水文调节功能及生态学机制研究进展[J]. 生态环境，2006，（6）：1360-1365.

[74] 周佳雯，高吉喜，高志球，等. 森林生态系统水源涵养服务功能解析[J]. 生态学报，2018，38（5）：1679-1686.

[75] 苏艳霞，李海毅，高婷婷. 我国水源涵养林研究概况[J]. 广东农业科学，2013，40（13）：173-176.

[76] 王晓学，沈会涛，李叙勇，等. 森林水源涵养功能的多尺度内涵、过程及计量方法[J]. 生态学报，2013，33（4）：1019-1030.

[77] 龚诗涵，肖洋，郑华，等. 中国生态系统水源涵养空间特征及其影响因素[J]. 生态学报，2017，37（7）：2455-2462.

[78] 肖寒，欧阳志云，王效科，等. GIS 支持下的海南岛土壤侵蚀空间分布特征[J]. 土壤侵蚀与水土保持学报，1999，（4）：75-80.

[79] 肖寒，欧阳志云，赵景柱，等. 海南岛生态系统土壤保持空间分布特征及生态经济价值评估[J]. 生态学报，2000，（4）：552-558.

[80] 蒋春丽，张丽娟，张宏文，等. 基于 RUSLE 模型的黑龙江省 2000—2010 年土壤保持量评价[J]. 中国生态农业学报，2015，23（5）：642-649.

[81] 饶恩明，肖燚，欧阳志云，等. 海南岛生态系统土壤保持功能空间特征及影响因素[J]. 生态学报，2013，33（3）：746-755.

[82] 肖洋，欧阳志云，徐卫华，等. 基于 GIS 重庆土壤侵蚀及土壤保持分析[J]. 生态学报，2015，35（21）：7130-7138.

[83] 赵明松，李德成，张甘霖，等. 基于 RUSLE 模型的安徽省土壤侵蚀及其养分流失评估[J]. 土壤学报，2016，53（1）：28-38.

[84] Renard K G，Foster G R，Weesies G A，et al. Predicting soil erosion by water：a guide to conservation planning

with the revised universal soil loss equation（RUSLE）[S]. Washington D C：U S Department of Agriculture，Handbook No. 703，1997.

[85]　Williams J R，Arnold J G. A system of erosion-sediment yield models[J]. Soil Technology，1997，11（1）：43-55.

[86]　Hickey R. Slope angle and slope length solutions for GIS[J]. Cartography，2000，29（1）：1-8.

[87]　Liu B Y，Nearing M A，Risse L M. Slope gradient effects on soil loss for steep slopes[J]. Soil Science Society of America Journal，2000，64（5）：1759-1763.

[88]　饶恩明，肖燚，欧阳志云，等. 中国湖泊水量调节能力及其动态变化[J]. 生态学报，2014，34（21）：6225-6231.

[89]　吴仲民，曾庆波，李意德，等. 尖峰岭热带森林土壤 C 储量和 CO_2 排放量的初步研究[J]. 植物生态学报，1997，（5）：25-32.

[90]　周玉荣，于振良，赵士洞. 我国主要森林生态系统碳贮量和碳平衡[J]. 植物生态学报，2000，（5）：518-522.

[91]　杨洪晓，吴波，张金屯，等. 森林生态系统的固碳功能和碳储量研究进展[J]. 北京师范大学学报（自然科学版），2005，（2）：172-177.

[92]　李意德，吴仲民，曾庆波，等. 尖峰岭热带山地雨林生态系统碳平衡的初步研究[J]. 生态学报，1998，18（4）：371-378.

[93]　王莉雁，肖燚，欧阳志云，等. 国家级重点生态功能区县生态系统生产总值核算研究：以阿尔山市为例[J]. 中国人口·资源与环境，2017，27（3）：146-154.

[94]　马国霞，於方，王金南，等. 中国 2015 年陆地生态系统生产总值核算研究[J]. 中国环境科学，2017，37（4）：1474-1482.

[95]　白玛卓嘎，肖燚，欧阳志云，等. 甘孜藏族自治州生态系统生产总值核算研究[J]. 生态学报，2017，37（19）：6302-6312.

[96]　江波. 典型湖泊湿地生态系统服务评价及管理框架[D]. 北京：中国科学院生态环境研究中心，2014.

[97]　张彪，高吉喜，谢高地，等. 北京城市绿地的蒸腾降温功能及其经济价值评估[J]. 生态学报，2012，32（24）：7698-7705.

[98]　国家林业局. 中国林业统计年鉴（2010—2016）[M]，北京：中国林业出版社，2011—2017.

[99]　Pearce D W，Turner R K. Economics of natural resources and the environment[M]. London：Harvester Wheatsheaf，1990.

[100]　McNeely J A，Miller K R，Reid W V，et al. Conserving the world's biological diversity[M]. Washington D C：World Bank，1990.

[101]　Turner K. Economics and wetland management[J]. Ambio，1991，20（2）：59-63.

[102]　李文华，欧阳志云，赵景柱. 生态系统服务功能研究[M]. 北京：气象出版社，2002.

[103]　张志强，徐中民，程国栋. 生态系统服务与自然资本价值评估[J]. 生态学报，2001，21（11）：1918-1926.

[104]　马中. 环境与自然资源经济学概论[M]. 北京：高等教育出版社，2006.

[105]　Carson R T，Hanemann W M. Chapter 17 contingent valuation. Handbook of environmental economics[J]. 2005，2：821-936.

[106]　Cummings R G，Harrison G W. The measurement and decomposition of nonuse values：a critical review[J]. Environmental and Resource Economics，1995，5（3）：225-247.

[107]　国家林业局. 森林生态系统服务功能评估规范（LY/T 1721—2008）[S]. 北京：中国标准出版社，2008.

[108]　於方，王金南，曹东，等. 中国环境经济核算技术指南[M]. 北京：中国环境科学出版社，2009.

[109]　环境保护部，中国科学院. 关于印发《全国生态功能区划（修编版）》的公告（公告 2015 年第 61 号）[Z]. 2015-11-13.

[110]　中共白沙黎族自治县委史志办公室. 白沙黎族自治县年鉴 2016[M]. 海口：南方出版社，2016.

[111]　海南省白沙黎族自治县地方志编纂委员会. 白沙县志[M]. 海口：海南出版公司，1992.

[112]　林声洪. 海南省白沙县森林资源碳汇变化及价值研究[D]. 海口：海南大学，2013.

[113]　白沙黎族自治县人民政府. （2015—2018 年）白沙黎族自治县国民经济和社会发展统计公报[EB/OL].
　　　[2019-12-28]. http://baisha.hainan.gov.cn/baisha/sj/tjgb.

[114]　海南省水务厅. 2015 年海南省水资源公报[EB/OL]. （2017-01-18）[2019-12-28]. http://swt.hainan.gov.cn/sswt/
　　　xxgk/dzwgkindex.shtml?catecode=1800.

[115]　海南省水务厅. 2016 年海南省水资源公报[EB/OL]. （2017-11-27）[2019-12-28]. http://swt.hainan.gov.cn/sswt/
　　　xxgk/dzwgkindex.shtml?catecode=1800.

[116]　海南省统计局，国家统计局海南调查总队. 海南统计年鉴 2016[M]. 北京：中国统计出版社，2016.

[117]　琼中黎族苗族自治县党史县志办公室. 琼中黎族苗族自治县年鉴 2017[M]. 海口：南方出版社，2018.

[118]　琼中黎族苗族自治县地方志办公室. 琼中县志[M]. 海口：海南摄影美术出版社，1995.

[119]　琼中黎族苗族自治县党史县志办公室. 琼中黎族苗族自治县年鉴 2016[M]. 海口：南方出版社，2018.

[120]　琼中黎族苗族自治县统计局. （2015—2018 年）琼中黎族苗族自治县国民经济和社会发展统计公报[EB/OL].
　　　[2019-12-28]. http://qiongzhong.hainan.gov.cn/.

[121]　五指山市史志办公室. 五指山市年鉴 2016[M]. 海口：南海出版公司，2018.

[122]　五指山市史志办公室. 五指山市年鉴 2017[M]. 海口：南海出版公司，2019.

[123]　孟伟. 五指山市森林植被碳储量特征与固碳价值研究[D]. 长沙：中南林业科技大学，2014.

[124]　五指山市统计局. （2015—2018 年）五指山市国民经济和社会发展统计公报[EB/OL]. [2019-12-28]. http://wzs.
　　　hainan.gov.cn/.

[125]　中共保亭黎族苗族自治县委党史县志办公室. 保亭黎族苗族自治县年鉴 2017[M]. 海口：南方出版社，2018.

[126]　保亭黎族苗族自治县地方志编纂委员会. 保亭县志[M]. 海口：南海出版社，1997.

[127]　中共保亭黎族苗族自治县党史县志办公室. 保亭黎族苗族自治县年鉴 2016[M]. 海口：南方出版社，2016.

[128]　保亭黎族苗族自治县统计局. （2015—2018 年）保亭黎族苗族自治县国民经济和社会发展统计公报[EB/OL].
　　　[2019-12-28]. https://baoting.hainan.gov.cn/ zfxxgk/xgbmgk/tjj/gkml/.

[129]　周春艳，王萍，张振勇，等. 基于面向对象信息提取技术的城市用地分类[J]. 遥感技术与应用，2008，23
　　　（1）：31-35.

[130]　吴炳方，苑全治，颜长珍，等. 21 世纪前十年的中国土地覆盖变化[J]. 第四纪研究，2014，34（4）：723-731.

[131]　王丽云，李艳，汪禹芹. 基于对象变化矢量分析的土地利用变化检测方法研究[J]. 地球信息科学学报，2014，
　　　16（2）：307-313.

[132]　Xiao Y，Ouyang Z Y，Xu W H，et al. Optimizing hotspot areas for planning and management based on biodiversity
　　　and ecosystem services[J]. Chinese Geographical Science，2016，26（2）：256-269.

[133]　欧阳志云，王桥，郑华，等. 全国生态环境十年变化（2000～2010 年）遥感调查与评估[J]. 中国科学院院
　　　刊，2014，29（4）：462-466.

[134]　刘慧明，高吉喜，刘晓，等. 国家重点生态功能区 2010—2015 年生态系统服务价值变化评估[J]. 生态学报，
　　　2020，40（6）：1865-1876.

[135]　何亮. 城市不同功能类型绿地的降温增湿和空气净化效应研究[D]. 武汉：华中农业大学，2013.

[136]　黄春，韩保光，谢东海. 海南省大气环境质量容量和总量分析[J]. 环境科学与管理，2013，38（7）：146-148.

[137]　海南省生态环境厅. 2015 年海南省环境统计公报[EB/OL]. （2016-08-29）[2018-09-15]. http://hnsthb.hainan.
　　　gov.cn/ xxgk/0200/0202/zwgk/hjtj/.

[138]　曾曙才，苏志尧，陈北光. 广州绿地空气负离子水平及其影响因子[J]. 生态学杂志，2007，（7）：1049-1053.

[139]　尹为治，胡能，李佳灵，等.五指山自然保护区空气负离子分布及变化规律初探[J]. 热带林业，2017，45（4）：

11-14.

[140]　江海声. 中国湿地资源（海南卷）[M]. 北京：中国林业出版社，2015.

[141]　徐化成. 人工林和天然林的比较评价[J]. 世界林业研究，1991，（3）：50-56.

[142]　陈义群，黄宏辉，林明光，等. 椰心叶甲在海南的发生与防治[J]. 植物检疫，2004，（5）：280-281.

[143]　牛勇. 海南人工林病虫害现状及控制对策[J]. 热带林业，2007，（4）：42-44.

[144]　金羽. 海南省生态评价与生态功能区划研究[D]. 北京：中国科学院生态环境研究中心，2006.

[145]　李晓光，苗鸿，郑华，等. 机会成本法在确定生态补偿标准中的应用——以海南中部山区为例[J]. 生态学报，2009，29（9）：4875-4883.

[146]　刘贤词，王晓辉，邢巧. 海南岛中部山区生态系统水源涵养功能研究[J]. 节水灌溉，2010，（7）：69-70.

第五章　海南省乡村生态文明建设范例

　　打造人与自然和谐共生发展的美丽宜居乡村是中国特色社会主义新时代乡村振兴战略的重要内容。2018 年 1 月 2 日，中央一号文件《中共中央国务院关于实施乡村振兴战略的意见》发布，指出乡村振兴，生态宜居是关键。良好生态环境是农村最大优势和宝贵财富。海南省从 1998 年在全国率先提出建设生态省以来，乡村生态文明建设一直是海南生态省建设的主战场，同时也是海南生态省建设的"细胞工程"。海南省农业在经济发展中占比高，乡村人口多，建设生态文明的短板在乡村，最艰巨最繁重的任务也在乡村。乡村生态文明建设经过多年的努力，已经不仅仅是要解决环境卫生状况的问题，更重要的是以整体观统筹保护山水林田湖草系统，同时推动乡村自然资本加快增值。

　　本章在对海南省乡村生态文明建设进行整体概括梳理的基础上，重点对三亚市吉阳区中廖村和三亚市天涯区文门村生态文明建设进行了深入调研与分析。为客观、多角度地展现这两个典型示范乡村生态文明建设模式，一是剖析两个村庄以美丽乡村建设为抓手，推进乡村生态文明建设的实践以及总结其建设的经验，为海南省即将建设的更多美丽乡村提供借鉴；二是通过生态系统生产总值核算科学地评估生态系统产品和服务价值，凸显其乡村生态本底资源优势，核算不仅能将乡村生态价值进行客观呈现，也为今后实施精细化、流程化监督和评价乡村生态文明建设提供参考。

第一节　海南省乡村生态文明建设特点

一、以培育"文明生态村"拉开海南省乡村生态文明建设的帷幕

　　为了推进生态省的建设，海南省 2000 年就在全国率先开展以"发展生态经济、建设生态环境、培育生态文化"为主要内容的文明生态村创建活动。[1]通过十几年持之以恒、久久为功的建设，到 2018 年海南省累计创建文明生态村 18 598 个，占全省自然村总数的 88.3%，见图 5.1。2018 年，海南省文明委印发的《关于进一步推进全省文明生态村创建工作的指导意见》提出，2022 年，海南省将实现文明生态村全覆盖的目标。文明生态村的建设从最初以单个自然村为单位，发展到连片规模创建文明生态村片区，基本完成了从"点"到"线"向"面"的发展。

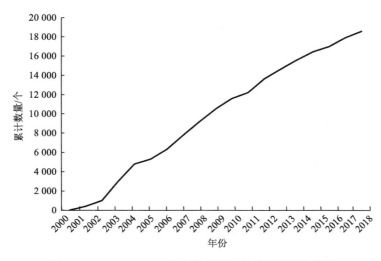

图 5.1　2000～2018 年海南省文明生态村累计创建情况

　　文明生态村建设初期最突出的成效是改善了村容村貌、乡村道路基础建设和环境卫生状况。但随着创建工作的深入，创建的意义已不限于整治环境卫生的层面，而是成为海南省解决"三农"问题的有效载体和当前建设美好新海南的重要抓手。文明生态村的持久创建在一定程度上使海南乡村的发展没有付出沉重的资源环境代价，保留了绿水青山和诗意田园。2014 年，文明生态村建设再升级，海南省文明办印发了《海南省文明生态村建设标准》（试行）和《海南省文明生态村管理细则》（试行），对文明生态村的建设提出了具体建设指标及管理规范。文明生态村从政治建设、经济发展、文化繁荣、社会进步、环境生态 5 个一级指标及22 个二级指标、100 个三级指标进行考评创建，使文明生态村建设发展进入了有标可依的质量提升建设阶段。

二、以打造"美丽乡村"续写海南省乡村生态文明内涵建设的新篇章

　　党的十八大以来，海南省把文明生态村建设与美丽乡村建设有机结合。在2013 年，中央一号文件提出"加强农村生态建设、环境保护和综合整治，努力建设美丽乡村"目标后，海南和浙江等 7 个省（自治区、直辖市）成为全国首批美丽乡村试点省（自治区、直辖市）。2014 年 2 月 10 日，海南省财政厅、海南省住房和城乡建设厅在全国较早地印发了地方性美丽乡村指导意见——《海南省美丽乡村建设指导意见（2014～2020）》。此后，出台了《海南省美丽乡村建设五年行动计划（2016-2020）》，成为全省统一的美丽乡村建设行动纲领，提出力争"十三五"期间在海南省建成 1000 个美丽乡村示范村庄的目标；为指导美丽乡村建设、

提升建设品质，制定了《海南省美丽乡村建设标准》（DBJ 46—40—2016）；为规范美丽乡村建设考评工作，颁发了《海南省美丽乡村建设考核办法》。2017 年为全面推进美丽乡村建设，海南省人民政府发布了《海南省美丽乡村建设三年行动计划（2017—2019)》，提出通过开展"清洁家园""清洁田园""清洁水源"专项整治活动加强农村环境卫生整治；通过"加强村庄规划编制和实施""加大农村危房改造力度""加强农村无害化卫生厕所建设""加强基础设施配套""加强村庄绿化、美化、亮化、海绵化改造""加强公共服务设施配套"提升农村生态人居品质；通过"大力发展乡村生态农业""大力发展乡村生态旅游业""大力发展乡村特色民宿业"促进农村经济产业发展；通过"培育特色文化村庄""开展文明素质教育""促进乡村社会和谐"弘扬农村特色文化；通过打造"一圈、三纵、三横、多带"的美丽乡村旅游格局推进美丽乡村旅游示范区建设。

以美丽乡村建设为抓手的乡村生态文明建设目前已经到了提质增效的阶段。通过前期政府的总体部署、相关政策的推动以及中央、地区财政的统筹安排，使得乡村村容村貌、人居环境得到了大幅的改善，深入持久地开展生态文明知识宣传，提升了乡村居民的文明素养，这均为乡村生态农业、生态旅游、特色民宿等服务业发展创造了良好的条件。政府先搭台，再以此撬动、吸引社会资本共建美丽乡村，推进乡村产业形态优化升级，使乡村生态文明建设进入内涵阶段。

2017 年是海南省美丽乡村吸引社会资本投资成果最丰厚的一年。在当年 6 月份海南省住房和城乡建设厅举办的美丽乡村推荐会上，共推出 308 个美丽乡村招商项目，投资金额达 336.79 亿元。美丽乡村建设既是缩小城乡差距，推动海南省脱贫攻坚的落脚点，也是拓展海南省旅游空间、发展全域旅游的重要金字招牌。

三、以树立"典范"促进海南省乡村生态文明向纵深发展

海南省的美丽乡村将逐渐成为海南省一道靓丽的风景。当前建设中，涌现出一批科学规划布局美、设施配套功能美、生态人居环境美、产业发展生活美、乡风文明身心美的宜居、宜业、宜游的美丽乡村。目前，海南省共有 27 个村庄被评为五星级美丽乡村。其中，三亚市吉阳区中廖村是美丽乡村建设的代表典范。中廖村在 2014 年入选全国"美丽乡村"创建试点，也是三亚市文明生态示范村和三亚市首个"美丽乡村"建设的示范点，还是海南省首批五星级美丽乡村，2016 年被农业部评为"中国美丽休闲乡村"，2017 年被住建部列入全国第一批"绿色村庄"名单，被中央文明委授予"全国文明村镇"称号。三亚市天涯区文门村是海南省著名的"千年古寨"，以传统种植业为主，前有万亩秧田，背靠青山秀水，原始生态优美，而且文化底蕴深厚，拥有"天涯古道"古迹、黄道婆纺址、洗夫人校场、钦差教化石、清代惊天石、贡果园等古迹。2017 年，文门村被海南省住

建厅授予海南省五星级美丽乡村称号，也是国家级"美丽乡村"示范村，被住建部列为全国第一批"绿色村庄"。

树立"典范"，可以尽快将新时期海南省乡村生态文明建设的理念从政策层面深入到具体实践操作层面，一方面为更多的乡村生态文明建设深入展开探索实施路径；另一方面可以通过建设成效让老百姓感受到乡村生态文明建设给自己带来的实惠和幸福感，对"绿水青山就是金山银山"有实际的体会，才能形成保护绿水青山、合理利用绿水青山的价值观，激发村民参与建设的积极性，较好地发挥村民主体作用，推动生态文明建设。

第二节　三亚市中廖村生态文明建设实践与创新

一、中廖村概况

中廖村隶属于三亚市吉阳区，位于吉阳区北部，由芭蕉村、朝南村、三公村、上下牛村、上廖村、下廖村、新田村和中和村 8 个自然村组成。中和村是中廖村的村民委员会所在地，地处东经 109°37′33″，北纬 18°19′54″。全村总面积约 6810亩，现有 812 户，总人口 3402 人，2016 年人均收入 11 036 元，主要收入来源为种植业和村民外出务工收入。

中廖村是一个纯黎族村庄，民风淳厚，是全省闻名的"无刑事案件，无群众上访事件，无吸毒人员，无房屋违建"的"四无"村庄。为此，三亚市委、市政府提出，决不能让老实人吃亏，从 2015 年 10 月开始启动了中廖村美丽乡村建设，中廖村成为三亚市首个美丽乡村建设示范点。中廖村在建设过程中从村庄建设规划、基础设施建设、景观与生态人居建设、产业引导、文化培育多个方面入手，目的是把中廖村打造成望得见山、看得见水、留得住乡愁、生态宜居、民居特色、农旅融合、休闲体验、村容整洁、经济发展、文明和谐的美丽乡村典范。

二、美丽乡村建设前中廖村生态环境特征及开发状况

1. 区位优势明显，自然生态优良

中廖村地理位置优越，交通便利，海榆中线从村域中部穿过，南邻环岛东线高速公路（迎宾互通），距三亚市中心城区约 25km，距亚龙湾火车站约 4.5km，是三亚市区通往 5A 级景区槟榔谷黎苗文化旅游区和呀诺达雨林文化旅游区的重要通道。

村中生态资源丰富，水景中有水系（中和湖、中和河、新田北侧溪流）、水库（中棉所水库、上牛村水库、三公村水库、华润水泥厂旁水库）、湿地（芭蕉水塘、

上廖荷花塘、上廖河流、下廖污水塘）和鱼塘（新田东鱼塘）；生景中，村中处处可见古榕树、古龙眼树、大棵野生的火龙果树、野生山竹，中和村、上廖村均有荷花塘，荷叶茂密，长势良好，景色宜人；园景方面，龙眼种植园、芒果种植园、香蕉种植园、木薯种植园、荔枝种植园、棉花育种基地、观赏苗木种植园、哈密瓜种植基地等大片农田种植园景色宜人，具备观赏价值。村庄内农业生态环境良好，景色宜人，自然组合度较好，为农旅产业结合发展提供了有利条件。

2. 现代公共设施匮乏，传统民居留存较少

由于前期的文明生态村建设，村内道路基本硬化，整体道路状况良好。公共服务设施比较完善，有商店、小学、村委会、活动室等场所，但设施相对陈旧。通信网络差、垃圾处理难和排污设施旧等问题还没有解决。污水排放依托自家厕所地下建设的化粪池，但存在化粪池直接下渗污染地下水的风险。村民日常用水主要是取地下水，少部分村民使用市政给水。

村内民居分布处于自然散落状态，大部分为1～2层平屋顶砖混结构建筑，这些建筑为近年新建，维护较好，并有少量砖木结构及其他结构的住宅，少数损坏严重。虽然大多数村民是黎族，但建筑风格上已脱离黎族传统文化特征，景观条件差。

3. 产业结构单一，以种养业为主

产业以第一产业传统种植业为主，近年主要种植芒果，辅以龙眼、火龙果、菠萝蜜、秋葵等，兼有以交通运输和劳务输出为主的小规模第三产业。村中居民外出打工比例非常大，家庭经济收入对外出打工依赖性非常强，打工工种大多为技术含量低的体力活。旅游业仅在三公自然村有一定程度的发展，因为崖州古越文化旅游区占地138亩且位于三公自然村辖内，以土地租用的方式支付三公村租金。部分村民从事景区旅游服务工作，同时旅游公司对村内60岁以上老人均有月补助。但景区经营状况欠佳，目前处于停业升级改造阶段。上下牛自然村有部分土地出租给华润水泥厂和热带农业科技园项目。因此，上述两个自然村的人均收入要高于其他以种养业为主的村庄。然而，整体村庄老龄化、空心村问题已经比较严重，农业发展乏力。

三、以生态文明理念推进美丽乡村建设的经验

1. 规划引领

海南省美丽乡村建设提出按照"规划引领、示范带动、全面推进、配套建设、

突出特色、持续提升"的要求进行建设。其中，"规划引领"放在了首要位置。中廖村正视其发展中存在的问题，同时依托本地便捷的交通优势、丰富的山水自然生态本底及独特的民族文化资源，量体裁衣，委托规划设计单位编制了《三亚中廖村美丽乡村一期建设方案》《三亚中廖村美丽乡村二期建设方案》《三亚市吉阳区中廖村美丽乡村建设规划》。中廖村的建设方案和规划既与三亚市城市总体发展规划和吉阳区发展规划等区域发展规划进行了衔接，又充分体现了因地制宜，根据乡村资源禀赋，在充分征求村民意见的基础上进行编制。

中廖村规划引领的突出作用是明确村庄未来方向和产业发展模式，见图5.2。方向的确定和产业的发展不能就村论村，否则会导致城乡割裂的规划局面。中廖村的建设规划有效对接地区经济发展、土地利用和城市总体规划，在综合研究了村庄布局和城市发展关系的基础上，确定了村庄的发展路径和空间发展策略。提出将农业产业与旅游业相结合，发展中突出村庄黎族文化特色和资源特色，重点打造以休闲农业观光、民俗文化体验、农业科普教育、浅山运动度假四大功能为支撑的发展板块。功能的划分既可以增加乡村生态产品和服务供给，丰富旅游产品结构，也有助于达到"一村一品"的产业特色和"一村一韵、一村一景"的风貌特色。

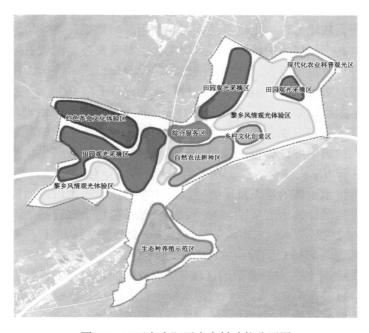

图5.2　三亚市吉阳区中廖村功能分区图

基本公共服务非均等化是城乡协调发展的主要障碍。因此，村庄规划重点提出了建设和完善基础设施和公共设施，包括电力、电信、供水、排水、环卫设施的规划和文化以及商业等场所的空间配置的方案。村庄规划在实践中的一大问题是如何落实实施，基于此，中廖村在规划中提出了基础设施建设方案。该建设方案促进了规划与建设活动的直接对接，推进了规划对村庄建设的实际指导意义。规划的权威性也保证了村庄的建设能够依据规划的技术规范和空间管理有序落地。

2. 补齐农村人居环境短板

推进农村人居环境整治是实施乡村振兴战略的重要任务，摆在了美丽乡村建设的突出位置，也是生态文明建设的基础要素。中廖村作为示范村，以农村垃圾定点回收、污水分类治理、村容村貌提升为主攻方向，补齐了人居环境短板，村庄实现了干净、整洁、舒适，切实回应了农村居民对良好生活条件的诉求和期盼，也是开展休闲农业和旅游业的基本保障。

针对垃圾处置，村委会为全村各户配备 50L 垃圾桶，每间隔百米会有垃圾收集箱，全村有专职保洁员 11 名，垃圾清运车 3 辆，配有司机 1 名、操作手 2 名，垃圾清运车每天定时集中拉运清除垃圾，区政府统一采购环境卫生保洁服务。按照户分类、村收集、企转运的方式，村民负责房前屋后环境卫生，鼓励垃圾分类收集，对金属、瓶罐等可再生垃圾进行回收利用；对瓜果蔬菜等垃圾进行处理，做肥农用；对其余垃圾集中转运。村组保洁员主要负责公共区域卫生清洁管理，统一收集放置垃圾集中点，3 辆垃圾清运车轮班，每日定时清运，保证垃圾及时清运，不外溢，防止二次污染，使村容村貌持续保持干净卫生。

针对农村污水，2018 年三亚市投入 11.8 亿元启动农村污水治理项目，计划用三年的时间基本完成三亚全域农村生活污水治理工作。污水处理方案根据村庄的地理位置和人口集中度进行差别处置，采用城旁接管、就近联建、独建补全三种处理方式。三亚市率先在全省第一次采用了"工程总承包+委托运营"的治理模式进行农村生活污水设施的建设及运营管理。中廖村生活污水治理项目是第一批按照此模式建设与运行的示范项目。"城旁接管"是在临近市政管网的区域增设污水管网，将村民的生活污水引入市政管网进行统一处理；"就近联建"是在村民相对集中的区域通过每家每户的管网将污水收集到集中式生活污水处理站统一处理；"独建补全"则是针对住户较分散的区域，采用分散式污水处理设施进行单独处理后达标排放。目前，中廖村的分散式污水处理设备已经开始投入使用。

海南省美丽乡村建设行动计划提出做好村庄的绿化、美化、亮化、海绵化改造。中廖村的美丽乡村一期建设，政府投资了约 5000 多万元对其基础设施及自然环境进行提升。村庄的绿化依托原有植被和本土植物，使用乔、灌、花、草合理搭配，错落有致，使得村旁、宅旁、路旁、水旁等空地绿化率达 90%以上，美丽乡村一期项目提升绿化面积 16 500m²。美化方面，乡村道路景观植物挂牌登记 75 处，充分保护古树名木，黄花梨、沉香等名贵乡土树在村庄均可观赏到。村庄亮化方面，美丽乡村一期项目照明工程安装 6m 高 LED 路灯 65 盏，地埋灯 550 盏，加上原有 90 盏太阳能路灯，已实现村庄主干路全亮灯。海绵化工程是中廖村建设的亮点，村庄主入口就立有"中廖村海绵式美丽乡村"标识牌。海绵化建设中通过多种方式提高村域雨水地下入渗率和蓄积利用率，包括利用大面积绿地入渗、村道两侧浅沟渗渠组合入渗、整修村内湿地等措施调蓄雨水，减少雨水外排。雨水经收集后进入雨水收集池，经曝气过滤，再消毒处理，达到相关水质标准后回用，用于村内的绿植补水和部门农田灌溉等。海绵化工程缓解了村域内防洪和水资源短缺的问题，实现中廖村水资源可持续发展。

3. 实现自然生态景观、农业生产景观和民族文化生活景观的保留与提升

美丽乡村建设是"生态、生产、生活"三位一体的系统工程。中廖村将美丽乡村建设结合到了三亚市同年进行的"双修双城"工作中，以"大脚革命"的理念为引领，以"双修双城"建设标准为指导，坚持在建设中"不砍树、不拆房、不占田、不贪大、不求洋，只做减法，不做加法"。依托现有的山水脉络，顺势而为，在自然生态景观的建设中充分展示小桥流水、石径竹篱的景致。村中主干道两旁种原生本地树椰子树、槟榔树、酸豆树和榕树遮阴蔽日，绿意葱茏。村中围绕中和湖，建有沿湖亲水平台、环湖栈道、九品莲花池等景观。以村中最古老的大榕树为中心修建了榕树广场，老榕树盘根错节，华盖盈盈，自成荫蔽。村中的老人可以在茶余饭后坐在大榕树广场乘凉休息和唠家常。

中廖村发展定位是休闲农业与民俗风情旅游村。因此，在建设中以在地化的景观农业为基础，将农业生产与农业观光、农耕体验等主题相结合，尊重现有生产格局，保持乡村特色，通过农业三产化重新定价获得高于一产农业和二产农业的收益。温铁军将这种农业的发展模式定义为农业 3.0 模式，以区别规模化农业发展 1.0 模式和设施化、工业化农业发展 2.0 模式。除传统热带水果种植观光外，中廖村充分利用水稻景观，形成了稻田休闲观光带，反映了最真实、日常、普通、琐碎的内在人的生产活动。此外，还在其农业观光带种植玫瑰花、格桑花、小菊花等花卉农产品以丰富农业景观特色。例如，格桑花海由 6 户村民承包种植，共计 31 亩，以格桑花和小菊花为主，4 旬左右进入盛花期，每天都有约 1000 位游客前来赏花。村庄也引入"共享"的模式，加深消费者对农事的体验。例如，推出了"我在村里有棵树"的共享龙眼树活动。认购者可在中廖村内拥有 1 棵、5 棵或 10 棵成年龙眼树，可私人订制认养专属牌。在一年有效期内，认购者可在龙眼成熟季节到现场开展采摘活动，获得该树生产的新鲜龙眼，参与"在村里有棵树"活动，同时可自抓在龙眼树下长大的走道果树鸡一只。

为了再现黎族生活场景，突出黎族村寨的景观特征，留存黎族特色文化，建设中对中和村和朝南村的民居均进行了外立面改造，在房顶增加了黎族图案的围栏，建筑表面粉刷成了米白色，增加了黎族大力神图腾彩绘，底层加装青砖和火山石的护墙，建筑突出了黎族的元素。此外，通过特色黎族景点的打造如黎族非遗学堂、黎家演艺小院、传统黎家民宿等，将散落在民间的器乐、手工艺、舞蹈等集中活化展示，提升了中廖村美丽乡村建设的文化内涵。

乡村特色景观是反映当地自然生态、生产活动、乡村聚落形态以及人们生活场景的载体，用多种文化表达方式传递乡村独有的信息，反映着村民与自然、村民与村民之间的关系，是其他环境无法替代的。美丽乡村建设虽然对中廖村村庄景观进行了大力度的整治建设，但进入村庄依然可以感受到朴实的民风，路边有靠着凉椅拿着蒲扇的村民，有树下嬉戏的小孩子们，几只农家鸡窜来窜去，鹅群傻傻地站在路中央，温和的小黑狗也慵懒地趴在路旁。中廖村乡村特色景观的保留为开展休闲农业和旅游业提供了重要的景观支撑。

4. 生态环境优势转化为生态经济优势的产业格局基本形成

1）生态农业发展格局

中廖村因地制宜发展以小椒园（辣椒）、小菜园、小禽园、小药园（南药）、小鱼池为主的"五小"庭院经济。庭院经济符合循环农业特征，减少废弃物的排放，同时将废弃物作为资源加以利用，实现种养殖从绿色到生态再到有机的发展。农牧循环示意图见图 5.3。

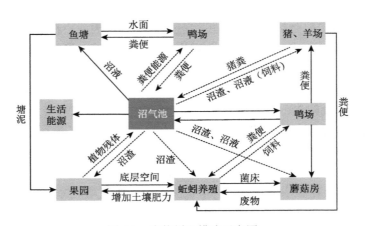

图 5.3　农牧循环模式示意图

2）生态加工业产业格局

生态加工业发展以热带水果加工及民族手工艺品加工为主，一方面，依托周边芒果、龙眼等资源，开展小型的原生态的水果加工作坊，生产具有海南中廖村地方特色的水果，并在村庄内就地进行展示和销售，如腌制芒果，酿制果酒、绿色果汁和热带果干，等等；另一方面，以小型的手工艺作坊为主，既具备参观、销售功能，又能传承民族传统手工艺文化，具有极强的地域特色，如黎族陶艺吧、黎锦传承坊、农具编制作坊、地方小吃加工作坊和黎族饰品加工作坊等。

　　3）生态服务业产业格局

　　生态服务业发展着重生态旅游，由三亚市政府牵头，中廖村委会与华侨城（海南）公司达成签署了《美丽乡村产业发展合作框架协议》。华侨城利用企业优势为中廖村精品化打造餐饮、黎族演艺、民宿、游乐等项目，通过房屋合作出租、村民优先安排务工、深度合作股权分成等方式，使当地村民深度参与到旅游项目开发与运营中，切实提高村民收入。

　　目前，村中以"阿爸茶社""小姨家餐厅""黎家小院""李家院子""中廖民宿"为代表的农旅融合新业态项目已经形成一定知名度。其中，"阿爸茶社"以茶饮售卖为主，提供黎文化乐器表演，本着延续并弘扬海南老爸茶文化的精神，为游客打造一个以茶会友、休闲谈天、安放心灵的场所。一处小院呈现中廖村的独特风景，一壶清茶泡出海南独特的风情文化，一碟小吃蕴含三亚的别样味道，一段小曲演艺出黎族人的淳朴乐观，在品茗的过程中体会三亚美丽乡村的韵味。茶社桌子台数 12 张，提供座位 48 个，茶饮的售卖最低的价位是 22 元/杯，最高价为 88 元/壶。旅游旺季节假日接待游客超过千人，而淡季一天接待不到 10 位客人。茶社吸引本地村民 4 人从事日常售卖、服务工作，3 人从事茶社演艺工作。

　　"黎家小院"是中廖村常态化演艺黎族乐器和歌舞的一个院落。院内表演人员10 余人，其中两人是小院的主人，可容纳 30～40 位游客观看表演休憩。在这里，可以看到黎族织锦，欣赏黎族传统吹奏乐器鼻箫、灼吧、唎咧的演奏，观赏春米舞和竹竿舞的表演。

　　"中廖民宿"是 2017 年开始发展起来的，发展模式为村企共建，即华侨城向农民租赁土地或民宅进行重新装修后向外出租，由华侨城进行管理，华侨城雇佣本地村民进行日常的运营和服务。到目前为止，华侨城一共租赁了 14 户村民闲置房屋 53 间，设计改造成 45 间客房、118 张床位的民宿，其余 8 间作为演艺等配套使用。民宿散落在村内 9 个不同的地点，分别被命名为传统黎家、东篱院、悠然居、采风堂、黎乐屋、避水间、黎锦阁、星空帐篷、拼装酒店，每一处的风格都不一样。其中，采风堂为居家型民宿，房屋主人还住在采风堂的一楼，将二楼出租，房间面积 22～26m^2，价格为 200～300 元/间。黎锦阁为别墅式民宿，是由一栋老宅改建而成，空间较大，适合三五好友或几个家庭一起居住。黎锦阁在建设时大多是就地取材，用海南本地的火山石、椰壳等天然材料来装饰民宿，保留了原汁原味的自然特色。黎锦阁的价位在 4000～5000 元/

间，可住 8 人，面积近 300m²。星空帐篷民宿则坐落在乡村田野间，由 4 间帐篷客房组成，与乡村自然环境融为一体，比较适合年轻情侣，可以细品花前月下的浪漫。每间面积 36~40m²，价格为 500~900 元/间。海南民宿发展还处于起步阶段，目前全省运营的乡村民宿约 400 家，客房约 1600 间。在 2018 年举办的博鳌国际民宿产业发展论坛暨产业资源链接博览会上，中廖村民宿被评为"海南十佳民宿"。

　　2018 年中秋小长假，三亚乡村旅游点共接待游客 1.79 万人次，其中中廖村接待 0.73 万人次；国庆黄金周期间，三亚乡村旅游点共接待游客 5.17 万人次，其中中廖村接待 2.14 万人次。中廖村已经成为三亚开展乡村旅游最耀眼的村庄，这里既是村民的幸福家园，也是城里人向往的休闲乐园。在海南建设全域旅游示范省的大背景下，乡村旅游将成为海南滨海度假旅游的有力补充，中廖村美丽乡村建设为探索形成滨海和乡村互动、山海互动、蓝绿互补的旅游格局带来经验借鉴。

　　生态产业的发展不仅带动了经济效益，也具有明显的社会效益，首先，盘活地方民族文化，对传统的黎族文化起到了保护与传承作用；其次，引入业态，带动区域经济发展的同时增加了就业岗位并提高居民的生活水平；最后，通过打造休闲乡村旅游，改善居住环境，提高居民生活质量，为三亚市乃至海南省的美丽乡村建设起示范作用。

5. 以机制保障生态文明建设成果

　　美丽乡村的开发建设最终解决"三农"的关键问题在于：土地是农民最重要的资产，在土地减少或流转失去土地后，农民生活如何保障？如何解决农民间的利益均衡问题？如何使区域内的农民与项目发展共同受益？如何使农民素质得到提高，以适应区域发展？基础设施建设如何在农村与项目间统筹？如何让区域内全体农民全力支持项目建设与发展？中廖村在建设过程中，创新构建五个"1"保障与补偿机制，确保在村庄规划实施过程中，有效促进农民生产生活方式的转变与提升。1 份稳定收入：为村民提供 1 份工作，保证村民至少有 1 份稳定收入；1 个好的配套设施环境：完善村庄基础设施及公共服务设施，为村民营造良好的居住环境和生态环境；1 份股权：村民以土地入股的形式参与土地经营之中的，持有集体土地股权；1 个就业岗位：提供参与片区旅游产业及其他产业服务的就业岗位，并形成相应就业培训长效机制；1 份社会保障：政府及投资管理企业建立完善的农民社保基金。同时，建立灾害救济、贫困救济、疾病保险和养老保险等保障制度体系，在土地减少或流转失去土地后，使农民生活有经济保障和制度保障。

第三节　三亚市文门村生态文明建设实践与创新

一、文门村概况

文门村隶属于三亚市天涯区，是一个有 1400 多年历史的纯黎族聚居村庄，位于天涯镇北 5km 处，村域面积为 19.6km²。该村是一级行政村，下辖 13 个自然村，分别为上那后村、中那后村、下那后村、上文门村、中文门村、下文门村、加业村、神庭村、龙海村、西风村、拉丁村、东风村和力村，22 个村民小组，总户数 1282 户，人口 5845 人。神庭村是文门村的村民委员会所在地，地处东经 109°24′13″，北纬 18°19′21″。全村现有耕地水田 2740 亩，旱地 1120 亩。村民的经济收入主要以种植水稻、豇豆、苦瓜、芒果、槟榔等农产品为主，同时有外出务工收入，2016 年村民人均纯收入约为 9015 元。

二、文门村文化底蕴和黎族居民的生态理念

文门村历史文化传说众多，文化底蕴深厚。相传南梁大同年间，冼夫人安抚海南千余黎峒，曾派白虎将军在此立坛，与众黎族峒主歃血盟誓，决心归顺中原，因此成为文门琼南黎峒最早接受朝廷招抚、接纳中原文化的古老村寨之一。由于文门村位于出山入海之地，也曾是朝廷钦差、流谪相臣、开边将军、戍守士卒、执宰州官以及南来北往的商家旅客往返崖州的驿站和隐歇之处。清康熙五十三年，钦差大臣苗曹汤等奉御命来到海南，巡视至文门，认定此处是"四围青山怀抱，左右蟠龙向海，得水藏风，祥云紫光泛起"的福地，决定驻节其中，并定"文门"为村名，以敷扬文教、开化文明、刻石留题，历史遗迹随处可寻。例如，村中的"石门子""惊天石""钦差读书石""天涯驿道""官帽石"等无不与"文化"二字紧密相连，展现了其浓郁的文化底蕴，文门素有"万里天涯胜地，千年文门黎村"的美称。

黎族先民奉行自然崇拜，在他们看来，自然界的水、土、山、石等万物皆有神灵。他们认为榕树、椰树、酸豆树等绿色植物是神树，因此虔诚崇拜，并精心保护。[2]文门黎族村民立有村规，禁止毁古树，不能对不起历史，对不起祖先。爱护古树，保护林木，已经成为历代文门人的自觉行动。出于长期自发保护，文门村四周青山环绕、林木茂密，村内一片百年古树群落和百年贡果园在村民年复一年的保护下，古树参天，生机盎然。加之地理雄奇，山谷湖畔、田间屋后可见大量的肖形巨石，狗尾河和文门水两条河流交汇于村内，形成特有的水系滋养着

千亩稻田，最后流入南海。山水、林木、庭院、果园、奇石构成了文门村独特的自然田园风景。

2016 年，文门村以其在规划布局、设施配套、生态人居、产业发展和乡风文明等方面的突出表现，被海南省住房和城乡建设厅授予"海南省三星级美丽乡村"的称号。2017 年初，文门村因美丽乡村建设被国家住房和城乡建设部列入全国第一批"绿色村庄"名单。2018 年，又被海南省住房和城乡建设厅升级授予"海南省五星级美丽乡村"称号。

三、文门村美丽乡村建设实践

1. 明确发展定位

在当前的区域发展总体规划中，文门村定位为有着田园特色的高端文化体验和康年养生度假区。因此，文门村美丽乡村建设依托天涯文化和黎族文化，形成了"天涯古村，文（彩）绘之乡"的村庄愿景。在发展中，以村内天涯古道为游览带，将村庄文化古迹和自然景点进行串联，由北向南形成热带山林度假区、农业种植及村落观光休闲区、天涯海角风景区三个功能区，将文门打造成为有故事可讲、有历史可查、有未来可展望的休闲宜游村庄，成为尊重自然、顺应自然、保护自然、乡情美景和现代生活融合为一体的居民幸福家园。

2. 生态文明视阈下村域美丽乡村建设行动工程

围绕发展定位，根据编制完成的《三亚市天涯镇文门村（行政村）村庄规划（2012—2020）》《三亚市美丽乡村建设实施方案（2016—2020）》《三亚市天涯区文门村美丽乡村建设规划》，文门村所在三亚市政府和天涯区政府以制度建设和工程建设推进美丽乡村建设。首先建立出台村庄规章制度，特别是围绕居民住房建设制定了严格的住房报建审批制度，推行建房管理制度化和规范化，从空间上保证规划建设得以实施。其次，通过推进环境整治、设施完善、产业培育、服务提高、素质提升五大工程实现美丽乡村产业生态、环境优美、设施完善、生活富裕、乡风文明的建设目标。

在道路交通设施方面，在原有道路的基础上拓宽原有村庄主要道路，将路面宽度增至 6m，对 4m 村庄次路进行改造与扩建，同时增加 2m 村内主要的步行道路连接重要公共接点和开敞空间。

在给排水处理方面，增加管网，实现每村均有自来水供应，同时完善污水收集措施。沿村内主干道建设排水管汇集村民污水，汇集后流入村内新建生化池。污水排放采用重力流，并将厕所污水和牲畜栏的粪便污水直接排入每家每户的沼气池自然降解，其余生活污水结合污水暗管排入村庄 11 处污水处理池。同时，散居农户生活排水结合化粪池、沼气池进行综合处理，达标后施给农田、山林等综合利用。村内禽畜圈养点实行人居禽畜养殖分离。

在环境综合整治规划方面，以原生态为原则，在保持原有原生态乡村田园风光的基础上，对重要节点地区、旅游线路及旅游景区进行环境综合整治。道路两侧景观美化，栽种本地特色经济果木，提升景观效果；自然村绿化美化，重点整治乱堆乱放，进行路面硬化和植被绿化；重点村进行综合整治，包括建筑立面、景观绿化、道路路面、标识系统等；农田环境管理，村内农药、化肥包装物及塑料薄膜等生态废弃物定期清除，农田无化肥、无农药，有机农田比例超 50%。

在建筑及庭院改造方面，统一外墙颜色，局部点缀民族图腾。增加窗套设计，配合本地特色的遮阳设计手法运用于窗户遮荫。外加竹篾与木质装饰，特显民族风格。阳台位置安装带有图腾的铁艺栏杆，颜色统一为木色。接驳天面排水预埋管，安装立管，并把天面雨水引到建筑墙裙外设计的花池中。利用天面积水回灌花池。村内大部分民居不设置雨水立管，导致墙身严重污染，因此要设计安装雨水立管。在墙裙 90cm 高处设计花池，花池外壁采用本地特色的火山石装饰材料，花池有效收集雨水，达到天然的立体绿化效果。用传统工艺和材料对破损部位进行修复，拆除原村民自建牲畜家禽饲养设施，原址改造为旅游配套建筑或休闲绿地，村民圈养牲畜和家禽由村委会集中统一管理，原有住宅根据功能适当进行空间改造，加建卫生设施及公共厕所。

在民族文化传承发展方面，文门村以天涯彩绘故事为各村的核心引擎，分散出美丽乡村基础设施升级、衍生产业提升和配套服务设施完善三大主体功能，通过黎族庭院文化养生、黎族文化演绎、黎族特色节庆、黎族特色运动会、黎族有机膳食等生态养生休闲类活动和产品以及黎锦彩绘纪念品（青蛙/牛头）、黎汗涂鸦创作广场、黎族品牌产品传媒推广、黎族乡村彩绘音乐节、黎族彩绘摄影展等方式让社区居民深入参与，传承与发展黎族民族文化并创造相应的经济效益。利用特色彩绘艺术类项目，如彩绘庭院、彩绘涂鸦艺术节、特色雕塑、彩色稻田衍生相关产业的提升与更新。同时，通过大数据信息平台，以及民宿专门管理机构、民宿培训学校、星级黎家乐等风情民俗体验类项目有效调动当地 1000 余位农户积极参与美丽乡村建设事业，促进就业，营造公平、纯净、和谐的乡村产业经济环境。

在产业资源建设方面，梳理 12 大核心建设要素——农田、作物、植被、湖塘、村落、奇石、果园、古道、文化、庭院、交通、政策，结合日本和我国台湾两地"一村一品"经验，利用文门村丰富的文化及建筑遗产和良好的生态基底，挖掘第三产业经济活力。

3. 文门村美丽乡村建设经验与启示

1）突出美丽乡村建设中的居民福利

生态系统服务能提高居民福利，体现在不仅能够通过生态产品从经济层面提高居民收入，也能保证居民健康，提供文化和审美等方面的享受。文门村在生态文明建设过程中，通过海绵小学、乡村图书馆、庭院建筑、道路管线给排水和黎族祠堂等的改造以及环境综合治理建设，提升基础设施建设。不仅提升居民的健康与安全福利，同时提高了环境美化度，营造了舒适的居住及旅游环境。通过第三产业特色庭院经济旅游业的推动，以三产联动发展的科学产业发展观引导当地农民致富，最大程度地提升经济收入，同时反过来降低生态破坏，从而缓解生态和发展之间的矛盾，构建和谐美丽乡村生态环境。此外，通过多项黎族传统文化活动和节事的举办，丰富了本村居民的精神福利，提高了本村居民对本民族文化的思想认知和发展传承。

2）划分村落区域，分类提升

文门村辖 13 个自然村，根据不同的地理位置、建设现状、道路交通情况、村民意愿、生态环境以及人文旅游资源，将其管辖内的村落分为宜居型 3 个、提升型 4 个以及基础型 6 个，并根据创建类型，分类提升。

上那后村、中那后村、下那后村地理位置优越，交通区位较好，生态环境良好，景观资源丰富，并且有一定黎族特色，人文资源丰富，基于此，将其定位为宜居型美丽村庄，并强调古朴乡村、有机形态、沉稳的生活气息理念。例如，通过故居群落、老房子的故事、回忆墙景、特色古道等展示古居风情区；通过民俗景观柱、景观廊架、休闲广场、采摘园、农家乐等营造农家体验区的氛围；通过清净民舍、梯田、雅居民宿、草坡种植池和槟榔林等建设古村民宿区；通过天涯古道、彩绘民宿、彩绘主题街、彩绘花园等熏染古村文化彩绘艺术，等等。上文门村、下文门村、中文门村和拉丁村地理位置好，村庄道路可达性较好，因此定位为提升型村庄。对于提升型美丽村庄，则以充分利用和整合现状景观资源以及人为资源，发展村庄特色旅游产业为主，将提高农民收入作为主要目标。基础与公共服务设施较差、村庄内部及周边旅游资源整合度低、经济基础较差的神庭村、东风村、西风村、加业村、龙海村和力村，适当发展村庄特色旅游产业，提高农民收入，达到基础型美丽村庄标准。

3）尊重历史，保留风貌

文门村在千年人与自然互动进程中所形成的村落布局、山石林田风貌自成一格，是充满先人智慧、极具历史价值的动态文化瑰宝。在美丽乡村建设中充分尊重历史，保留原有风貌，从始至终坚持"不拆房、不占地、不砍树"的三不原则，注重环境提升而非推倒重建，注重挖掘历史而非简单的堆砌，使文门村成为一个有故事可讲、有历史可查、有未来可望的美丽乡村。

4）村民参与，发挥村民主体地位

生态文明村建设必须充分尊重民意，得到村民认可与支持，才能最大程度地调动村民参与的积极性，充分发挥村民的主体作用。文门村作为黎族传统村落，村民们有共同的文化、共同的生活方式、共同的风俗、共同的利益和共同关心的话题。文门村在规划设计之初，设计师通过规划前的意愿调查以及多次深入当地黎族村寨，了解黎族居民特有的生活方式、本土文化以及独特的民俗特征，最大限度地保护乡村乡土文化和民间习俗。在对庭院进行整治和修缮时，与村民充分沟通，排水设施、墙体修复、选材用料和景观改造既尊重原有场地村民的意见，又与整体的村落风格相一致。在对乡村旅游景观进行规划时，考虑到对当地优秀传统文化的保护与继承，整理了大量村民们流传的民间故事和黎民独特的生活智慧，将景观资源、民间传说、黎民生活、历史人物等纳入到景观规划设计中，形成别具一格的地方特色。

不论是规划前的意愿调查，还是民族风情区、民俗区、彩绘区的运营与建设，文门村村民均参与社区发展的相关计划与决策，参与民族旅游项目、黎族节事活动和各类公共事务及公益活动，参与到美丽乡村建设事业中。

第四节　三亚市典型乡村生态系统生产总值核算

一、生态系统生产总值核算方法

1. 生态系统格局划分方法

三亚市中廖村、文门村土地利用分类采用高分二号高分辨率多光谱遥感影像。目前，根据遥感数据的空间分辨率，可以分为中低分辨率的遥感变化检测和高分辨率的遥感变化检测。中低分辨率的遥感影像数据源主要为 NOAA/AVHRR 数据（美国）、EOS/MODIS 数据（美国）、SPOT/HRV 数据（法国）、Landsat TS 和 MSS 数据（美国），高分辨率的遥感影像数据源主要有国外的 QuickBird（美国），Pleiades（法国）数据和 IKONOS（美国）。随着国产高分辨率遥感卫星发展突飞猛进，天绘系列卫星、资源三号卫星、高分一号卫星、高分二号卫星不断提高影像空间分辨率，逐步打破了外国商业卫星的主导地位。不同检测对象和目的所要达到的影像分辨率有所不同。一般而言，高分辨率的检测主要针对小尺度的空间区域、特定的物体或建筑，中低分辨率的检测大多适用于大尺度的地区性和全球性的变化分析，数据在时间尺度上占有优势。

高分二号卫星于 2014 年 8 月 19 日发射成功，是我国民用高分卫星计划中的第二颗卫星，它的发射标志着我国遥感卫星分辨率进入亚米级时代。其特点主要体现在具有亚米级空间分辨率、高辐射精度、高定位精度和快速姿态机动能力等方面。[3]高分二号卫星的投入使用主要服务于国土资源、住房与城乡建设、道路与交通运输、林业等领域，支持实现土地利用动态监测、矿产资源调查、城乡规划监测评价、交通路网规划、森林资源调查和荒漠化监测等方面。[4]

高分二号多光谱影像拥有 4 个波段（450～520nm，520～590nm，630～690nm，770～890nm），空间分辨率为 3.24m；全色影像拥有 1 个波段（450～900nm），空间分辨率为 0.81m。使用 ENVI5.3 软件完成正射校正后，采用 Nearest Neighbor Diffusion（NNDiffuse）pan sharpening 图像融合算法进行多光谱影像与全色影像的融合，最终生成空间分辨率为 1m 的高空间分辨率多光谱影像。在此基础上，采用目视解释法，在 Arcgis 5.2 软件中完成，最终将研究区域划分成耕地、林地、园地、水域、建筑用地、交通用地共六大类。

2. 生态系统生产总值功能量核算方法

生态系统生产总值功能量核算是指人类从自然生态系统中直接得到的生态产品的产量和间接得到的生态系统服务功能量。具体核算中包括三大类，即产品提供功能、调节服务功能和文化服务功能。

生态系统提供的产品包括农业产品、林业产品、畜牧产品、渔业产品、水资源和生态能源等。在对中廖村和文门村进行生态系统产品核算时，由于地区统计年鉴没有提供村域级别的农林牧副渔经济核算资料，本书以通过实地调查掌握的该地区生态系统产品即农业产品为主。此外，由于水资源用量较大，因此在产品功能量计算时选择农业产品和水资源量进行核算。林业和禽畜养殖属庭院小范围种养，该部分没有纳入产品功能量的统计中。生态系统调节服务功能是可以描述和测量的，本书针对中廖村和文门村核算的生态系统调节服务功能包括水源涵养、洪水调蓄、固碳释氧和空气净化。土壤保持价值由于无法获得小范围内的土壤数据，因此没有计算该项服务。气候调节主要是以热带海洋季风气候为主导产生的效应，因此不在村域核算中体现。生态系统文化服务功能主要考核景观所产生的游憩功能。中廖村的生态旅游活动在三亚乡村旅游发展中较突出，周末和节假日的游玩人数已有一定规模；文门村的生态旅游还处于开发阶段，所产生的游憩价值较少。因此，在两个村庄的评价中，仅对中廖村的生态系统文化服务功能进行了核算。生态系统生产总值功能量核算指标见表 5.1。

表 5.1　生态系统生产总值功能量核算指标

功能类别	核算项目	功能指标	物理量评价方法	主要模型
产品提供功能	农业产品	农业产品产量	实地调查法	
	水资源量	生活用水	实地调查法、估算法	
		农业用水量	估算法	

续表

功能类别	核算项目	功能指标	物理量评价方法	主要模型
调节服务功能	水源涵养	水源涵养量	水量平衡法	InVEST 修正模型
	洪水调蓄	可调蓄水量和防洪库容	构建模型法（基于可调蓄水量与暴雨降雨的关系）和水文监测	InVEST 修正模型
	固碳释氧	固碳量	质量平衡法	CASA 模型
		释氧量	质量平衡法	CASA 模型
	空气净化	净化二氧化硫量	植物净化模型	干沉降模型
		净化氮氧化物量	植物净化模型	干沉降模型
		净化工业粉尘量	植物净化模型	干沉降模型
		提供负离子	《森林生态系统服务功能评估规范》（LY/T 1721—2008）推荐公式	
文化服务功能	生态旅游	旅游人次	调查法	

计算调节服务功能量的数据来源渠道多样。数字高程模型 DEM 空间分辨率为 30m，来源于国际科学数据服务平台。降水与温度数据基于普通薄盘和局部薄盘样条函数插值理论[5]，气象样点数据来源于中国国家计量信息中心/中国气象局（NMIC/CMA）。实际蒸散发既包括地表和植物表面的水分蒸发，也包括植物表面和植物体内的水分蒸腾。[6]本书在监测站点数据的基础上，通过 Kriging 插值法进行空间内插得到蒸散发栅格图层[7]，数据来源于中国国家计量信息中心/中国气象局。土壤数据来源于中国科学院南京土壤研究所提供的 1∶25 万数字化土壤图。NPP 算法参考朴世龙等[8]、肖洋等[5]选用 CASA 模型。植被覆盖度数据是基于像元二分模型通过高分影像反演得到。[9, 10]大气污染物浓度监测数据来源于海南省三亚市政府，植被沉降速率和单位面积大气污染物净化量从文献[11]中获取。负离子浓度数据选用文献[12]提供的海南省次生林负离子浓度进行计算。

1）水源涵养功能

（1）功能定义。水源涵养功能是生态系统通过林冠层、枯落物层、根系和土壤层拦截滞蓄降水，增强土壤下渗、蓄积，从而起到有效涵养土壤水分、缓和地表径流和补充地下水、调节河川流量的功能。三亚市地处热带，年降雨量多，但蒸发量也较大，同时会面临季节性干旱问题。林地生态系统可以较好地涵蓄水分，起到缓洪补枯的作用。水源涵养在众多生态系统调节服务功能中占有非常关键的地位。

选用水源涵养量作为生态系统水源涵养功能的评价指标,方法与第四章一致。

（2）功能量评估方法：通过水量平衡方程计算。水量平衡原理是指在一定的时空内，水分的运动保持着质量守恒，或输入的水量和输出的水量之间的差额等于系统内蓄水的变化量。[13]

$$W_{\text{water conservation}} = \sum_{i=1}^{j} \left(P_i - R_i - \text{EV}_i \right) \times A_i$$

式中，$W_{\text{water conservation}}$ 为水源涵养量（$\text{m}^3 \cdot \text{a}^{-1}$）；$P_i$ 为降雨量（$\text{mm} \cdot \text{a}^{-1}$）；$R_i$ 为径流量（$\text{mm} \cdot \text{a}^{-1}$）；$\text{EV}_i$ 为蒸散发量（$\text{mm} \cdot \text{a}^{-1}$）；$A_i$ 为 i 类生态系统的面积（m^2）；i 为研究区域第 i 类生态系统类型；j 为研究区域生态系统类型数。

（3）评估参数及数据获取来源：气象数据、土地利用数据、土壤属性数据、径流量和蒸散发量数据通过三亚市气象局及相关部门获取；数字高程模型基础地形图由插值生成或从网上免费下载。

2）洪水调蓄功能

（1）功能定义。洪水调蓄功能是指生态系统（自然植被、湖泊、水库、基塘等）具有特殊的水文物理性质，具有强大的蓄水功能。它们就像海绵一样，通过根部系统和储存能力拦截雨水，其特有的生态结构能够吸纳大量的暴雨降水和过境水，蓄积洪峰水量，削减并滞后洪峰，以缓解汛期洪峰造成的威胁和损失。洪水调蓄功能是生态系统提供的最具价值的调节服务功能之一。洪水调蓄可以定义为自然植被、沼泽和水库的暴雨蓄水量，以减轻洪水的灾害影响。

（2）功能量评估方法。生态系统可以调节水流，并通过临时储存水缓解洪水。其洪水调蓄量可以基于如下公式计算：

$$C_{\text{fc}} = \sum_{i=1}^{j} (P_{\text{h}i} - R_{\text{f}i}) \times A_i \times 10^{-3}$$

式中，C_{fc} 为生态系统洪水调蓄能力（$\text{m}^3 \cdot \text{a}^{-1}$）；$P_{\text{h}i}$ 为暴雨降雨量（$\text{mm} \cdot \text{a}^{-1}$）；$R_{\text{f}i}$ 为暴雨地表径流（$\text{mm} \cdot \text{a}^{-1}$），用径流系数确定；$A_i$ 为 i 类生态系统的面积（m^2）；i 为研究区域第 i 类生态系统类型；j 为研究区域生态系统类型数。

（3）评估参数及数据获取来源：气象数据、土地利用数据等通过三亚市气象局及相关部门获得；进出水量通过查询水利部门统计资料获得。

3）固碳释氧功能

（1）功能定义。生态系统的固碳释氧功能指绿色植物通过光合作用吸收大气中的二氧化碳（CO_2），将其转化为葡萄糖等碳水化合物，以有机碳的形式固定在植物体内或土壤中，并释放出氧气（O_2）的功能。这种功能对于调节气候、维护和平衡大气中 CO_2 与 O_2 的稳定具有重要意义，能有效减缓大气中二氧化碳浓度升高，减缓温室效应，改善生活环境。生态系统的固碳释氧功能，对于碳平衡具有重要意义。此处选用固碳量和释氧量作为生态系统固碳释氧功能的评价指标。

（2）功能量评估方法。

固碳功能：

$$NEP=NPP–Rs$$

式中，NEP 为生态系统森林固碳量（g C·a^{-1}）；NPP 为生态系统林地、灌丛、草地、农田等净生产力（g C·a^{-1}）；Rs 为土壤呼吸损失碳量（g C·a^{-1}）。

释氧功能：

$$O_{oxygen\ production}=NPP \times 1.19$$

式中，$O_{oxygen\ production}$ 为生态系统释氧量（g·a^{-1}）；NPP 为生态系统净初级生产力（g·a^{-1}）。

（3）评估参数及数据获取来源：NPP 等数据根据相关 CASA 模型计算获取；Rs 数据通过经验模型计算获得。

4）空气净化功能

（1）功能定义。空气污染物净化功能是绿色植物在其抗生范围内通过叶片上的气孔和枝条上的皮孔吸收空气中的有害物质，在体内通过氧化还原过程将其转化为无毒物质；同时，绿色植物表面特殊的生理结构（如绒毛、油脂和其他黏性物质），对空气粉尘具有良好的阻滞、过滤和吸附作用，从而有效净化空气，改善大气环境。空气净化功能主要体现在吸收污染物和滞尘方面。

绿色植物提供负离子是由于植物进行光合作用会释放氧气，同时太阳光照射叶面发生蒸腾效应，产生了水汽，氧气和水汽容易离化产生自由电子，同时氧气和水汽分子也最易捕获自由电子，而形成负离子。

（2）功能量评估方法。二氧化硫、氮氧化物、工业粉尘是空气污染物的主要物质，本书选用生态系统吸收二氧化硫、氮氧化物以及阻滞吸收粉尘等指标核算生态系统净化空气的能力。城市空气污染物的主要来源包括工业区（燃料的消耗）、交通地带（汽车尾气排放）和居住区（人类生活排放）等。城市绿地主要通过干沉降作用机制，将颗粒污染物最终运输到植物的叶子中去除。

参考文献[11]，计算公式如下：

空气污染流：

$$F_i = V_{di} \times C_i$$

式中，F_i 为污染流（g·cm^{-2}·s^{-1}）；V_{di} 为沉降速率（cm·s^{-1}）；C_i 为空气污染物浓度（g·cm^{-3}）；$i = 1$ 表示二氧化硫，$i = 2$ 表示氮氧化物，$i = 3$ 表示总悬浮颗粒物。

被植被所吸收的空气污染流：

$$F_{it} = F_i \times CA \times T$$

式中，F_{it} 为植被净化空气污染物量；CA 为某一时期栅格的植被覆盖度；T 为持续的时间。本书只关注城市绿地生态系统，因此不考虑空气污染物在其他土地类型表面的沉降（如建筑用地、街道和水体等）。

$$Q_{\text{air purification}} = \sum_{i=1}^{n} F_{it}$$

式中，$Q_{\text{air purification}}$ 为绿地生态系统空气净化总量（$kg \cdot a^{-1}$）；i 为空气污染物类别，无量纲。

负离子产生量：

采用《森林生态系统服务功能评估规范》（LY/T 1721—2008）提供的公式，依据下式计算产生负离子量：

$$Q_{\text{anion}} = \sum_{i=1}^{j} 5.256 \times 10^{15} \times C_i \times A_i \times H_i / L$$

式中，Q_{anion} 为生态系统提供负离子个数（个）；C_i 为负离子浓度（个·cm^{-3}）；H_i 为林分高度（m）；L 为负离子寿命（min）；A_i 为第 i 类生态系统的面积（hm^2）；i 为研究区域第 i 类生态系统类型；j 为研究区域生态系统类型数。

本书主要关注林地生态系统产生负离子量，其他类型生态系统负离子产生量较少，和林地相比产生量可忽略。另外，国内外研究证明，当空气负离子浓度达到 600 个·cm^{-3} 以上时，才有益于人体健康，计算价值量。因此，本书只计算林业生态系统。

（3）评估参数及数据获取来源：空气污染物浓度监测数据来源于海南省三亚市政府，植被沉降速率和单位面积空气污染物净化量从文献[11]中获取。

依据文献[12]，林地林分高度选次生林平均高度为 25m，负离子浓度为 3000 个·cm^{-3}。

3. 生态系统生产总值价值量核算方法

根据国际上通用的评价生态价值的方法，依据生态系统与自然资本的市场发育程度，可将价值评价方法大致分为三类：

第一类为实际市场法。该方法一般采用市场价值法和费用支出法计算具有实际市场交易的生态系统产品和服务的价值。通过市场价格直接衡量生态产品的价值既具有标准性，又具有可比性。但绝大多数生态系统服务没有进入交易市场，因此需要用替代和模拟的方式体现其价值。

第二类为替代市场法。虽然生态系统提供的服务没有进入交易市场，不具有市场价格，但是这些服务的某些替代品是直接交易的产品，有价格，因此可以通过估算替代品的价值代替生态系统服务的价值。这种方法通过"影子价格"和消费者剩余表达生态系统服务功能的价格和经济价值，间接估算生态系统服务的价值。评估方法包括替代成本法、机会成本法、恢复和防护费用法、影子工程法、旅行费用法、享乐价格法和人力资本法等。

第三类为模拟市场法。对没有市场交易和实际市场价格的生态系统产品和服务，通过人为地构造假想市场衡量生态系统产品和服务的价值。其代表性方法为条件价值法，通过假想市场情况下直接询问人们对某种生态系统服务的支付意愿，以人们的支付意愿估计生态系统服务的经济价值。

在三亚市生态系统生产总值核算中，间接利用价值主要用替代市场法和假想市场法进行评估，如调节功能主要使用替代市场法。表5.2体现了三亚市中廖村和文门村生态系统生产总值价值量核算的核算项目、价值量指标和价值量核算方法。

表 5.2　三亚市生态系统生产总值价值量核算方法

功能类别	核算项目	价值量指标	价值量核算方法
产品提供功能	农业产品	农产品价值	市场价值法
	水资源量	水资源价值	费用指出法
调节服务功能	水源涵养	蓄水保水价值	市场价值法（现行水价）
	洪水调蓄	调蓄洪水价值	影子工程法（水库建设成本）
	固碳释氧	固碳价值	替代成本法（造林成本）
		释氧价值	替代成本法（制氧成本）
	空气净化	净化二氧化硫价值	替代成本法（二氧化硫治理成本）
		净化氮氧化物价值	替代成本法（氮氧化物治理成本）
		净化工业粉尘价值	替代成本法（工业粉尘治理成本）
		提供负离子价值	替代成本法（负离子生产费用）
文化服务功能	生态旅游	游憩价值	条件价值法

在生态系统生产总值核算中，当核算价值量时，应综合考虑价格的官方权威性、时效性、连续性和完整性，先核算出当年的名义生态系统生产总值后，再进行可比性处理，得到实际生态系统生产总值。具体步骤如下：①对于有当年单价的生态系统产品和服务，根据当年价格核算其当年的价值；②对于没有当年单价的生态系统产品和服务，将其在某一时期的价格，通过价格指数折算成当年的名义价格，用名义价格核算这些生态系统产品和服务当年的价值；③汇总所有生态系统产品和服务的价值，得到当年的名义生态系统生产总值。

1）水源涵养价值

（1）定价思路。生态系统的水源涵养价值是生态系统通过吸收、渗透降水，增加地表有效水的蓄积从而有效涵养土壤水分、缓和地表径流和补充地下水、调节河川流量而产生的生态效应。

　　水源涵养价值主要表现在蓄水保水的经济价值。运用影子工程法，即可模拟建设一座蓄水量与生态系统水源涵养量相当的水库，建设该座水库所需的费用即可作为生态系统的蓄水保水价值，也可以利用现行水价做相应的计算。本部分选用了现行水价，考虑到工业、农业和生活用水水价不一致，通过行业用水价格折算，取水价的均值作为单位体积的水价。

　　（2）定价模型：

$$V_{\text{water conservation}} = Q_{\text{water conservation}} \times c$$

式中，$V_{\text{water conservtion}}$ 为蓄水保水价值（元·a^{-1}）；$Q_{\text{water conversation}}$ 为区域内总的水源涵养量（$m^3 \cdot a^{-1}$）；c 为单位体积的水价（元·m^{-3}）。

　　（3）定价参数与数据来源：单位体积水价根据 2000～2010 年中国水价网提供的海南省各行业用水价格折算得到均值。

　　2）洪水调蓄价值

　　（1）定价思路。生态系统的洪水调蓄价值是自然生态系统（自然植被、湖泊、水库等）通过蓄积洪峰水量削减洪峰，从而减轻河流水系洪水威胁产生的生态效应。

　　洪水调蓄价值主要体现在减轻洪水威胁的经济价值。生态系统的洪水调蓄功能与水库的作用非常相似，可以运用替代成本法，通过建设水库的费用成本计算生态系统的洪水调蓄价值。

　　（2）定价模型：

$$V_{\text{flood mitigation}} = C_{\text{flood mitigation}} \times c$$

式中，$V_{\text{flood mitigation}}$ 为减轻洪水威胁价值（元·a^{-1}）；$C_{\text{flood mitigation}}$ 为湿地（湖泊、水库、沼泽）洪水调蓄能力（$m^3 \cdot a^{-1}$）；c 为水库单位库容的工程造价（元·m^{-3}）。

　　（3）定价参数与数据来源：水库单位库容的工程造价根据《中国水利年鉴》平均水库库容造价，根据居民消费价格指数折算得到所核算年份的单位库容造价。

　　3）固碳释氧价值

　　（1）定价思路。生态系统固碳释氧价值指生态系统通过植被光合作用固定二氧化碳并释放氧气，实现大气中二氧化碳与氧气的稳定产生的生态效应，体现在固碳价值和释氧价值两个方面，采用造林成本法和工业制氧成本法评估生态系统固碳释氧的经济价值。

　　（2）定价模型：

　　固碳价值：

$$V_{\text{C fixation}} = \text{NEP} \times \text{CM}$$

式中，$V_{\text{C fixation}}$ 为生态系统固碳价值（元·a^{-1}）；NEP 为生态系统固碳总量（t·a^{-1}）；CM 为造林成本（元·t^{-1}）。

　　释氧价值：

$$V_{\text{oxygen production}} = Q_{\text{oxygen production}} \times C$$

式中，$V_{\text{oxygen production}}$ 为生态系统释氧价值（元·a^{-1}）；$Q_{\text{oxygen production}}$ 为生态系统释氧量（t·a^{-1}）；C 为制氧成本（元·t^{-1}）。

（3）定价参数与数据来源：造林成本取 386 元·t^{-1}，制氧成本取 732 元·t^{-1}。[14]

4）空气净化功能

（1）定价思路。生态系统空气净化价值是指生态系统通过一系列物理、化学和生物因素的共同作用，吸收、过滤、阻隔和分解降低大气污染物（如二氧化硫、氮氧化物、工业粉尘等），使大气环境得到改善产生的生态效应。可以采用替代成本法，通过工业治理大气污染物成本评估生态系统净化二氧化硫、氮氧化物、工业粉尘的价值。

生态系统提供负离子价值采用替代成本法，通过负离子发生器产生负离子的成本得出负离子生态价值。

（2）定价模型：

$$V_{\text{air purification}} = \sum_{i=1}^{n} Q_i \times C_i$$

式中，$V_{\text{air purification}}$ 为生态系统大气净化价值（元·a^{-1}）；Q_i 为生态系统第 i 种大气污染物的净化量（t·a^{-1}）；C_i 为第 i 类大气污染物的治理成本（元·t^{-1}）；i 为大气污染物类别，无量纲。

$$V_{\text{anion}} = \sum_{i=1}^{j} 5.256 \times 10^{15} \times K \times A_i \times H_i (C_i - 600) / L$$

式中，V_{anion} 为生态系统提供负离子价值（元·a^{-1}）；K 为负离子生产费用（元·个$^{-1}$）；A_i 为 i 类生态系统的面积（hm^2）；H_i 为林分高度（m）；C_i 为负离子浓度（个·cm^{-3}）；L 为负离子寿命（min）。

（3）定价参数与数据来源：二氧化硫、氮氧化物、工业粉尘等大气污染物的治理费用同海南中部地区选取费用一致。《森林生态系统服务功能评估规范》（LY/T 1721—2008）提供 2008 年负离子生产费用为 5.8185×10^{-18} 元·个$^{-1}$。

5）游憩价值

（1）定价思路。游憩价值是指游憩需求者在游憩地开展娱乐活动时所产生的直接或间接效益的总和。游憩价值一般分为使用价值和非使用价值两类，本书重点研究景区游憩价值的非使用价值这一部分。非使用价值是指游憩资源的客观存在在未来可为人们提供游憩享受的潜在价值。使用价值是指当前人们享受相关游憩资源而产生的效益，主要体现在门票、旅游设施费用和往来差旅费用等方面。

中廖村作为三亚市重要的乡村旅游景点，游客以三亚市候鸟人群和本地游客为主。所产生的差旅费用主要为三亚市区到中廖村的交通费用，中廖村内的游憩活动项目暂没有收取游客费用，在村内的花销主要以购买初级农产品为主。由于在计算农产品产值时已经将该年度的农产品价值计算在内，此处若计算消费者支出，将造成游憩过程购买产品价值的重复。因此，此处采用条件价值法计算游憩活动的非使用价值，将其作为中廖村生态系统的文化价值。

条件价值法的基本思路是：站在消费者的角度设计一种假想的市场环境，通过问卷等形式调查和询问游客和公众对于游憩地自然资源的保护与维护的支付意愿或对游憩资源受损的接受赔偿意愿，综合所有受访者的支付意愿或接受赔偿意愿对游憩资源的经济价值进行评估。在对自然景区进行游憩价值评估中，国内已有较多的案例使用条件价值法进行评估。例如，张茵和蔡运龙[15]、董雪旺等[16]均采用条件价值法评估了九寨沟的游憩价值；许丽忠等[17]运用条件价值法研究了福建省鼓山风景名胜区游憩资源的非使用价值；杨志耕和张颖[18]运用条件价值法对井冈山森林游憩资源价值进行了评估。

（2）定价模型：

$$V_t = N_t \times W \times P$$

式中，V_t 为中廖村游憩资源的非使用价值（元·a^{-1}）；N_t 为年游客人次（人次·a^{-1}）；W 为支付意愿率（%）；P 为人均支付意愿值（元·人次$^{-1}$·a^{-1}）

（3）定价参数与数据来源。条件价值法主要是通过问卷收集受访者的支付意愿及支付意愿值，综合所有数据评估游憩资源的价值，因此合理的问卷设计是该研究成功的重要因素。本书根据国内外应用条件价值法的现有案例，参考相关研究中的调查问卷，并遵循条件价值法的问卷设计原则对此次问卷进行了设计。

问卷内容共分三部分：第一部分阐明了本次问卷调查的目的和意义，并对研究地的概况进行了简述；第二部分主要是了解被调查者的基本情况，包括被调查者的性别、年龄、居住地、职业、文化程度、经济收入情况、生态环境意识，以及对中廖村的了解程度、了解渠道、游憩满意度；第三部分是了解被调查者的支付意愿。支付意愿的问题主要包括 5 个问题，见表 5.3。

表 5.3　中廖村游客支付意愿相关问题

问题
1. 中廖村美丽乡村的建设为居民提供了游憩和交往的空间，为了更好地保护中廖村的永远存在而每年支付一定的费用？ 　A. 是　　B. 否（肯定者请继续回答第 2～4 题，否定者请直接回答第 5 题）
2. 如果您愿意每年支付一定费用，您个人愿意支付的数额是？（请根据您的实际收入情况在下列数字中慎重选择一个并打勾）（单位：元） 　5；10；20；30；40；50；60；70；80；90；100；120；150； 180；200；300；400；500 及以上

续表

问题
3. 如果您愿意支付一定费用，您喜欢哪一种支付方式（单选）？ A. 直接以现金形式捐献到某一环境保护基金组织，专款专用 B. 直接以现金形式捐献给中廖村委会 C. 直接包含在入村游览门票中支付 D. 通过缴税方式由国家统一支配 E. 其他方式
4. 您之所以愿意支付一定费用，是出于何种考虑（单选）？ A. 保护国家自然资源、传承民族文化 B. 给子孙后代留下自然和文化财富 C. 中廖村得以进一步发展与维护，本人可以得到更好的旅游体验
5. 如果您不愿意支付一定费用，您主要是出于下列哪种原因（多选）？ A. 本人经济收入低，家庭负担重，无力支付 B. 本人远离三亚，难以再次享用其资源 C. 此种费用应由国家出资，而不应该由个人支付 D. 不相信支付费用能完整有效地运用于资源环境保护 E. 本人对生态保护不感兴趣 F. 其他原因

本次问卷发放时间选择在 2018 年 1 月 1 日~2018 年 1 月 10 日，由于 1 月份为海南省的旅游旺季，有利于开展问卷调查工作。本次调查一共向游客发放问卷200 份，其中无效问卷为 7 份，有效问卷共计 193 份，问卷有效率为 96.5%。

二、中廖村生态系统生产总值核算结果

1. 生态系统格局

海南省三亚市中廖村生态系统类型以林地和耕地为主，覆盖面积分别占到33.72%和 33.69%，其次为园地，占比为 16.73%。湿地和绿化用地面积较低，仅为 3.51%和 3.22%。城镇用地、交通用地及其他用地合计占比不到 10%，见图 5.4和表 5.4。由于城镇用地、交通用地及其他用地并不能产生生态系统服务价值，因此在计算生态系统服务功能量和生态系统服务价值时，没有将此类系统纳入。但在计算区域单位面积生态系统服务能力时，是用村域所有土地利用面积进行的核算。

中廖村林地散落在村庄周边，西北部地区较为集中。村内园地以种植芒果、龙眼、火龙果为主，农田以种植蔬菜为主。村内有一条蜿蜒曲折的小河，为中和河。村域范围内有几处规模较小的水库，主要用于农业灌溉。中廖村美丽乡村一期生态旅游建设主要围绕位于中部的中和村开展，建有供游客观赏的木栈道、花海、农家乐、休闲驿站和民宿等项目。

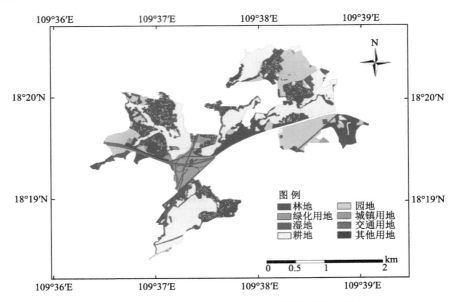

图 5.4   2017 年三亚市中廖村生态系统类型空间分布

表 5.4   中廖村不同生态系统类型面积与比例

类型	面积/hm²	百分比/%
林地	175.59	33.72
绿化用地	16.75	3.22
湿地	18.26	3.51
耕地	175.46	33.69
园地	87.12	16.73
城镇用地	25.76	4.95
交通用地	21.73	4.17
其他用地	0.08	0.01

2. 生态系统调节服务功能

1）水源涵养

中廖村生态系统水源涵养总体上呈现东南高西北低、由东到西逐渐递减的特征，东部降水量较高地区的林地、园地生态系统发挥着重要的涵养功能（图 5.5）。水源涵养量较高的区域主要集中在中部的林地和南部的园地和耕地，而西北部地区的水源涵养量较低。

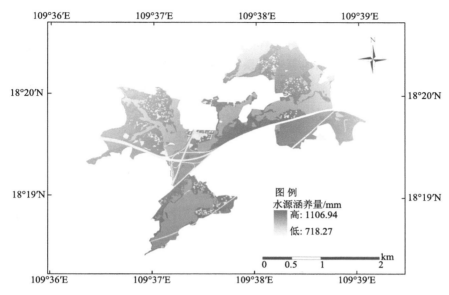

图 5.5　中廖村生态系统水源涵养量空间分布图

中廖村生态系统水源涵养总量为 472.59 万 $m^3·a^{-1}$，单位面积水源涵养量为 0.91$m^3·m^{-2}·a^{-1}$。其中，在各生态系统中，林地和耕地是中廖村生态系统水源涵养功能的主体，其水源涵养量分别为 179.65 万 $m^3·a^{-1}$ 和 169.95 万 $m^3·a^{-1}$，约占水源涵养总量的 73.97%；园地生态系统的水源涵养量为 87.01 万 $m^3·a^{-1}$，占总量的 18.41%；湿地和绿化用地涵养水源量接近，分别为 18.97 万 $m^3·a^{-1}$ 和 17.01 万 $m^3·a^{-1}$。从单位面积水源涵养量来看，水源涵养能力相对较强的是湿地，为 1.04$m^3·m^{-2}·a^{-1}$。但由于研究区域面积较小，所处气候因子和地貌因子差异小，因此林地、绿化用地、耕地和园地单位面积水源涵养能力无明显差别（表 5.5）。

表 5.5　中廖村各类生态系统水源涵养功能状况

生态系统类型	水源涵养能力/($m^3·m^{-2}·a^{-1}$)	水源涵养总量	
		总量/(万 $m^3·a^{-1}$)	占比/%
林地	1.02	179.65	38.01
绿化用地	1.02	17.01	3.60
湿地	1.04	18.97	4.02
耕地	0.97	169.95	35.96
园地	1.00	87.01	18.41
合计	—	472.59	100

2）洪水调蓄

中廖村生态系统洪水调蓄总体上呈现北高南低的特征，东北和西北暴雨降水量较高地区的林地、园地等生态系统发挥着重要的洪水调蓄功能（图 5.6）。而南部地区的洪水调蓄量偏低。耕地所发挥的洪水调蓄功能较林地、园地明显偏低。

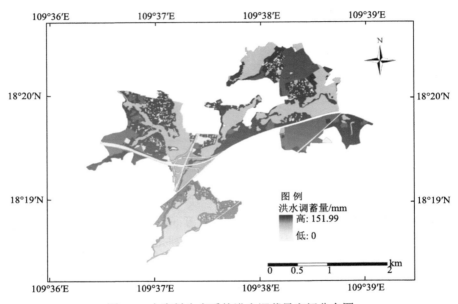

图 5.6　中廖村生态系统洪水调蓄量空间分布图

中廖村生态系统洪水调蓄总量为 53.89 万 $m^3 \cdot a^{-1}$，单位面积洪水调蓄量为 $0.10 m^3 \cdot m^{-2} \cdot a^{-1}$。其中，在各生态系统中，林地是中廖村生态系统洪水调蓄功能的主体，其洪水调蓄量为 23.25 万 $m^3 \cdot a^{-1}$，约占洪水调蓄总量的 43.14%；耕地、园地生态系统的洪水调蓄量分别为 15.39 万 $m^3 \cdot a^{-1}$ 和 11.12 万 $m^3 \cdot a^{-1}$，各占总量的 28.56% 和 20.63%。从单位面积洪水调蓄量来看，林地、湿地和园地洪水调蓄能力相当，均为 $0.13 m^3 \cdot m^{-2} \cdot a^{-1}$（表 5.6）。

表 5.6　中廖村各类生态系统洪水调蓄功能状况

生态系统类型	洪水调蓄能力/($m^3 \cdot m^{-2} \cdot a^{-1}$)	洪水调蓄总量	
		总量/(万 $m^3 \cdot a^{-1}$)	占比/%
林地	0.13	23.25	43.14
绿化用地	0.10	1.74	3.23
湿地	0.13	2.39	4.44

续表

生态系统类型	洪水调蓄能力/(m³·m⁻²·a⁻¹)	洪水调蓄总量	
		总量/(万 m³·a⁻¹)	占比/%
耕地	0.09	15.39	28.56
园地	0.13	11.12	20.63
合计	—	53.89	100

3）固碳释氧

中廖村生态系统固碳释氧量空间特征总体一致（图 5.7 和图 5.8）。林地发挥了重要的固碳释氧功能，因此固碳释氧量较高的区域和林地生态系统所在地区基本吻合，主要集中在东南部和西北部的林地，而北部地区的固碳释氧量偏低。东南部地区林地生态系统自然植被集中，土壤质地好，固碳释氧能力较强。

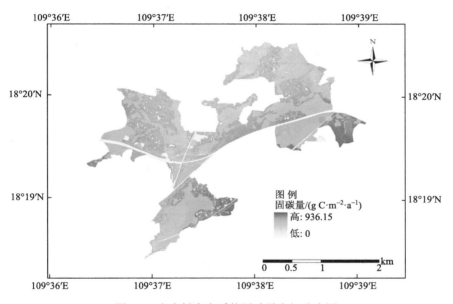

图 5.7　中廖村生态系统固碳量空间分布图

中廖村生态系统固碳总量为 2793.29t·a⁻¹，单位面积固碳量为 536.40g C·m⁻²·a⁻¹。其中，在各生态系统中，林地是中廖村生态系统固碳功能的主体，其固碳量为 1224.53t·a⁻¹，占固碳总量的 43.84%；耕地、园地生态系统的固碳量分别为 897.90t·a⁻¹ 和 471.85t·a⁻¹，各占总量的 32.15% 和 16.89%。从单位面积固碳量来看，林地固碳能力最强，达到 697.37g C·m⁻²·a⁻¹，绿化用地和湿地基本相当，分别为 568.99g C·m⁻²·a⁻¹ 和 568.16g C·m⁻²·a⁻¹（表 5.7）。

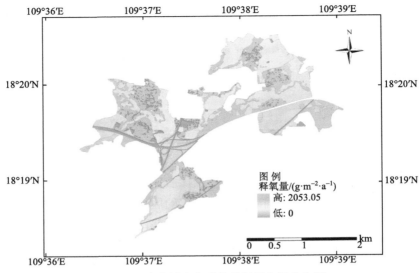

图 5.8　中廖村生态系统释氧量空间分布图

表 5.7　中廖村各类生态系统固碳功能状况

生态系统类型	固碳能力/(g C·m⁻²·a⁻¹)	固碳总量	
		总量/(t·a⁻¹)	占比/%
林地	697.37	1224.53	43.84
绿化用地	568.99	95.28	3.41
湿地	568.16	103.73	3.71
耕地	511.74	897.90	32.15
园地	541.59	471.85	16.89
合计	—	2793.29	100

　　中廖村生态系统释氧总量为 7128.48t·a⁻¹，单位面积释氧量为 1368.89g·m⁻²·a⁻¹。其中，在各生态系统中，林地是中廖村生态系统释氧功能的主体，其释氧量为 3124.75t·a⁻¹，约占释氧总量的 43.84%；耕地、园地生态系统的释氧量分别为 2312.48t·a⁻¹ 和 1179.29t·a⁻¹，各占总量的 32.44%和 16.54%。从单位面积释氧量来看，释氧能力最强的是林地和绿化用地，分别为 1779.54g·m⁻²·a⁻¹ 和 1462.45g·m⁻²·a⁻¹（表 5.8）。

表 5.8　中廖村各类生态系统释氧功能状况

生态系统类型	释氧能力/(g·m⁻²·a⁻¹)	释氧总量	
		总量/(t·a⁻¹)	占比/%
林地	1779.54	3124.75	43.84
绿化用地	1462.45	244.55	3.43

续表

生态系统类型	释氧能力/(g·m⁻²·a⁻¹)	释氧总量	
		总量/(t·a⁻¹)	占比/%
湿地	1460.66	267.41	3.75
耕地	1317.95	2312.48	32.44
园地	1353.60	1179.29	16.54
合计	—	7128.48	100

4）空气净化

中廖村生态系统空气净化量空间分布见图5.9。空气净化量较高的区域主要集中在林地和园地，面积不多，较为分散的绿化用地也可以起到空气净化的作用。耕地空气净化能力较低，因此没有发挥空气净化功能。

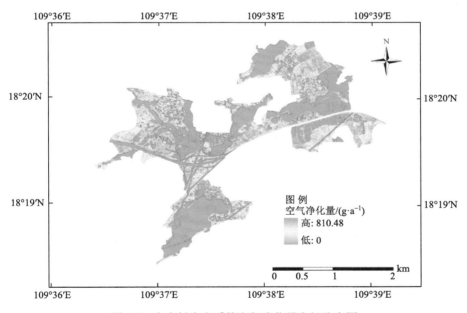

图 5.9　中廖村生态系统空气净化量空间分布图

中廖村生态系统空气净化总量为 42.01t·a⁻¹，其中二氧化硫净化量为 6.37t·a⁻¹，氮氧化物净化量为 9.70t·a⁻¹，悬浮颗粒物净化量为 25.94t·a⁻¹。二氧化硫净化能力为 1.22g·m⁻²·a⁻¹，氮氧化物净化能力为 1.86g·m⁻²·a⁻¹，悬浮颗粒物净化能力为 4.98g·m⁻²·a⁻¹。其中，在各生态系统中，林地是中廖村生态系统空气净化功能的主体，其空气净化总量为 27.32t·a⁻¹，约占空气净化总量的 65.03%；园地和绿化用地生态系统，净化量分别为 12.6t·a⁻¹ 和 2.09t·a⁻¹，各占总量的 29.99%和 4.98%。从单位面积空气净化量来看，空气净化能力最强的是林地，其次为园地（表 5.9）。

中廖村生态系统产生负离子量为 $6921.76×10^{18}$ 个·a⁻¹，该部分产生量均来自林地的贡献。

表 5.9　中廖村各类生态系统空气净化功能状况

生态系统类型	净化二氧化硫能力/(g·m⁻²·a⁻¹)	净化二氧化硫总量		净化氮氧化物能力/(g·m⁻²·a⁻¹)	净化氮氧化物总量		净化悬浮颗粒物能力/(g·m⁻²·a⁻¹)	净化悬浮颗粒物总量		总比例/%
		总量/(t·a⁻¹)	占比/%		总量/(t·a⁻¹)	占比/%		总量/(t·a⁻¹)	占比/%	
林地	2.39	4.15	65.15	3.58	6.22	64.13	9.75	16.95	65.34	65.03
绿化用地	1.78	0.30	4.71	3.37	0.56	5.77	7.35	1.23	4.74	4.98
湿地	0	0	0	0	0	0	0	0	0	0
耕地	0	0	0	0	0	0	0	0	0	0
园地	2.22	1.92	30.14	3.37	2.92	30.10	8.97	7.76	29.92	29.99
合计	—	6.37	100	—	9.70	100	—	25.94	100	100

3. 生态系统生产总值

生态系统生产总值核算内容包括实物量和价值量两部分。实物量即林地、草地、湿地等各类生态系统服务的功能量。价值量是通过估价的方法，将实物量转换成货币的表现形式。价值量包括生态系统产品价值、生态系统调节服务价值和生态文化价值。

1）生态系统产品价值

中廖村现有产品的种植主要以热带水果和冬季瓜菜为主，生态系统产品价值主要计算农产品价值和水资源的价值。2017 年以来，村域的主要耕地和园地均承包给合作社统一经营管理。主要的产品的种植面积和单位面积产量见表 5.10。

表 5.10　中廖村 2017 年生态系统产品价值

产品	面积/亩	单位面积产量/(斤/亩)	产值/万元
芒果	2200	1800	1584
龙眼	300	1800	270
菠萝蜜	300	3000	270
火龙果	400	6000	960
秋葵	150	4500	203

续表

产品	面积/亩	单位面积产量/(斤/亩)	产值/万元
其他蔬菜	200	2000	80
水资源	—	—	26
合计	—	—	3393

2017 年，中廖村种植业农产品产值约 3367 万元，其中芒果产值最高，约为 1584 万元。水资源使用中尽管农业灌溉用水量大于生活用水，但由于农业灌溉不收取水资源费，因此仅计算生活用水的价值量，约为 26 万元。2017 年，中廖村生态系统产品价值共计约 3393 万元。

2）生态系统调节服务价值

2017 年，中廖村生态系统所产生包括水源涵养、洪水调蓄、固碳释氧和空气净化的调节服务价值共计 2102.01 万元。水源涵养服务价值最高，为 1030.25 万元，占总服务价值的 49.01%；其次为固碳释氧价值，达到 629.63 万元，占总服务价值的 29.95%；洪水调蓄价值为 436.50 万元，占总服务价值的 20.77%；空气净化价值为 5.63 万元，占总服务价值的 0.27%，见表 5.11。

表 5.11　中廖村生态系统调节服务价值核算总表

核算项目	功能指标	功能量	价值量/万元	价值量小计/万元	价值量比例/%
水源涵养	水源涵养量	472.59 万 $m^3 \cdot a^{-1}$	1030.25	1030.25	49.01
洪水调蓄	洪水调蓄量	53.89 万 $m^3 \cdot a^{-1}$	436.50	436.50	20.77
空气净化	净化二氧化硫	6.37$t \cdot a^{-1}$	0.80	5.63	0.27
	净化氮氧化物	9.70$t \cdot a^{-1}$	1.22		
	净化工业粉尘	25.94$t \cdot a^{-1}$	0.39		
	提供负离子	6921.76$\times 10^{18}$ 个$\cdot a^{-1}$	3.22		
固碳释氧	固碳	2793.29$t \cdot a^{-1}$	107.82	629.63	29.95
	释氧	7128.48$t \cdot a^{-1}$	521.81		
合计				2102.01	100

对比分析各类型生态系统服务总值（表 5.12 和图 5.10），林地对生态系统调节服务价值贡献作用最大，其价值为 860.74 万元，约占中廖村生态系统调节服务价值的 40.76%；其次为耕地和园地生态系统，约占总调节服务价值的 33.42% 和 18.36%。此外，中廖村湿地和绿化用地的调节服务价值分别为 84.29 万元和 72.88 万元，占中廖村生态系统总调节服务价值的 3.98% 和 3.49%。城镇、交通和其他用地约占中廖村村域面积的 9%，但这些用地并不产生生态系统调节服务价值。

表 5.12　　中廖村各类生态系统调节服务价值

生态系统类型	水源涵养		洪水调蓄		空气净化		固碳释氧		小计	
	价值/万元	比例/%	价值/万元	比例/%	价值/万元	比例/%	价值/万元	比例/%	价值/万元	比例/%
林地	391.64	38.01	188.32	43.14	4.78	84.90	276.00	43.84	860.74	40.76
绿化用地	37.08	3.60	14.09	3.23	0.13	2.31	21.58	3.43	72.88	3.49
湿地	41.35	4.01	19.36	4.44	0	0	23.58	3.74	84.29	3.98
耕地	370.49	35.96	124.66	28.56	0	0	203.93	32.39	699.08	33.42
园地	189.68	18.41	90.07	20.63	0.72	12.79	104.54	16.60	385.01	18.36
合计	1030.25	100	436.50	100	5.63	100	629.63	100	2101.01	100

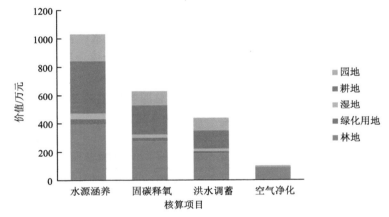

图 5.10　　2017 年中廖村生态系统调节服务价值构成

3）生态文化价值

中廖村的生态文化价值主要以游憩价值体现。采用问卷调查了解中廖村游客的支付意愿，调查统计结果如下。

调查样本中有支付意愿的人数为 122 人，占样本总量的 63.2%；拒绝支付即支付意愿为 0 元的人数为 71 人，占样本总量的 36.8%。由此，得到本次调查的意愿率为 63.2%。具体各意愿值的人数及累计百分比见表 5.13。

表 5.13　　样本支付意愿值的频度分析表

支付意愿值/元	频数	百分比/%	累积百分比/%
5	16	13.1	13.1
10	8	6.6	19.7
20	19	15.6	35.3
30	32	26.2	61.5

支付意愿值/元	频数	百分比/%	累积百分比/%
40	4	3.3	64.8
50	26	21.3	86.1
60	4	3.3	89.4
70	1	0.8	90.2
80	2	1.6	91.8
100	9	7.4	99.2
>100	1	0.8	100

在计算人均支付意愿值时，由于支付意愿值之间的差距较大，采用平均值计算产生的误差较高，因此在这里参考国内外相关研究采用中位值，即支付意愿值的累积百分比为50%时所对应的值为人均支付意愿值。样本支付意愿的累积百分比最接近50%的是61.5%，所对应的支付意愿值为30元，故可知其支付意愿值的中位值为30元，即中廖村游客人均支付意愿值为30元·a^{-1}。

通过支付方式统计分析得出，在愿意支付的人群中，41人（33.6%）选择直接包含在入村游览门票中；38人（31.1%）选择直接以现金形式捐献到某一环境保护基金组织，专款专用；26人（21.3%）选择通过缴税方式由国家统一支配，17人（13.9%）选择以现金形式捐献给村委会。这说明游客更青睐于公开透明、简单直接的支付方式。

通过支付动机统计分析得出，在愿意支付的人群中，出于保护国家自然资源、传承民族文化的共计75人（61.5%），也是最多的一项，说明美丽乡村的存在价值较高；出于给子孙后代留下自然和文化财富的共计32人（26.2%），说明村庄的遗产价值也相当可观；出于自身潜在受益机会考虑的共计15人（12.3%），说明村庄也具备一定的选择价值，但相对较低。

本次调查的受访者均为中廖村的游客，因此游憩价值人口基数采用2017年中廖村游客总数量。2017年，中廖村游客总数量约为9.2万人次。根据游客的支付意愿63.2%，游客人均支付意愿值为30元·a^{-1}，游憩价值总量为174.4万元·a^{-1}。

4）生态系统生产总值

2017年，中廖村生态系统生产总值是5669.41万元，生态系统产品价值占59.85%，调节服务价值占37.07%，生态文化价值占3.08%，单位面积生态系统生产总值为10.89万元·hm^{-2}。中廖村的生态系统生产总值较高，说明该地区种植业主导拉动农业经济成效突出，热带高效农业发展已向规模化稳步推进。生态系统服务对区域发展起到了支撑作用，生态文化价值由于乡村旅游业的发展开始显现。

三、文门村生态系统生产总值核算结果

1. 生态系统格局

海南省三亚市文门村生态系统类型以林地为主，森林覆盖面积达到 62.66% 以上，其次为耕地和园地，分别约占 15.58% 和 11.25%。近年来城镇交通发展迅速，面积比例增长较快，城镇用地比例约占 5.85%，交通用地达到 1.04%。湿地和绿化用地面积较小，仅占 3.44% 和 0.06%（图 5.11 和表 5.14）。城镇用地、交通用地及其他用地并不能产生生态系统服务价值，因此在计算生态系统服务功能量和生态系统服务价值时，没有将此类系统纳入。但在计算区域单位面积生态系统服务能力时，是用村域所有土地利用面积进行的核算。

从图 5.11 可以看出，文门村主要村落集中在中部区域，经过实地调查可以掌握到，该区域内包含 13 个自然村，有居民住户 1224 户，聚集了 95% 村民。文门村的耕地、园地、城镇用地基本均集中在此区域。该区域三面环山，地势呈西高东低的特征。中部村落由北经西向南被锅岭、那后岭、金星岭、布山岭、马岭环绕。北部区域主要以热带山林为主，兼有一座水库，该区域仅有 1 个自然村力村位于水库旁。海南环岛西线高速公路 G98 从西向东将文门村中部村落和南部山岭马岭分隔。南部区域马岭和三亚市天涯海角景区相接，成为天涯海角景区重要的景观资源。

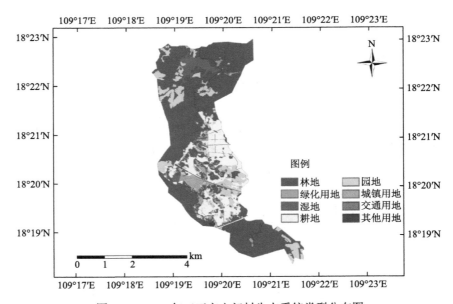

图 5.11　2017 年三亚市文门村生态系统类型分布图

表 5.14　文门村不同生态系统类型面积与占比

类型	面积/hm²	占比/%
林地	1274.63	62.66
绿化用地	1.26	0.06
湿地	69.96	3.44
耕地	317.05	15.58
园地	228.82	11.25
城镇用地	118.96	5.85
交通用地	21.10	1.04
其他用地	2.49	0.12

2. 生态系统调节服务功能

1）水源涵养

水源涵养受土地利用类型、降雨量、径流量、蒸散量和地形等多方面的影响。文门村生态系统水源涵养总体上呈现南高北低、由南到北逐渐递减的特征，林地、园地生态系统均发挥着重要的涵养功能（图 5.12）。南部地区降水丰富，使得南部地区的林地和园地水源涵养量较高，北部地区多年降水相对偏少，导致水源涵养量整体偏低，但北部地区水库涵养量较高。

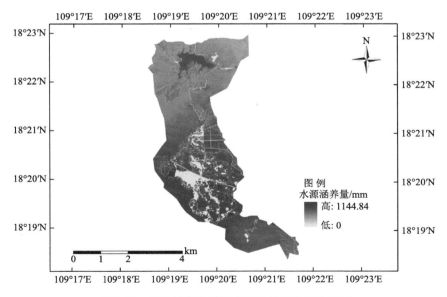

图 5.12　文门村生态系统水源涵养量空间分布图

文门村生态系统水源涵养总量为 1508.01 万 m³·a⁻¹，单位面积水源涵养量为 0.7m³·m⁻²·a⁻¹。其中，在各生态系统中，林地是文门村生态系统水源涵养功能的主体，其水源涵养量为 977.48 万 m³·a⁻¹，约占水源涵养总量的 64.82%；耕地、园地生态系统的水源涵养量分别为 281.52 万 m³·a⁻¹ 和 187.22 万 m³·a⁻¹，各占总量的 18.67% 和 12.41%（表 5.15）。

表 5.15　文门村各类生态系统水源涵养功能状况

生态系统类型	水源涵养总量/(万 m³·a⁻¹)	占比/%
林地	977.48	64.82
绿化用地	1.25	0.08
湿地	60.54	4.02
耕地	281.52	18.67
园地	187.22	12.41
合计	1508.01	100

2）洪水调蓄

洪水调蓄主要受区域暴雨量和土地利用类型的影响。文门村生态系统洪水调蓄总体上呈现北高南低、由北到南逐渐递减的特征。因为文门村北部暴雨较集中，所以北部地区的林地、园地、湿地等生态系统发挥着重要的洪水调蓄功能。南部地区的洪水调蓄量偏低（图 5.13）。

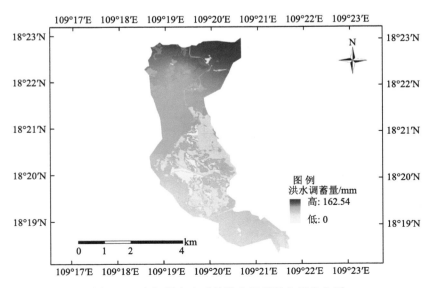

图 5.13　文门村生态系统洪水调蓄量空间分布图

文门村生态系统洪水调蓄总量为 196.70 万 $m^3 \cdot a^{-1}$，单位面积洪水调蓄量为 0.1$m^3 \cdot m^{-2} \cdot a^{-1}$。其中，在各生态系统中，林地是文门村生态系统洪水调蓄功能的主体，其洪水调蓄量为 142.68 万 $m^3 \cdot a^{-1}$，约占洪水调蓄总量的 72.53%；耕地、园地生态系统的洪水调蓄量分别为 22.26 万 $m^3 \cdot a^{-1}$ 和 22.95 万 $m^3 \cdot a^{-1}$，各占总量的 11.32%和11.67%。从单位面积洪水调蓄量来看，洪水调蓄能力最强的是林地和湿地，分别为 0.11$m^3 \cdot m^{-2} \cdot a^{-1}$ 和 0.12$m^3 \cdot m^{-2} \cdot a^{-1}$（表 5.16）。

表 5.16　文门村各类生态系统洪水调蓄功能状况

生态系统类型	洪水调蓄能力/($m^3 \cdot m^{-2} \cdot a^{-1}$)	洪水调蓄总量	
		总量/(万 $m^3 \cdot a^{-1}$)	占比/%
林地	0.11	142.68	72.53
绿化用地	0.06	0.08	0.04
湿地	0.12	8.73	4.44
耕地	0.07	22.26	11.32
园地	0.10	22.95	11.67
合计	—	196.70	100

3）固碳释氧

文门村生态系统固碳释氧量空间特征总体一致，均呈现北南高中间低、由南北向中部逐渐递减的特征（图 5.14 和图 5.15）。固碳释氧量较高的区域主要集中

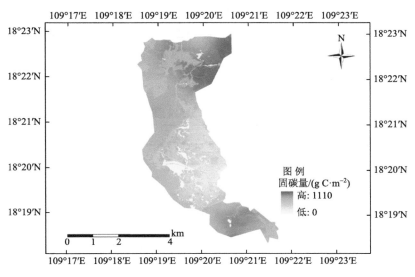

图 5.14　文门村生态系统固碳量空间分布图

在北部和南部的林地，而中部地区的固碳释氧量偏低。由于北部和南部地区靠近山区，自然植被集中，土壤质地好，生物多样性丰富，因此该地区固碳释氧能力较强。

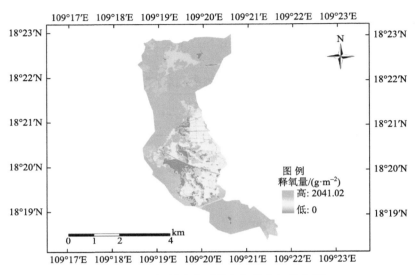

图 5.15　文门村生态系统释氧量空间分布图

文门村生态系统固碳总量为 14 228.42 t·a^{-1}，单位面积固碳量为 699.7 g C·m^{-2}·a^{-1}。其中，在各生态系统中，林地是文门村生态系统固碳功能的主体，其固碳量为 10 633.75 t·a^{-1}，约占固碳总量的 74.73%；耕地、园地生态系统的固碳量分别为 1605.85 t·a^{-1} 和 1475.09 t·a^{-1}，各占总量的 11.29% 和 10.37%。从单位面积固碳量来看，固碳能力最强的林地和绿化用地分别达到 834.67 g C·m^{-2}·a^{-1} 和 751.00 g C·m^{-2}·a^{-1}（表 5.17）。

表 5.17　文门村各类生态系统固碳功能状况

生态系统类型	固碳能力/(g C·m^{-2}·a^{-1})	固碳总量	
		总量/(t·a^{-1})	占比/%
林地	834.67	10 633.75	74.73
绿化用地	751.00	8.19	0.06
湿地	722.69	505.54	3.55
耕地	506.86	1 605.85	11.29
园地	644.88	1 475.09	10.37
合计	—	14 228.42	100

文门村生态系统释氧总量为30 957.62t·a^{-1}，单位面积释氧量为1521.8g·m^{-2}·a^{-1}。其中，在各生态系统中，林地是文门村生态系统释氧功能的主体，其释氧量为22 507.23t·a^{-1}，约占释氧总量的72.70%；耕地、园地生态系统的释氧量分别为4004.65t·a^{-1}和3403.45t·a^{-1}，各占总量的12.94%和10.99%。从单位面积释氧量来看，释氧能力最强的是林地和园地，分别为1765.78g·m^{-2}·a^{-1}和1487.39g·m^{-2}·a^{-1}（表5.18）。

表 5.18　文门村各类生态系统释氧功能状况

生态系统类型	释氧能力/(g·m^{-2}·a^{-1})	释氧总量	
		总量/(t·a^{-1})	占比/%
林地	1 765.78	22 507.23	72.70
绿化用地	1 472.80	17.89	0.06
湿地	1 464.31	1 024.40	3.31
耕地	1 263.10	4 004.65	12.94
园地	1 487.39	3 403.45	10.99
合计	—	30 967.62	100

4）空气净化

文门村生态系统空气净化呈现北高南低、由北到南逐渐递减的特征（图5.16）。空气净化量较高的区域主要集中在北部的林地和园地，而南部地区的绿地和林地空

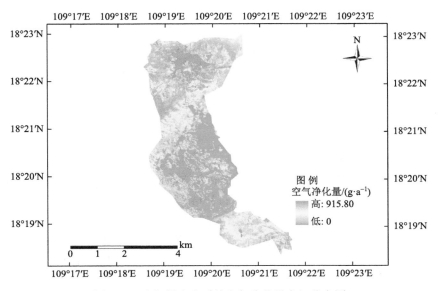

图 5.16　文门村生态系统空气净化量空间分布图

气净化能力偏低。由于北部地区靠近山区，自然植被集中，植被覆盖度和叶面积较高，对污染物的吸收能力较南边人工植被更高。因此，北部地区植被能吸收较多的空气污染物特别是悬浮颗粒物，故该地区空气净化量较高。

文门村生态系统空气净化总量为 198.36t·a^{-1}，其中二氧化硫净化量为 31.75t·a^{-1}，氮氧化物净化量为 43.56t·a^{-1}，悬浮颗粒物净化量为 122.95t·a^{-1}。单位二氧化硫净化能力为 1.5g·m^{-2}·a^{-1}，单位氮氧化物净化能力为 2.1g·m^{-2}·a^{-1}，单位悬浮颗粒物净化量为 6.0g·m^{-2}·a^{-1}。其中，在各生态系统中，林地生态系统是文门村生态系统空气净化功能的主体，其空气净化总量为 180.5t·a^{-1}，约占空气净化总量的 91.06%；其次为园地生态系统，净化量为 17.75t·a^{-1}，占总量的 8.9%。从单位面积空气净化量来看，空气净化能力最强的是林地，其次为园地（表 5.19）。

文门村生态系统产生负离子量为 5024.59×10^{19} 个·a^{-1}，该部分产生量均来自林地的贡献。

表 5.19　文门村各类生态系统空气净化功能状况

生态系统类型	净化二氧化硫能力 /(g·m^{-2}·a^{-1})	净化二氧化硫总量		净化氮氧化物能力 /(g·m^{-2}·a^{-1})	净化氮氧化物总量		净化悬浮颗粒物能力 /(g·m^{-2}·a^{-1})	净化悬浮颗粒物总量	
		总量/(t·a^{-1})	占比/%		总量/(t·a^{-1})	占比/%		总量/(t·a^{-1})	占比/%
林地	2.27	28.91	91.06	3.13	39.83	91.42	8.77	111.76	90.90
绿化用地	0.23	0	0.01	0.32	0	0.01	1.08	0.01	0.01
湿地	0	0	0	0	0	0	0	0	0
耕地	0	0	0	0	0	0	0	0	0
园地	1.24	2.84	8.93	1.63	3.73	8.57	4.89	11.18	9.09
合计	—	31.75	100	—	43.56	100	—	122.95	100

3. 生态系统生产总值

1）生态系统产品价值

文门村生态系统产品种植主要是水稻和冬季蔬菜。水稻种植面积最大，为 3723 亩（248hm^2），豇豆种植面积为 1700 亩（113hm^2），苦瓜种植面积为 750 亩（50hm^2），芒果种植面积为 200 亩（13hm^2），辣椒种植面积为 50 亩（3.3hm^2）。2017 年，农产品产值约为 2522 万元，水资源价值为 45 万元。2017 年文门村生态系统产品产值为 2567 万元（表 5.20）。农产品中豇豆产值贡献最大，其次是苦瓜。水资源价值中尽管农业灌溉用水量大于生活用水，但由于农业灌溉不收取水资源费，因此仅计算生活用水的价值量。

表 5.20　2017 年文门村生态系统产品价值

产品	产量/t	价值/万元
稻谷	1 259	340
豇豆	3 400	1 360
苦瓜	1 500	600
芒果	240	192
辣椒	75	30
生活用水	337 081	45
农业灌溉用水	6 494 664	0
合计	—	2 567

2）生态系统调节服务价值

生态系统调节服务价值是人类从生态系统中获取的间接服务价值。这些服务属于公共物品，不具有市场价值，但能够间接地产生经济效益。2017 年文门村生态系统所产生的调节服务价值为 7730.80 万元，其中水源涵养服务功能的价值量最大，达到 3287.44 万元，约占总价值量的 42.52%；其次为固碳释氧服务功能，价值量为 2815.31 万元，约占总价值量的 36.42%；洪水调蓄价值为 1593.32 万元，约占总值量的 20.61%；空气净化价值为 34.72 万元，约占总价值的 0.45%。空气净化价值占比较低，但其中的负离子价值约占空气净化价值的 67.37%（表 5.21）。

表 5.21　文门村生态系统调节服务价值核算总表

核算项目	功能指标	功能量	价值量/万元	价值量小计/万元	价值量比例/%
水源涵养	水源涵养量	1508.00 万 $m^3 \cdot a^{-1}$	3287.44	3287.44	42.52
洪水调蓄	洪水调蓄量	196.71 万 $m^3 \cdot a^{-1}$	1593.32	1593.32	20.61
空气净化	净化二氧化硫	31.75$t \cdot a^{-1}$	4.00	34.72	0.45
	净化氮氧化物	43.57$t \cdot a^{-1}$	5.49		
	净化工业粉尘	122.96$t \cdot a^{-1}$	1.84		
	提供负离子	5024.59×10^{19} 个·a^{-1}	23.39		
固碳释氧	固碳	14 228.41$t \cdot a^{-1}$	549.22	2815.32	36.42
	释氧	30 957.61$t \cdot a^{-1}$	2266.10		
合计				7730.80	100

对比分析各类型生态系统调节服务价值（表 5.22 和图 5.17），林地对生态系统调节服务价值贡献作用最大，其价值为 5378.33 万元，约占文门村生态系统总

调节服务价值的 69.57%；其次为耕地和园地生态系统，约占总间接价值的 14.86%
和 11.66%。文门村湿地和绿化用地的调节服务价值较低，分别占文门村生态系统
总调节服务价值的 3.84%和 0.07%。

表 5.22　文门村各类生态系统调节服务价值

生态系统类型	水源涵养		洪水调蓄		空气净化		固碳释氧		小计	
	价值/万元	比例/%	价值/万元	比例/%	价值/万元	比例/%	价值/万元	比例/%	价值/万元	比例/%
林地	2130.91	64.82	1155.70	72.53	33.72	97.12	2058.00	73.10	5378.33	69.57
绿化用地	2.72	0.08	0.64	0.04	0	0	1.62	0.06	4.98	0.07
湿地	131.98	4.01	70.74	4.44	0	0	94.50	3.36	297.22	3.84
耕地	613.70	18.67	180.31	11.32	0	0	355.13	12.61	1149.14	14.86
园地	408.13	12.42	185.93	11.67	1.00	2.88	306.07	10.87	901.13	11.66
合计	3287.44	100	1593.32	100	34.72	100	2815.32	100	7730.80	100

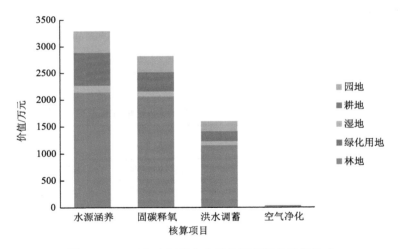

图 5.17　2017 年文门村生态系统调节服务价值构成

3）生态系统生产总值

文门村 2017 年生态系统生产总值是 10 297.80 万元，生态系统产品价值占
24.93%，调节服务价值占 75.07%，单位面积生态系统生态总值为 5.06 万元·hm^{-2}。
文门村的生态系统调节服务价值远远高于其产品价值，说明该地区的自然生态系
统对地区可持续发展的作用十分显著，政府应该继续加强对自然生态系统的保护
和管理，特别是该地区的林地生态系统。

四、结论

以绿色发展为导向的考核评价体系的建立将是海南省生态文明建设体制改革的重要内容。生态系统生产总值核算一方面可以客观呈现海南省美丽乡村的生态优势和生态价值，能充分科学验证绿水青山就是金山银山；另一方面，以生态系统生产总值不降低作为今后乡村经济发展的约束条件，才能以最好的资源吸引更好的投资，实现乡村生态效益最大化。

海南省在"十三五"期间开展实施"美丽海南百千工程"，计划到 2020 年重点打造 100 个特色产业小镇，建设 1000 个宜业宜居宜游的美丽乡村。[19]当前，海南美丽乡村建设和首个"全国全域旅游示范省"创建相结合，为海南乡村迎来了难得的发展机遇。但高强度建设对村民生产、生活方式和乡村土地利用/覆被的影响也在加剧，在一定空间上，会存在开发利用与保护的冲突，以此产生对生态效益的影响。因此，建设要确保生态系统健康和可持续发展，确保生态产品供给和生态服务价值持续提升，是当前在统筹山水林田湖草治理理念下美丽宜居乡村生态文明建设的目标。而传统的生态文明建设等级考核方式，不能反映生态资产的存量和流量，生态系统生产总值核算理论及方法可以起到核算生态资产价值的目标，也可以起到客观定量衡量乡村生态文明建设成效的作用。[20]通过生态系统生产总值的增长、稳定或降低，可以反映生态系统对经济社会发展支撑作用的变化趋势。同时，由于生态系统服务存在权衡关系，对其科学理解有利于实现经济发展和生态保护的"双赢"目标。[21, 22]

本书首次将生态系统生产总值核算理论应用到乡村生态文明评价中，基于高分辨遥感数据和插值数据，以生态系统服务模型为技术手段，计算出乡村生态系统服务功能量和价值量。三亚市五星级美丽乡村中廖村和文门村 2017 年生态系统生产总值分别为 5669.41 万元和 10 297.80 万元。今后，随着美丽乡村建设的深入和自然资源管理制度的健全，中廖村和文门村的生态系统生产总值将会有较大的变化，如产品供给的价值。海南省立足热带资源和生态环境优势，将以高水平、高标准建设国家冬季瓜菜基地、热带水果基地、热带作物基地，建立热带高效农业产业体系、生产体系和经营体系，打造海南农业王牌，确保农业增效、农民增收，生态系统产品产值将有很大的提升潜力与空间。此外，一些重要资源的价格还没有反映在产品价值中，如水资源价值。热带农业发展对水资源的需求与依赖较大，但当前农业灌溉主要来自村域范围内的水库，目前不征收农业灌溉水资源使用费。因此，产品供给价值中这部分价值的当前市场价值为零。随着国家水资源有偿使用制度改革的推进，农业用水方式由粗放式向精细化转变，农业灌溉的水资源价值将合理体现。

2017 年生态系统的文化功能价值由于还没有通过生态旅游、生态教育的效应对外凸显，本书中仅计算了中廖村生态系统的文化服务价值。但在三亚市发展规划中，中廖村定位为休闲农业观光、民俗文化体验、农业科普教育和浅山运动度假区，确立了"好山好水好黎家"的形象；文门村定位为有着田园特色的高端文化体验和康年养生度假区，确立了"天涯古村，文（彩）绘之乡"的村庄愿景。积极发展乡村生态旅游是三亚旅游从"蓝色旅游"转向"蓝绿旅游"，实现全域旅游转变的一个重要任务。三亚市正以美丽乡村为突破口，构建全域旅游的支点，开发热带特色休闲农业与乡村旅游产品，挖掘乡土特色、农耕文化，努力平衡乡村旅游与滨海旅游失衡的现状。今后，伴随着休闲农业与乡村旅游有机融合，以及对中廖村和文门村历史文化遗迹遗存的发掘，以休闲娱乐价值和文化遗产价值构成的文化服务价值在核算价值中的地位将逐渐增加。在本书研究的基础上，今后需要进一步完善乡村生态系统生产总值核算内容与方法，为构建标准化的乡村生态文明建设评价方法提供依据。

参 考 文 献

[1]　周文彰. 海南文明生态村建设的理性思考[J]. 南海学刊，2018，4（1）：6-9.

[2]　陈立浩，于苏光. 古代风土尚存 现代气象万千：千年黎寨文门村的生态意象[J]. 琼州学院学报，2012，19（3）：10-14.

[3]　东方星. 我国高分卫星与应用简析[J]. 卫星应用，2015，（3）：44-48.

[4]　潘腾. 高分二号卫星的技术特点[J]. 中国航天，2015，（1）：3-9.

[5]　肖洋，欧阳志云，王莉雁，等. 内蒙古生态系统质量空间特征及其驱动力[J]. 生态学报，2016，36（19）：6019-6030.

[6]　Allan R G，Pereira L S，Raes D，et al. Crop evapotranspiration：guidelines for computing crop water requirements[J]. FAO Irrigation and Drainage. Rome：Food and Agriculture Organization of the United Nations，1998.

[7]　Xiao Y，Xiao Q，Ouyang Z Y，et al. Assessing changes in water flow regulation in Chongqing region，China[J]. Environmental Monitoring and Assessment，2015，187（6）：1-13.

[8]　朴世龙，方精云，郭庆华. 利用 CASA 模型估算我国植被净第一性生产力[J]. 植物生态学报，2001，25（5）：603-608.

[9]　Leprieur C，Verstraete M M，Pinty B. Evaluation of the performance of various vegetation indices to retrieve vegetation cover from AVHRR data[J]. Remote Sensing Review，1994，10（4）：265-284.

[10]　Jiapaer G，Chen X，Bao A M. A comparison of methods for estimating fractional vegetation cover in arid regions[J]. Agricultural and Forest Meteorology，2011，151（12）：1698-1710.

[11]　Yang J，Mcbride J，Zhou J X，et al. The urban forest in Beijing and its role in air pollution reduction[J]. Urban Forestry and Urban Greening，2005，3（2）：65-78.

[12]　李意德，杨众养，陈德祥，等. 海南生态公益林生态服务功能价值评估研究[M]. 北京：中国林业出版社，2016.

[13]　Ouyang Z，Zheng H，Xiao Y，et al. Improvements in ecosystem services from investments in natural capital[J].

Science，2016，352（6292）：1455-1459.

[14] 王莉雁，肖燚，欧阳志云，等. 国家级重点生态功能区县生态系统生产总值核算研究：以阿尔山市为例[J]. 中国人口·资源与环境，2017，27（3）：146-154.

[15] 张茵，蔡运龙. 用条件估值法评估九寨沟的游憩价值：CVM 方法的校正与比较[J]. 经济地理，2010，30（7）：1205-1211.

[16] 董雪旺，张捷，刘传华，等. 条件价值法中的偏差分析及信度和效度检验：以九寨沟游憩价值评估为例[J]. 地理学报，2011，66（2）：267-278.

[17] 许丽忠，杨净，钟满秀，等. 应用后续确定性问题校正条件价值评估：以福建省鼓山风景名胜区非使用价值评估为例[J]. 自然资源学报，2012，27（10）：1778-1787.

[18] 杨志耕，张颖. 基于条件价值法的井冈山森林游憩资源价值评估[J]. 北京林业大学学报（社会科学版），2010，9（4）：53-58.

[19] 海南省人民政府. 海南省美丽乡村建设五年行动计划（2016—2020）[EB/OL]. （2016-02-05）[2016-08-31]. http://www.hainan.gov.cn/data/hnzb/2016/03/3498/.

[20] 蒋洪强，吴文俊. 生态环境资产负债表促进绿色发展的应用探讨[J]. 环境保护，2017，45（17）：23-26.

[21] 郑华，李屹峰，欧阳志云，等. 生态系统服务功能管理研究进展[J]. 生态学报，2013，33（3）：702-710.

[22] 戴尔阜，王晓莉，朱建佳，等. 生态系统服务权衡：方法、模型与研究框架[J]. 地理研究，2016，35（6）：1005-1016.

第六章　未来展望

　　生态系统生产总值核算理论是基于"格局与组分—过程与功能—服务—价值"评价范式，以对生态系统服务形成机理的深刻认知为评价基础，最终通过生态产品价值和服务价值，反映绿水青山为人类福祉和可持续发展提供的综合生态效益。海南省与全国其他地方相比，既是单位面积生态系统生产总值相对较高的省份，也是人均生态系统生产总值相对较高的省份。本书从市县和乡村层面选取范例，进行生态系统生产总值核算，首要的目标就是反映当前这些区域绿水青山的生态价值，这是海南最大的资本，也是最普惠的民生福祉。此外，生态系统生产总值核算所能发挥的作用是多方面的，它可以在以生态文化、生态经济、生态安全、生态文明制度为主体的生态文明体系构建中穿针引线，起到重要的纽带作用。因此，建议海南省尽快将生态系统生产总值核算纳入到管理决策中，发挥核算的优势。

　　加快建立健全以生态价值观念为准则的生态文化体系，是我国生态文明体系构建的任务之一。生态系统生产总值核算正是突破了传统的商品价值观念，将生态系统看作人类重要的资本资产进行价值核算，突出了山水林田湖草为人类提供的水源涵养、土壤保持、洪水调蓄、固碳释氧、空气净化、水质净化、气候调节等服务功能的价值，搭建起了自然与社会的桥梁，使人们更加理解生态服务价值的珍贵和对人类社会的支撑。生态系统生产总值核算可以激发人们对保护自然的责任感，形成求真唯实的科学世界观，弘扬生态文明主流价值观。海南省可以将核算的内容和结果融入大众科学旅游过程中。在休闲旅游中，通过生态科普、生态教育等方式向游客生动地呈现海南省生态系统的价值，使自然生态旅游地成为公众科学素质教育的活课堂和重要场所。

　　生态产品价值实现机制的形成是生态经济体系构建的重要内容。生态产品的价值转换就是要实现对生态系统生产总值核算的生态产品供给服务、调节服务和文化服务功能的转换，使绿水青山变为金山银山。生态产品供给服务和文化服务功能一般可以通过市场手段进行直接转换。例如，农产品通过"三品一标"提升市场价值，带动农民致富增收。文化服务功能通过生态旅游产业实现价值转换。但生态系统所提供的调节服务功能由于具有公益性，其消费属于非竞争性且非排他性消费，往往被看成充裕的、取之不尽的生态产品，因此需要在科学合理的社会制度和市场制度设计下，通过政府和市场协力推动，才能实现价值转化，才能让绿水青山守护者有更多的获得感，推动生态系统的持续保护。生态产品价值转换首先需要对价值进行科学核算，核算需要反映生态产品和服务的稀缺性和不可替代性，才能激发保护的积极性，使服务的提供者和使用者实现双赢。因此，生态系统生产总值核算是推动生态产品价值实现，构建生态经济体系的基础性工作。

确定全国重要生态功能区，划定生态保护红线，是构建国家和区域生态安全格局的基础。全国重要生态功能区是国家重要的生态安全屏障，需要通过重点保护和限制开发增强生态系统的调节功能。国家通过加大财政投入和转移支付力度，确保这些地区生态环境保护和民生水平改善的双重目标得以实现。评估和考核生态功能区生态保护和恢复的成效，为进行针对性管理、促进保护工作持续进行和获取资金的支持提供依据。《全国生态功能区划（修编版）》中明确提出以生态系统生产总值核算对生态功能及其保护状况定期评估和考核。海南省重要生态功能区和生态红线划定区域要以生态系统生产总值核算中生态系统调节服务功能不降低作为约束，逐渐提升作为目标，以此促使区域生态系统结构与功能的完整，发挥生态安全屏障的作用。为了保证不降低和提升均有参照，可以以本书研究所计算的 2015 年为基期值（约束底线），再以该区域受较少人为活动干扰条件下可以达到的理想生态系统服务价值为目标值，通过与基期相比较，得到报告期与基期的差值，需要该差值大于零为底线，确保重要生态功能区生态服务不降低，维护生态安全；通过与目标值相比较，可以评估生态系统服务提升潜力，帮助管理部门树立保护的目标，并据此优化资金和人力的投入，提升保护的效率。

生态文明制度体系的建立与健全是生态文明建设得以推进的重要保障。生态文明制度既是约束行为的规则，也是衡量文明水平的标尺。十八大以来，我国围绕生态文明制度的"四梁八柱"基本搭建并在实践中不断创新、完善。习近平总书记特别指出，完善生态文明制度体系，"最重要的是要完善经济社会发展考核评价体系，把资源消耗、环境损害、生态效益等体现生态文明建设状况的指标纳入经济社会发展评价体系"。《国家生态文明试验区（海南）实施方案》中明确要求海南省构建完善以保护优先、绿色发展为导向的经济社会发展考核评价体系。出台《海南省生态文明建设目标评价考核实施细则（试行）》，制定符合海南省生态文明建设要求的绿色发展指标体系，制定符合国家生态文明示范区要求的生态文明建设考核目标体系。海南目前不考核 GDP 的市县有 12 个，探索建立以绿色发展为导向的经济社会发展考核评价方式具有很强的紧迫性，而基于"格局与组分—过程与功能—服务—价值"范式的生态系统生产总值核算可以评价与分析生态系统对经济社会发展的支撑状况和保护的成效，也可以反映当前的土地开发利用对生态环境的胁迫程度，使得对生态保护与资源开发利用实现双赢的研判有理可依、有据可循。因此，将生态系统生产总值核算纳入生态文明考核体系和政绩考核体系是探索完善生态文明制度的重要一环。

综上所述，生态系统生产总值核算在以生态文化、生态经济、生态安全、生态文明制度为主体的生态文明体系构建中可以发挥重要作用。它在生态安全和生态文明考核方面的积极影响已经被重视，一些地区已经将其纳入到管理决策中。掌握生态产品与生态服务的价值水平和变化情况，是探索多元化的生态产品价值实现路径，构建现代生态经济体系的基础条件，目前该方向既是理论研究的热点，也是宏观决策者关注的重要问题。生态系统生产总值核算成果还可以将生态系统提供的服务以公众可理解的方式进行呈现，起到提高公众生态意识、普及生态知识的作用，但目前该作用还没有被重视。以地学旅游、学习旅游为代表的旅游新业态可以引入生态系统生产总值成果，创新生态旅游文化教育功能，弘扬生态价值和生态方式，增强生态文化自觉，使海南省成为创新生态旅游的范例地，让海南省的生态文明成果更好地惠及人民群众。

　　本书从多个维度论述了生态系统生产总值核算的意义，并从市县和乡村层面进行了核算，目的是以该方式呈现海南省生态文明建设范例，并期望发挥其在生态文明体系构建中的作用。但不可否认，将生态系统生产总值核算应用于管理决策中，还存在一些需要解决的难题。由于生态系统功能的复杂性和区域差异性，对其功能和服务的理解不尽相同，导致在核算方法的选取、核算指标的构建和参数的选择方面，不同的学者有不同的解读，使得核算的结果差距较大，增加了核算的不确定性，也影响了决策应用。但分歧主要集中在局部的某些指标方面，这不应成为质疑该方法使用的限制。因此，对于不易价值化表征、未达到计算共识的服务功能可以弱化其价值表征，突出其生态服务功能量，由政府主导尽快建立规范化的、本地化的核算指标体系与方法，使核算应用于决策实践中，进一步推动海南省生态文明治理体系和治理能力现代化。